工业机器人实操与应用

主　编　杨玉杰
副主编　姚建国　刘正川　张岩坤
参　编　吴洪东　张聚峰　吴　超
主　审　邓三鹏

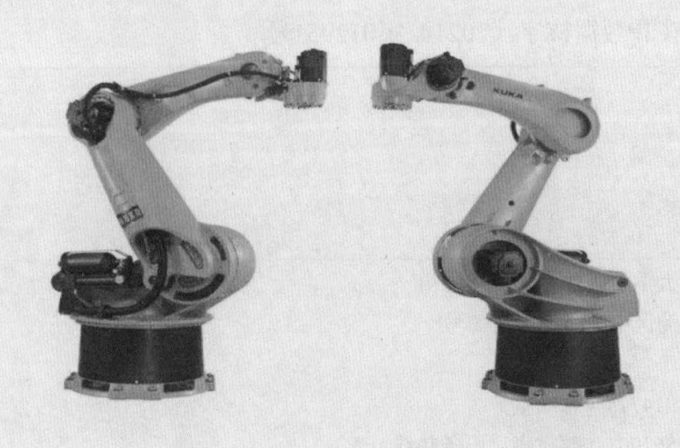

北京理工大学出版社
BEIJING INSTITUTE OF TECHNOLOGY PRESS

内容简介

本书以完成工程项目所需的基础知识、基本能力为依据，按照完成项目的一般工作顺序，介绍了工业机器人硬件连接操作、ABB工业机器人的通信、工业机器人手动示教操作、ABB工业机器人离线编程与应用、工业机器人控制器维护与故障诊断、工业机器人常用基础件的维护。全书突出实例应用，尤其在介绍工业机器人主要组成硬件之间的连接、工具坐标系和工件坐标系的创建、常用的直线和圆弧等指令、工业机器人控制器内部主要元件时，通过引导式学习，针对每个知识点设计了详细案例，由浅入深、循序渐进，使学生在完成各任务的同时，学会工业机器人的基础编程、基础故障检修、基础维护的技巧。各项目均配有活页工单，方便学生巩固练习。

图书在版编目（CIP）数据

工业机器人实操与应用 / 杨玉杰主编.—北京：北京理工大学出版社，2020.12

ISBN 978-7-5682-9467-6

Ⅰ.①工…　Ⅱ.①杨…　Ⅲ.①工业机器人－研究　Ⅳ.①TP242.2

中国版本图书馆CIP数据核字（2021）第012951号

出版发行 / 北京理工大学出版社有限责任公司

社　　址 / 北京市海淀区中关村南大街 5 号

邮　　编 / 100081

电　　话 /（010）68914775（总编室）

（010）82562903（教材售后服务热线）

（010）68948351（其他图书服务热线）

网　　址 / http://www.bitpress.com.cn

经　　销 / 全国各地新华书店

印　　刷 / 定州市新华印刷有限公司

开　　本 / 787 毫米 ×1092 毫米　1/16

印　　张 / 12.5

字　　数 / 289 千字

版　　次 / 2020 年 12 月第 1 版　2020 年 12 月第 1 次印刷

定　　价 / 44.00 元

责任编辑 / 张鑫星

文案编辑 / 张鑫星

责任校对 / 周瑞红

责任印制 / 边心超

图书出现印装质量问题，请拨打售后服务热线，本社负责调换

前言

机器人被誉为“制造业皇冠顶端的明珠”，是衡量一个国家创新能力和产业竞争力的重要标志，已成为全球新一轮科技和产业革命的重要切入点。近年来，我国机器人产业正处于快速发展期，中央及地方相关主管部门陆续出台政策规划，在项目支持、平台建设与应用示范等方面营造良好的生态环境。十九大报告中更明确指出，要加快建设制造强国，加快发展先进制造业。目前我国制造业人才培养规模位居世界前列，但是尚不能支撑“中国制造、中国创造”的需求。

机器人作为技术集成度高、应用环境复杂、操作维护较为专业的高端装备，有着多层次的人才需求。近年来，国内企业和科研机构加大机器人技术研究与本体研制方向的人才引进与培养力度，在硬件基础与技术水平上取得了显著提升，但现场调试、维护操作与运行管理等应用型人才的培养力度依然有所欠缺。

本书在编写过程中，坚持科学性、实用性、综合性和新颖性的原则，从培养技术技能人才的需要出发，结合本课程的实际工作需要，注重理论联系实际，理论知识的深度以必需、够用为度，突出应用能力的培养，力求通俗易懂、深入浅出。在内容选取上注重理论简化，以应用实例逐步击破难点，争取为培养紧缺人才添砖加瓦。

全书共设置了七个项目，每个项目从“项目目标”和“工作任务”整体介绍本项目的主要难点和内容轮廓。每个项目由多个任务组成，每个任务包括“任务描述”“知识学习”“活页工单”几个部分。在“任务描述”部分，向学生展示本次任务需要解决的问题、教师布置的任务；然后学生结合“知识学习”逐步掌握任务内容和相关技能，最后通过“活页工单”及时复习、巩固本次任务内容。全书将工业机器人基础知识、硬件组成及连接、控制器内部组成及原理、控制器基础维护和维修等知识融于这些项目中，避免了理论知识讲授空泛生涩的弊端。

本书由天津市南洋工业学校杨玉杰主编，天津市南洋工业学校姚建国、智奇铁路设备有限公司刘正川工程师、东莞理工学校张岩坤任副主编，广东工贸技师学院吴洪东、天津市经济贸易学校张聚峰、北京领海科技有限公司吴超参与编写。其中杨玉杰编写项目二、项目三、项目四、项目六，并负责统稿；姚建国编写项目一、项目七，刘正川、张岩坤、吴洪东、张聚峰、吴超编写项目五。全书由天津职业技术师范大学机电工程系主任、机器人及智能装备研究所所长、博士研究生导师邓三鹏教授主审。

由于编者水平有限，书中不妥之处敬请各位同行批评指正，以方便修订时改进。

编　者

目录

项目一 工业机器人基础知识

项目目标

了解工业机器人发展史；
掌握工业机器人定义和分类；
掌握工业机器人系统组成；
掌握工业机器人主要技术参数；
了解工业机器人使用安全注意事项。

工作任务

工业机器人的发展历史也是工业机器人技术变革、创新的历史，各个国家在整个过程中对工业机器人都有着不同的定义，但是对于工业机器人的系统组成和主要技术参数、使用安全注意事项基本都是相同的。项目一的主要内容是工业机器人基础知识，如图 1–1 所示，它是打开工业机器人学习大门的第一步。

图 1–1　工业机器人基础知识

任务一　工业机器人发展史

※ 任务描述

了解“机器人”一词的由来；

了解国外工业机器人的发展历程；

了解国内工业机器人的发展历史及发展趋势。

※ 知识学习

机器人形象和机器人一词，最早出现在科幻和文学作品中。1920年，一名捷克作家卡雷尔·恰佩克发表了一部名为《罗萨姆的万能机器人》的剧本，剧中叙述了一个叫罗萨姆的公司把机器人作为人类生产的工业品推向市场，让它充当劳动力代替人类劳动的故事。根据Robota(捷克文，原意为“劳役、苦工”)和Robotnik(波兰文，原意为“工人”)，创造出“机器人”这个词，如图1-1-1所示，图中右边三个为机器人。

图 1-1-1　《罗萨姆的万能机器人》话剧中的机器人

一、机器人的发展历史

机器人的发展历史缩略表如表1-1-1所示。

表 1-1-1　机器人的发展历史缩略表

时间	描述
1939	美国纽约世博会上展出了西屋电气公司制造的家用机器人 Elektro
1954	美国人乔治·德沃尔制造出世界上第一台可编程机器人，并注册了专利
1959	德沃尔与美国发明家约瑟夫·恩格尔伯格联手制造出第一台工业机器人，成立了世界上第一家机器人制造工厂——Unimation 公司
1962	美国 AMF 公司生产出工业机器人 Verstran
1965	约翰斯·霍普金斯大学应用物理实验室研制出机器人 Beast

续表

时间	描述
1968	美国斯坦福研究所公布他们研发成功的机器人 Shakey
1969	日本早稻田大学加藤一郎实验室研发出第一台以双脚走路的机器人，后来更进一步催生出本田公司的 ASMO 和索尼公司的 QRIO 机器人
1973	世界上第一次机器人和小型计算机携手合作，美国 Cincinnati Milacron 公司成功研发了机器人 T3
1978	美国 Unimation 公司推出通用工业机器人 PUMA，标志着工业机器人技术已经完全成熟
1998	丹麦乐高公司推出机器人（Mind-storms）套件，让机器人制造变得跟搭积木一样
1999	日本索尼公司推出犬型机器人 AIBO
2002	丹麦 iRobot 公司推出了吸尘器机器人 Roomba
2013	波士顿动力公司推出第一代双足人形机器人 Atlas

纵观机器人的发展历史，根据其技术发展变化可以总结为四个阶段，如图 1-1-2 所示。

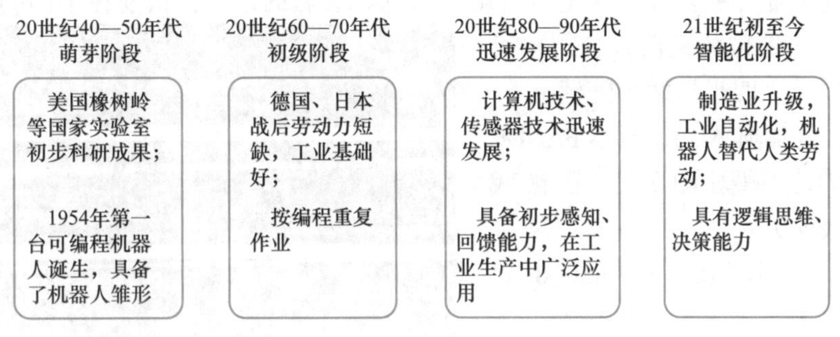

图 1-1-2　机器人历史发展阶段

1. 产生和初步发展阶段：1958—1970 年

工业机器人领域的第一件专利由乔治 · 德沃尔在 1958 年申请，名为可编程的操作装置。约瑟夫 · 恩格尔伯格对此专利很感兴趣，联合德沃尔在 1959 年共同制造了世界上第一台工业机器人，称之为 Robot，如图 1-1-3 所示。其含义是“人手把着机械手，把应当完成的任务做一遍，机器人再按照事先教给它们的程序进行重复工作”，并主要用于工业生产的铸造、锻造、冲压、焊接等生产领域，特称为工业机器人。

2. 技术快速进步与商业化规模运用阶段：1970—1984 年

这一时期的技术相较于此前有很大进步，工业机器人开始具有一定的感知功能和自适应能力，可以根据作业对象的状况改变作业内容。伴随着技术的快速进步发展，这一时期的工业机器人还突出表现为商业化运用迅猛发展的特点。

3. 智能机器人阶段：1985 年至今

智能机器人带有多种传感器，可以将传感器接收的信息进行融合，有效地适应变化的环境，因而具有很强的自适应能力、学习能力和自治功能。2000 年以后，美国、日本等国家都开始了智能军用机器人研究，并在 2002 年由美国波士顿公司和日本公司共同申请了第一件“机械狗”（Boston Dynamics Big Dog）智能军用机器人专利，2004 年在美国政府 DARPA/SPAWAR 计划支持下申请了智能军用机器人专利，如图 1-1-4 所示。

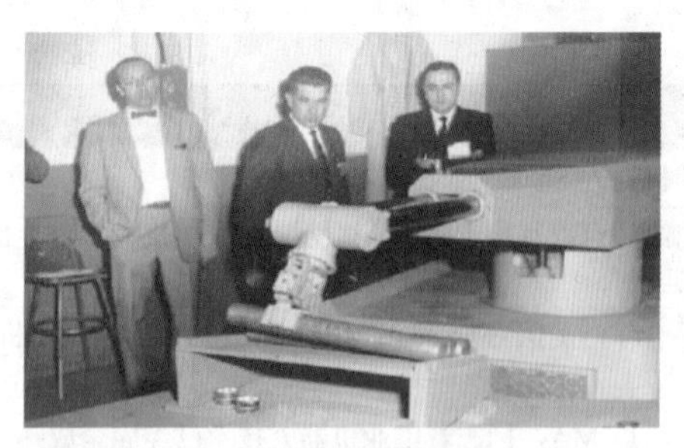

图 1-1-3　早期工业机器人

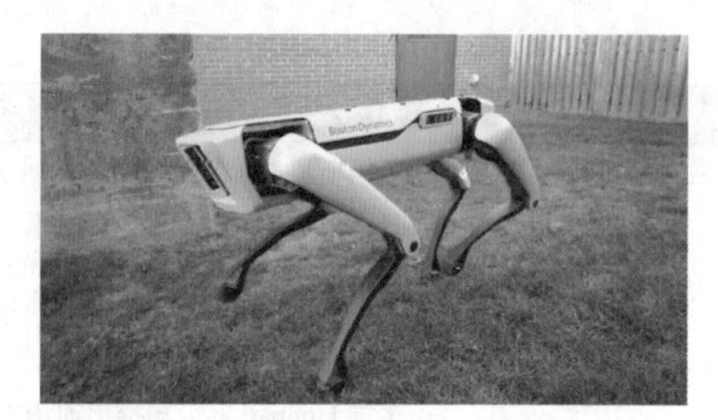

图 1-1-4　“机械狗”智能军用机器人

二、工业机器人四大家族

工业机器人业界中，在国际上较有影响力的、著名的，而且目前在中国的工业机器人市场也处于领先地位的机器人公司，可分为“四大”及“四小”两个阵营。

“四大”为瑞典 ABB、日本 FANUC 及 YASKAWA、德国 KUKA（已被我国美的集团收购）；

“四小”为日本 OTC、PANASONIC、NACHI（不二越）及 KAWASAKI。

它们在亚洲市场同样也是举足轻重，占据中国机器人产业 70% 以上的市场份额，几乎垄断了机器人制造、焊接等领域，如图 1-1-5 和表 1-1-2 所示。

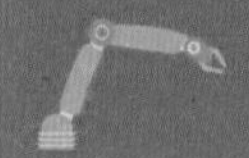

图 1-1-5　工业机器人四大家族

表 1-1-2　工业机器人四大家族

品牌	ABB	KUKA	FANUC	YASKAWA
描述	ABB 由瑞典的 ASEA 和瑞士的 BBC Brown Boveri 合并而成，总部坐落于瑞士苏黎世。 ABB 的核心技术是运动控制。掌握了运动控制技术的 ABB 可以轻易实现提高循径精度、运动速度等机器人性能	德国库卡公司是由焊接设备起家的全球领先的机器人及自动化生产设备和解决方案供应商之一。 库卡机器人公司是全球汽车工业中工业机器人领域的龙头之一，在欧洲则独占鳌头 该公司已被我国美的集团收购	日本 FANUC 公司是全球专业的数控系统生产厂，是世界上唯一一家由机器人来做机器人的公司。 FANUC 工业机器人与其他企业的工业机器人相比独特之处在于：工艺控制更加便捷、同类型机器人底座尺寸更小、独有的手臂设计	日本安川的 AC 伺服和变频器市场份额稳居世界第一，作为安川电机主要产品的伺服和运动控制器是机器人的关键部件，安川在重负载机器人应用领域市场份额相对较大
图示				

三、国产工业机器人发展现状

我国的工业机器人发展、起步相对较晚，大致可分为 4 个阶段。

1. 理论研究阶段：20 世纪 70—80 年代初

由于当时国家经济条件等因素的制约，我国主要从事工业机器人基础理论的研究，在机器人运动学、机构学等方面取得了一定的进展，为后续工业机器人的研究奠定了基础。

2. 样机研发阶段：20 世纪 80 年代中后期

随着工业发达国家开始大量应用和普及工业机器人，我国的工业机器人研究得到政府的重视和支持，国家组织了对工业机器人需求行业的调研，投入大量的资金开展工业机器人的研究，进入了样机研发阶段，如图 1-1-6 所示。

图 1-1-6　我国工业机器人样机研发

3. 示范应用阶段：20 世纪 90 年代

我国在这一阶段研制出平面关节型统配机器人、直角坐标机器人、弧焊机器人、点焊机器人等 7 种工业机器人系列产品，102 种特种机器人，实施了 100 余项机器人应用工程。为了促进国产机器人的产业化，在 90 年代末建立了 9 个机器人产业化基地和 7 个科研基地。

4. 初步产业化阶段：21 世纪以来

《国家中长期科学和技术发展规划纲要（2006—2020 年）》突出增强自主创新能力这一条主线，着力营造有利于自主创新的政策环境，加快促进企业成为创新主体，大力倡导企业为主体，产学研紧密结合，国内一大批企业或自主研制或与科研院所合作，加入工业机器人研制和生产行列，我国工业机器人进入初步产业化阶段。

我国在工业机器人领域的研究主体早期主要集中在高校和科研院所，如哈尔滨工业大学、清华大学、北京航空航天大学等。随着我国机器人市场的不断扩大，尤其是 2013 年跃居全球首位以来，越来越多的企业参与其中，以下游的系统集成作为切入点，不断提升技术创新能力，逐步开展中上游的技术研发和产品开发，取得了不俗的成绩，国产机器人的市场份额也在不断扩大。

在日益增长的市场需求推动下，我国工业机器人技术创新的主力逐渐从高校和科研院所转移到企业。沈阳新松机器人自动化股份有限公司、广州数控设备有限公司、南京埃斯顿自动化股份有限公司、安徽埃夫特智能装备股份有限公司、上海新时达电器股份有限公司、广东拓斯达科技股份有限公司、哈尔滨博实自动化股份有限公司、上海沃迪自动化装备股份有限公司是我国工业机器人代表性的企业，如图 1-1-7 所示。

图 1-1-7　国产工业机器人

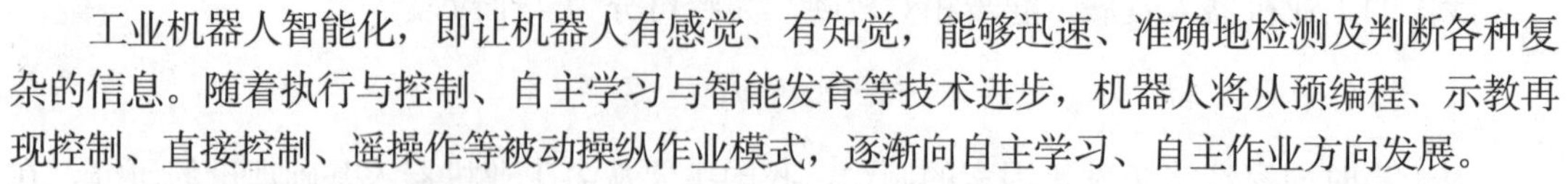

工业机器人智能化，即让机器人有感觉、有知觉，能够迅速、准确地检测及判断各种复杂的信息。随着执行与控制、自主学习与智能发育等技术进步，机器人将从预编程、示教再现控制、直接控制、遥操作等被动操纵作业模式，逐渐向自主学习、自主作业方向发展。

通过标准化模块组装制造工业机器人将成为趋势。当前，各个国家都在研究、开发和发展组合式机器人，这种机器人将由标准化的伺服电动机、传感器、手臂、手腕与机身等工业机器人组件标准化组合拼装制成。

研究新型机器人结构是未来发展趋势。新型微动机器人结构可以提升工业机器人的作业精度、改善工业机器人的作业环境。研制新型工业机器人结构将成为适应工作强度高、复杂环境作业的需求。

我国工业机器人的大部分核心部件为自主研发和生产，在同类产品中价格优势明显，性价比较高，且供货周期短，服务响应水平及时，在金属成型等领域行业应用经验丰富。但我国在工业机器人领域起步较晚，产业主要在中下游行业，生产和销售规模较小。

整体来看，我国工业机器人核心零部件国产化的趋势已经开始初步显现，但技术和经验积累还需要一定时间，大多数企业还处于小批量生产和推广应用阶段，如南通振康焊接机电有限公司、秦川机床工具集团股份公司、上海力克精密机械有限公司、浙江恒丰泰减速机制造有限公司已经大力研发并生产出了RV减速器、谐波减速器。培育具有国际竞争力的龙头企业，带动中小企业向“专、精、特、新”方向发展，形成集群效应，增强产业竞争合力，将是未来我国机器人产业发展、努力的方向。

任务二　工业机器人定义和分类

※ 任务描述

了解工业机器人定义；
了解工业机器人分类。

※ 知识学习

通常机器人由计算机或者类似装置来控制，机器人的动作受控制器控制，该控制器的运行由用户根据作业性质所编写的某种类型的程序来控制。因此，如果程序改变了，机器人的动作就会相应改变。我们希望一台设备能灵活地完成各种不同的作业而无须重新设计硬件装置。为此，机器人必须设计成可以重复编程，通过改变程序来执行不同的任务。简单的操作机除非一直由操作人员操作，否则是无法实现这一点的。

在美国标准中，只有易于再编程的装置才认为是机器人。因此，手动装置（如一个多关节的需要操作人员来驱动的装置）或固定顺序装置（如有些装置由强制启停控制驱动器控制，其顺序是固定的并且很难更改）都不认为是机器人。

一、机器人的定义

在科技界，科学家会给每一个科技术语一个明确的定义，机器人问世已有几十年，但对机器人的定义仍然仁者见仁、智者见智，没有一个统一的定义。原因之一是机器人还在发展，新的机型、新的功能不断涌现。根本原因是机器人涉及了人的概念，成为一个难以回答的哲学问题。就像机器人一词最早诞生于科幻小说之中一样，人们对机器人充满了幻想。也许正是由于机器人定义的模糊，才给了人们充分的想象和创造空间。

目前各国关于机器人的定义都各不相同，通过比较这些定义，可以对机器人的主要功能特征有更深入的理解。

1．机器人的定义

1）美国机器人协会（RIA）的定义

机器人是一种用于移动各种材料、零件、工具或专用装置的，通过可编程序动作来执行多种任务的，并具有编程能力的多功能机械手（Manipulator）。这一定义叙述得较为具体，但技术含义并不全面，可概括为工业机器人。

2）日本工业机器人协会（JIRA）的定义

机器人是一种装备有记忆装置和末端执行器（End Effector）的，能够转动并通过自动完成各种移动来代替人类劳动的通用机器。还可进一步分为两种情况来定义：

（1）工业机器人是一种能够执行与人体上肢（手和臂）类似动作的多功能机器。

（2）智能机器人是一种具有感觉和识别能力，并能控制自身行为的机器。

3）美国国家标准局（NBS）的定义

机器人是一种能够进行编程并在自动控制下执行某些操作和移动作业任务的机械装置，这也是一种比较广义的机器人的定义。

4）国际标准化组织（ISO）的定义

机器人是一种自动的、位置可控的、具有编程能力的多功能机械手，这种机械手具有几个轴，能够借助可编程序操作来处理各种材料、零件、工具和专用装置，以执行多种任务。

5）英国《简明牛津词典》的定义

机器人是貌似人的自动机，具有智力和顺从于人但不具人格的机器。这是一种对理想机器人的描述，到目前为止，尚未有与人类相似的机器人出现。

6）我国科学家对机器人的定义

随着机器人技术的发展，我国也面临讨论和制定关于机器人技术各项标准的问题，其中也包括对机器人的定义。我国科学家对机器人的定义是："机器人是一种自动化的机器，所不同的是这种机器具备一些与人或生物相似的智能能力，如感知能力、规划能力、动作能力和协同能力，是一种具有高度灵活性的自动化机器"。

工业机器人是广泛用于工业领域的多关节机械手或多自由度的机器装置，具有一定的自动性，可依靠自身的动力能源和控制能力实现各种工业加工制造功能。工业机器人被广泛应用于电子、物流、化工等各个工业领域中。

2. 机器人的特点

1）通用性

机器人的通用性是指机器人具有执行不同功能和完成多样简单任务的实际能力，通用性也意味着机器人是可变的几何结构，或者说在机械结构上允许机器人执行不同的任务或以不同的方式完成同一工作。通用性包括机械手的机动性和控制系统的灵活性。

2）适应性

机器人的适应性是指其对环境的自适应能力，即所设计的机器人在工作中可以不依赖人的干预，能够运用传感器感测环境，分析任务空间和执行操作规划，自主执行事先未经完全指定的任务。

在研究和开发未知及不确定环境下作业的机器人的过程中，人们逐步认识到机器人技术的本质是感知、决策（认知）、行动和交互技术的结合。随着人们对机器人技术智能化本质认识的加深，机器人技术开始不断地向人类活动的各个领域渗透。结合这些领域的应用特点，人们开发了各式各样的具有感知、决策、行动和交互能力的特种机器人和各种智能机器，如移动机器人、微机器人、水下机器人、医疗机器人、军用机器人、空间机器人、娱乐机器人等。对不同任务和特殊环境的适应性，也是机器人与一般自动化装备的重要区别。这些机器人从外观上已远远脱离了最初仿人形机器人和工业机器人所具有的形状，更加符合各种不同应用领域的特殊要求，其功能和智能程度也大大增强，从而为机器人技术开辟出更加广阔的发展空间。

二、工业机器人的分类

1. 按照控制方式分类

按照日本工业机器人协会（JIRA）的标准，可将机器人进行如下分类：

（1）人工操作装置——由操作员操纵的多自由度装置。

（2）固定顺序机器人——按预定的方法有步骤地依次执行任务的设备，其执行顺序难以修改。

（3）可变顺序机器人——按预定的方法有步骤地依次执行任务的设备，但其顺序易于修改。

（4）示教再现（Playback）机器人——操作员引导机器人手动执行任务，机器人控制系统实时存储记录这些动作轨迹及参数，并由机器人以后再执行，即机器人按照记录下的信息重复执行同样的动作轨迹。

（5）数控机器人——操作员提供运动程序，而不是手把手示教执行任务。

（6）智能机器人——机器人具有感知和理解外部环境的能力，即使工作环境发生变化，其也能够成功完成工作。

2. 按照坐标形式分类

工业机器人按坐标形式分类有直角坐标型、圆柱坐标型、球坐标型和关节坐标型。

1）直角坐标型机器人

这一类机器人其手部空间位置的改变通过沿三个互相垂直的轴线的移动实现，即沿着 *X* 轴的纵向移动，沿着 *Y* 轴的横向移动及沿着 *Z* 轴的升降，如图 1–2–1 所示。直角坐标型机器人的位置精度高，控制无耦合、简单，避障性好，但结构较庞大，无法调节工具姿态，灵活性差，难与其他机器人协调，移动轴的结构较复杂，且占地面积较大。

2）圆柱坐标型机器人

圆柱坐标型机器人通过两个移动和一个转动实现手部空间位置的改变，VERSATRAN 机器人是典型代表。这类机器人手臂的运动由垂直立柱平面内的伸缩和沿立柱的升降两个直线运动及手臂绕立柱的转动复合而成，如图 1–2–2 所示。圆柱坐标型机器人的位置精度仅次于直角坐标型，控制简单，避障性好，但结构也较庞大，难与其他机器人协调工作，两个移动轴的设计较复杂。

图 1–2–1　直角坐标型机器人

图 1–2–2　圆柱坐标型机器人

3）球坐标（极坐标）型机器人

这类机器人手臂的运动由一个直线运动和两个转动所组成，如图 1–2–3 所示，即沿手臂方向 *X* 轴的伸缩，绕 *Y* 轴的俯仰和绕 *Z* 轴的回转，UNIMATE 机器人是典型代表。这类机器人占地面积较小、结构紧凑、位置精度尚可，能与其他机器人协调工作，质量较轻，但避障性差，有平衡问题，位置误差与臂长有关。

4）关节坐标型机器人

根据关节轴线布局不同，又可将其分为水平关节坐标型机器人和垂直关节坐标型机器人。水平关节坐标型机器人结构上具有串联配置的两个能够在水平面内旋转的手臂，其关节轴线竖直；垂直关节坐标型机器人模拟人手臂功能，主要由立柱、前臂和后臂组成，如图 1–2–4 所示，PUMA 机器人是其代表。垂直关节坐标型机器人的运动由前、后臂的俯仰及立柱的回转构成，其结构最紧凑，灵活性大，占地面积最小，工作空间最大，能与其他机器人协调工作，避障性好，是目前应用最多的一类机器人，但位置精度较低，有平衡问题，控制存在耦合，故比较复杂。

图 1-2-3　球坐标型机器人

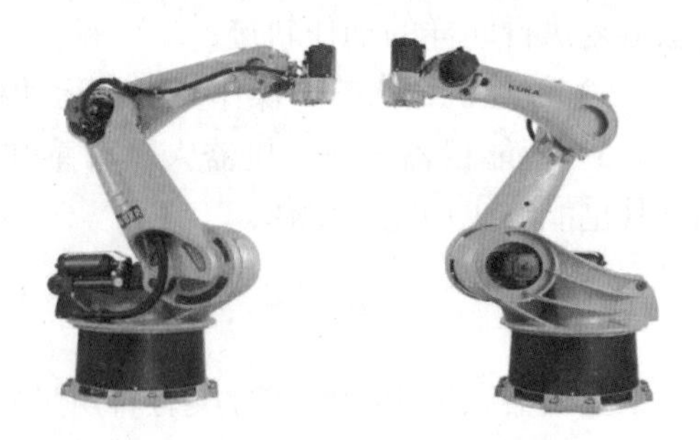

图 1-2-4　垂直关节坐标型机器人

3. 按照应用环境分类

根据机器人应用环境的不同，可将机器人分为工业机器人、服务机器人和特种机器人。

1）工业机器人

在工业领域内应用的机器人称为工业机器人。通常将工业机器人定义为一种能模拟人的手、臂的部分动作，按照预定的程序、轨迹及其他要求，实现抓取、搬运工件或操作的自动化装置。与人相比，工业机器人可以有更快的运动速度，可以搬更重的东西，而且定位精度更高。工业机器人在实现智能化、多功能化、柔性自动化生产，提高产品质量、代替人在恶劣环境条件下工作中发挥重大作用。

目前，工业机器人已广泛应用于汽车及汽车零部件制造业、机械加工业、电子电气业、橡胶及塑料工业、食品工业、木材与家具制造业等领域中。在工业生产中，搬运机器人、码垛机器人、喷漆机器人、焊接机器人和装配机器人等工业机器人都已被大量采用，如图 1-2-5 所示。

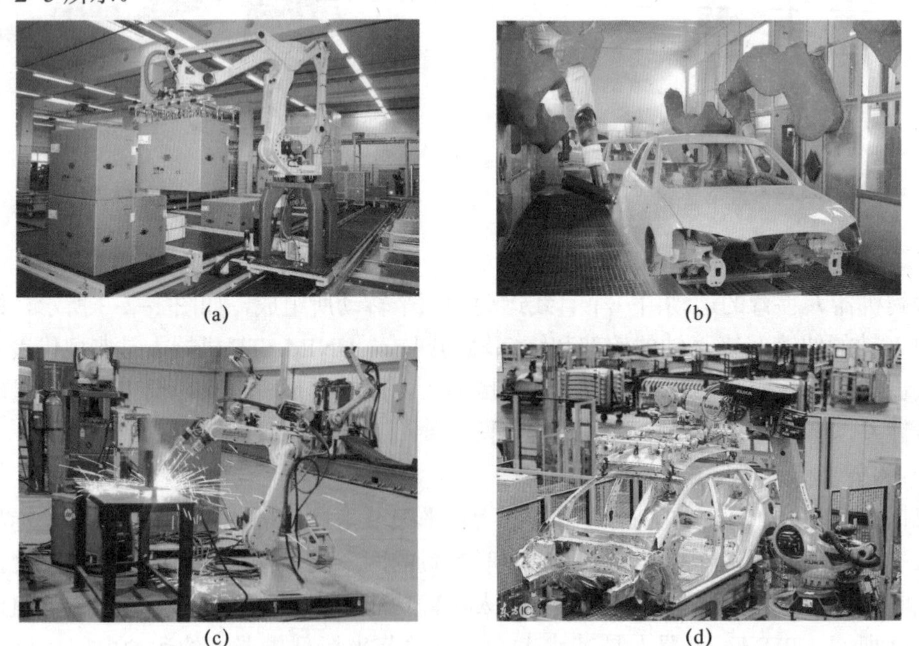

(a)　(b)　(c)　(d)

图 1-2-5　工业机器人应用

（a）搬运机器人；（b）喷漆机器人；（c）焊接机器人；（d）装配机器人

工业机器人的优点在于它可以通过更改程序，方便迅速地改变工作内容或方式，以满足生产要求的变化，例如改变运动轨迹、速度，变更装配部件或位置等。随着对工业生产线的柔性要求越来越高，对各种工业机器人的需求也越来越广泛。

2）服务机器人

随着计算机技术的快速发展，机器人的应用领域在不断拓宽，机器人应用已经从制造业逐渐转向服务行业，和工业机器人相比，服务机器人在结构和工作形式上都有很大不同，服务机器人一般具有可移动性，在移动平台上搭载一些手臂进行操作，同时还装有一些力觉传感器、视觉传感器和超声测距传感器等。它通过对周边的环境进行识别来判断自身的运动，完成某种工作，这是服务机器人的一个基本特点。服务机器人包括娱乐机器人、手术机器人、护士助手机器人、导盲机器人、扫地机器人、高楼擦窗机器人等，也有根据环境而改变动作的机器人，如图 1–2–6 所示。

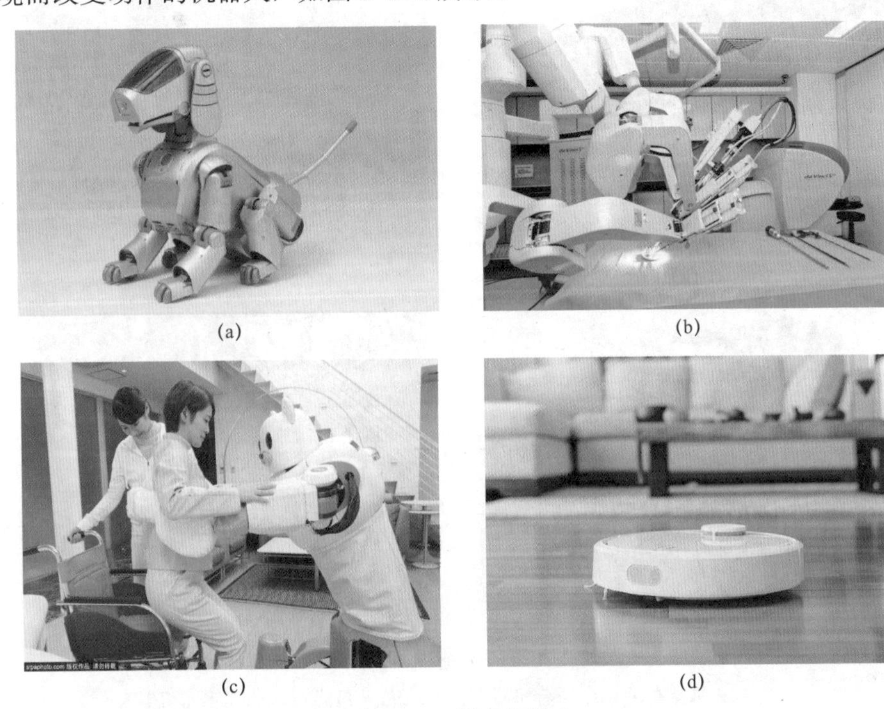

(a)　(b)　(c)　(d)

图 1–2–6　服务机器人

（a）娱乐机器人；（b）手术机器人；（c）护士助手机器人；（d）扫地机器人

3）特种机器人

特种机器人主要是指在人们难以进入的核电站、海底、宇宙空间等进行作业的机器人，包括军用机器人、消防救援机器人、保安机器人、空中无人飞行器、水下机器人、空间机器人、微小型机器人等，如图 1–2–7 所示。

对于水下机器人，其通常分为三类：载人潜水器（HOV）、遥控水下机器人（ROV）和自主水下机器人（AUV）。其中，大名鼎鼎的“蛟龙”号是载人潜水器，“海龙”号是无人遥控潜水器，二者均擅长局部作业、定点精细探测，却不擅长大范围精细探测。“潜龙”号则不同，它是无人无缆自主潜水器，可以自由行动，在较大的区域范围内进行精细探测，可以自主导航、自主作业以及自我保护。

相比“潜龙”一号，“潜龙”二号更像一辆越野车，能更好地在复杂地形中作业，被科研人员称为“黄胖鱼”，其构造精、“智商”高，探测成绩创下我国深海自主水下机器人之最。现在我国的许多科学技术在不断成熟，甚至领先于世界水平，我们的“蛟龙”三号已经完成了多次科学实验和科学考察。

4）智能机器人

智能机器人具有多种由内、外部传感器组成的感觉系统，不仅可以感知内部关节的运行速度、力的大小等参数，还可以通过外部传感器（如视觉传感器、触觉传感器等），对外部环境信息进行感知、提取、处理并做出适当的决策，自主完成某项任务。目前，智能机器人尚处于研究和发展阶段。

智能机器人的发展方向大致有两种，一种是类人型智能机器人，这是人类梦想的机器人；另一种外形并不像人，但具有机器智能。

(a) (b) (c) (d)

图 1-2-7 特种机器人

（a）救火机器人；（b）拆弹机器人；（c）战斗机器人；（d）潜水机器人

任务三 工业机器人系统组成

※ 任务描述

掌握工业机器人系统组成；

了解工业机器人本体的主要组成。

※ 知识学习

工业机器人系统组成。

工业机器人系统主要由机器人本体、控制器和示教器组成，如图 1-3-1 所示。

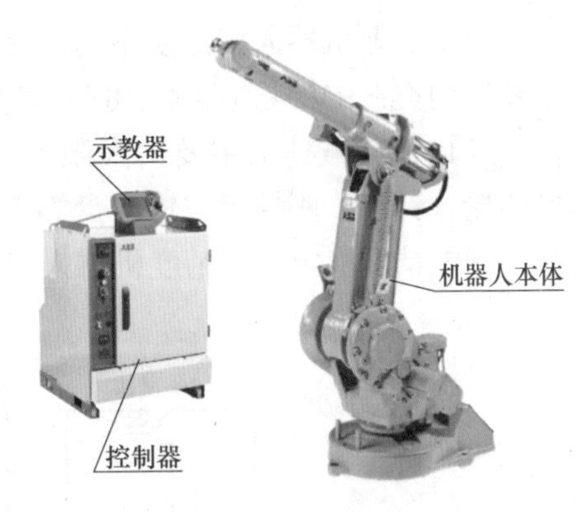

图 1-3-1　机器人系统

一、机器人本体

机器人本体主要由机械臂、驱动系统、传动单元和传感器等部分组成。

1. 机械臂

机械臂包括基座、腰部、臂部（大臂和小臂）和腕部等，如图 1-3-2 所示。

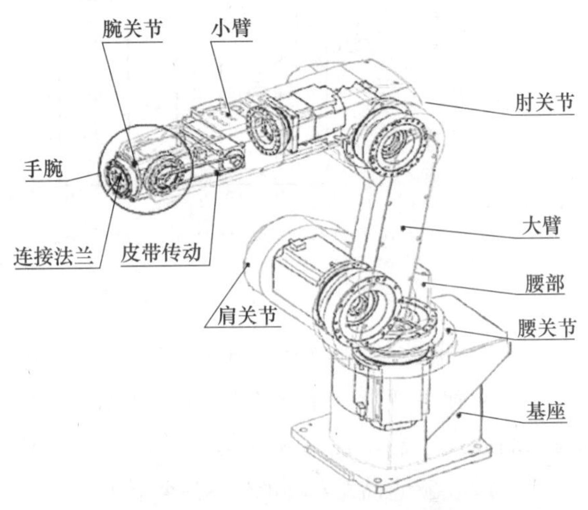

图 1-3-2　机械臂基本结构

2. 驱动系统

机器人驱动系统的作用是为执行元件提供动力，常用的驱动方式有液压驱动、气压驱动、电气驱动三种类型，见表 1-3-1。工业机器人多采用电气驱动方式，其中交流伺服电动机应用最广，驱动器布置大都采用一个关节一个驱动器。

表 1-3-1　三种驱动方式的特点比较

驱动方式＼特点	输出力	控制性能	维修使用	结构体积	使用范围	制造成本
液压驱动	压力高，可获得大的输出力	油液压缩量微小，压力、流量均容易控制，可无级调速，反应灵敏，可实现连续轨迹控制	维修方便，液体对温度变化敏感，油液泄漏易着火	在输出力相同的情况下，体积比气压驱动小	中小型及重型机器人	液压元件成本较高，油路比较复杂
气压驱动	气体压力低，输出力较小，如需输出力大时，其结构尺寸过大	可高速运行，冲击较严重，精确定位困难。气体压缩性大，阻尼效果差，低速不易控制	维修简单，能在高温、粉尘等恶劣环境中使用，泄漏无影响	体积较大	中小型机器人	结构简单，工作介质来源方便，成本低
电气驱动	输出力中等	控制性能好，响应快，可精确定位，但控制系统复杂	维修使用较复杂	需要减速装置，体积小	高性能机器人	成本较高

3. 传动单元

目前工业机器人广泛采用的机械传动单元是减速器，应用在关节型机器人上的减速器主要有两类：RV 减速器和谐波减速器。

（1）RV 减速器主要由太阳轮（中心轮）、行星轮、转臂（曲柄轴）、转臂轴承、摆线轮、针齿、刚性盘与输出盘等零部件组成，具有较高的疲劳强度和刚度以及较长的寿命，回差精度稳定。高精度机器人传动多采用RV减速器，RV减速器结构如图 1-3-3 所示。

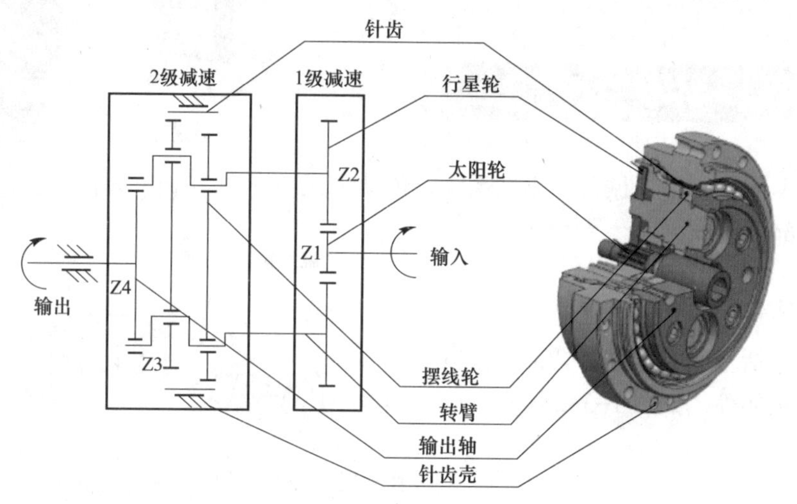

图 1-3-3 RV 减速器结构

（2）谐波减速器通常由 3 个基本构件组成，包括一个有内齿的刚轮，一个工作时可产生径向弹性变形并带有外齿的柔轮和一个装在柔轮内部、呈椭圆形、外圈带有柔性滚动轴承的波发生器，在这 3 个基本结构中可任意固定一个，其余的一个为主动件、一个为从动件。谐波减速器结构如图 1-3-4 所示。

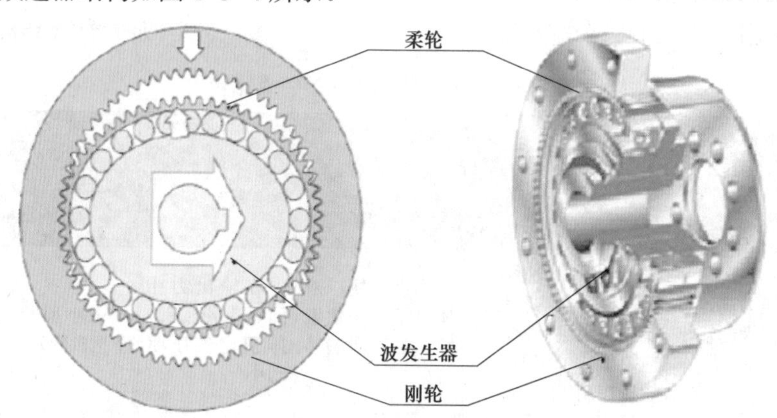

图 1-3-4 谐波减速器结构

4. 传感器

传感器处于连接外界环境与机器人的接口位置，是机器人获取信息的窗口。根据传感器在机器人上应用目的与使用范围的不同，将其分为两类：内部传感器和外部传感器。

（1）内部传感器：用于检测机器人自身的状态，如测量回转关节位置的轴角编码器、

测量速度以控制其运动的测速计。

（2）外部传感器：用于检测机器人所处的环境和对象状况，如视觉传感器。它可为高端机器人控制提供更多的适应能力，也给工业机器人增加了自动检测能力。外部传感器可进一步分为末端执行器传感器和环境传感器。

二、控制器

工业机器人控制器是机器人的大脑，控制器内部主要由主计算板、轴计算板、机器人六轴驱动器、串口测量板、安全面板、电容、辅助部件、各种连接线组成，通过这些硬件和软件的结合来操作机器人，并协调机器人与其他设备之间的关系。图 1-3-5 所示为 ABB 工业机器人的第二代 IRC5C 控制器。

三、示教器

示教器又称为示教编程器，是机器人系统的核心部件，主要由液晶屏幕和操作按钮组成，可由操作者手持移动，它是机器人的人机交互接口，机器人的所有操作都是通过示教器来完成的，如编写、测试和运行机器人程序，设定、查阅机器人状态设置和位置等。ABB 示教器如图 1-3-6 所示。

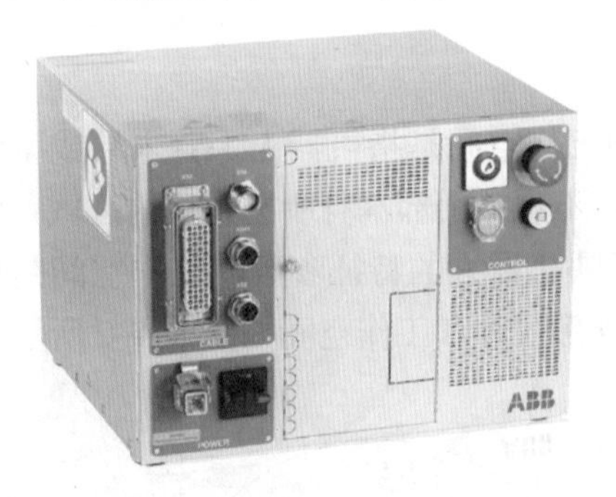

图 1-3-5　IRC5C 控制器

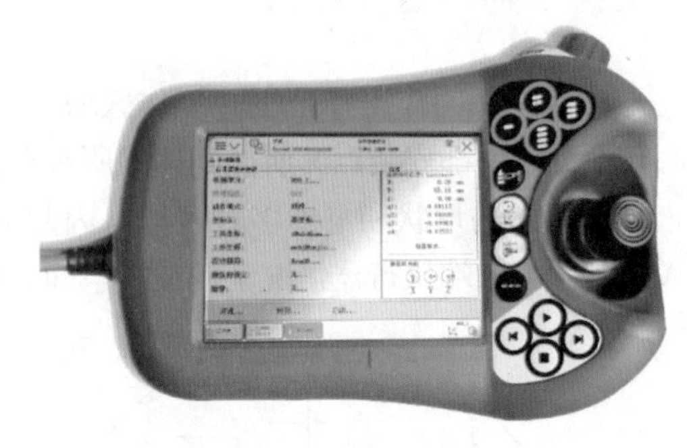

图 1-3-6　ABB 示教器

任务四　工业机器人主要技术参数

※ 任务描述

掌握工业机器人的主要技术参数。

※ 知识学习

工业机器人的技术参数决定了工业机器人的应用场景；作为技术人员在工业机器人选型时，也必须了解相应的技术参数。

一、自由度

机器人的自由度是指描述机器人本体（不含末端执行器）相对于基坐标系（机器人坐标系）进行独立运动的数目。机器人的自由度表示机器人动作灵活的尺度，一般以轴的直线移动、摆动或旋转动作的数目来表示。工业机器人一般采用空间开链连杆机构，其中的运动副（转动副或移动副）常称为关节，关节个数通常即为工业机器人的自由度数，大多数工业机器人有 3 ～ 6 个运动自由度。如图 1-4-1 所示，该工业机器人共有 6 个自由度。

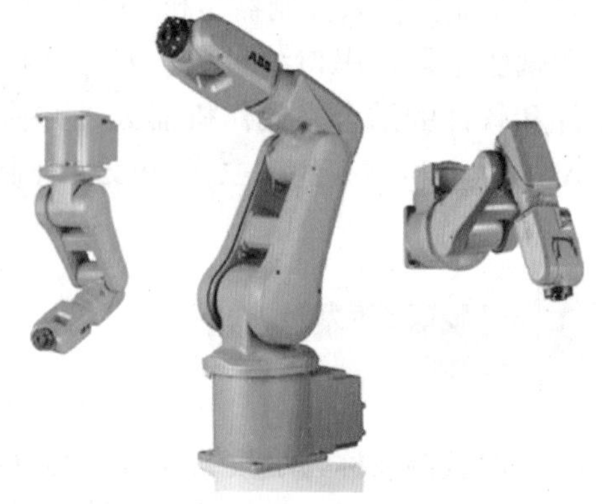

图 1-4-1　六自由度工业机器人

二、工作空间

工作空间又叫作工作范围、工作区域。机器人的工作空间是指机器人手臂末端或手腕中心（手臂或手部安装点）所能到达的所有点的集合，不包括手部本身所能到达的区域。由于末端执行器的形状和尺寸多种多样，因此为真实反映机器人的特征参数，工作空间是机器人未装任何末端执行器情况下的最大空间。机器人外形尺寸和工作空间如图 1-4-2 所示。

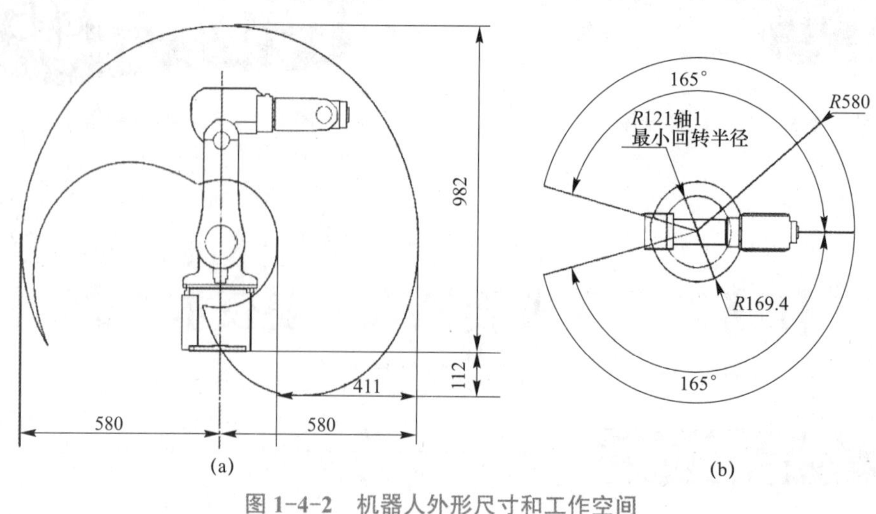

图 1-4-2　机器人外形尺寸和工作空间

（a）外形尺寸；（b）工作空间

工作空间的形状和大小是十分重要的，以 ABB 120 工业机器人为例，机器人在执行某项作业时可能会因存在手部不能到达的作业死区而不能完成任务。

三、负载能力

负载能力是指机器人在工作时能够承受的最大载重。如果将零件从一个位置搬至另一个位置，就需要将零件的质量和机器人手爪的质量计算在负载内。目前使用的工业机器人负载范围为 0.5 ～ 800 kg，如，ABB 120 5/0.8，这个型号的具体含义：IRB120 型工业机器人，最大负载能力承重 5 kg，工作范围 0.8 m。

四、工作精度

工业机器人工作精度是指定位精度（也称绝对精度）和重复定位精度。定位精度是指机器人手部实际到达位置与目标位置之间的差异，用反复多次测试的定位结果的代表点与指定位置之间的距离来表示。重复定位精度是指机器人重复定位手部于同一目标位置的能力，以实际位置值的分散程度来表示。目前，工业机器人的重复精度可达 ±（0.01～0.5）mm。根据作业任务和末端持重的不同，机器人的重复精度要求也不同，如表 1-4-1 所示。

表 1-4-1　工业机器人典型行业应用的工作精度

作业任务	额定负载 /kg	重复定位精度 /mm
搬运	5 ～ 200	±（0.2 ～ 0.5）
码垛	50 ～ 800	±0.5
点焊	50 ～ 350	±（0.2 ～ 0.3）
弧焊	3 ～ 20	±（0.08 ～ 0.1）
涂装	5 ～ 20	±（0.2 ～ 0.5）
装配	2 ～ 5	±（0.02 ～ 0.03）
	6 ～ 10	±（0.06 ～ 0.08）
	10 ～ 20	±（0.06 ～ 0.1）

五、最大工作速度

厂家不同，对最大工作速度规定的内容亦有不同，有的厂家定义为机器人主要自由度上最大的稳定速度；有的厂家定义为手臂末端最大的合成速度，通常在技术参数中加以说明。

显而易见，工作速度越高，工作效率越高。然而工作速度越高就要花费更多的时间去升速或降速，或对机器人最大加速度变化率的要求更高。

任务五　工业机器人使用安全注意事项

※ 任务描述

操作工业机器人具有一定的危险性，安全问题需要引起每一个人的注意。在操作工业机器人或进行维护保养之前，一定要明白操作的流程规范及安全注意事项。

※ 知识学习

一、操作人员安全注意事项

操作人员要尽量避免进入安全栅栏内进行作业。其他安全注意事项如下：

（1）不需要操作机器人时，应断开机器人控制装置的电源，或者在按下急停按钮的状态下进行作业。

（2）应在安全栅栏外进行机器人系统的操作。

（3）为了预防负责操作的作业人员以外者意外进入，或者为了避免操作者进入危险场所，应设置防护栅栏和安全锁，如图 1-5-1 所示。

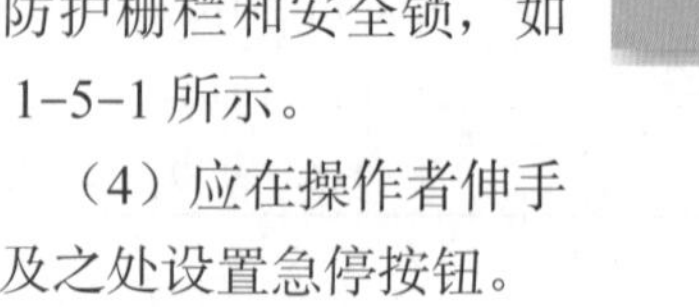

（4）应在操作者伸手可及之处设置急停按钮。

(a)

(b)

图 1-5-1　安全防护

（a）安全锁；（b）防护栅栏

事故案例：

2019 年 6 月 6 日凌晨 5 时 29 分，某冶炼厂熔铸工序 307 班锌锭码垛作业线机械臂主操手（小组长）金某在自动码锭机组未停机情况下，从未关闭的隔离栏安全门进入自动码锭机作业区域，在机械臂作业半径内进行场地卫生清扫。

5 时 30 分，金某行走至码锭机取锭位置与机械臂区间时，因顶锭装置接收到水冷链条传输过来的锌锭，信号传输至机械臂，机械臂自动旋转取锭，瞬间将金某推倒在顶锭装置上，锌锭抓取夹具挤压在金某左部胸腔，机器人将其按压在生产线上，动弹不得，如图

1-5-2 所示。

图 1-5-2　事故现场

处理过程：

打包工张某立即启动急停开关，并呼叫附近人员一起实施救援，副厂长王某听到呼叫立即赶到现场参与救援。王某、张某等人手动控制将顶锭装置降落复位，并将金某身下压覆的锌锭取出，增大活动空间，但仍无法救出，后使用撬棍抬升机械臂等方式，均未能将金某救出。

熔铸工序 307 班班长杨某赶到现场后，组织人员拆卸机械臂地脚螺栓，用电动单梁吊吊起机械臂，于 5 时 48 分将金某救出，6 时 05 分 120 救护人员赶到现场实施抢救，后送往某县第二人民医院（某镇卫生院），金某经抢救无效死亡。

原因分析：

金某违反云某有限公司《机械臂安全环保技术操作规范》Q/YCQXJ3060. 新增—2019 中 4.3.5“严禁在机械臂作业时进入作业区域空间”，以及 5.3.2.3“机械臂断电后，操作人员方可进入作业半径内”的规定，违章进入自动码锭机机械臂作业半径区域进行清扫作业。

① 安全防护设施不完善，隔离栏、安全门与机械臂未实现有效联锁。

② 员工安全意识薄弱，违规操作。

③ 应急处置能力不足，现场人员未掌握机械臂紧急情况安全操作技能，未掌握相关安全急救知识和能力。

（5）在进行示教作业之前，应确认机器人或者外围设备没有处在危险的状态且没有异常。

（6）在迫不得已的情况下需要进入机器人的动作范围内进行示教作业时，应事先确认安全装置（如急停按钮、示教器的安全开关等）的位置和状态等。

（7）程序员应特别注意，勿使其他人员进入机器人的动作范围。

（8）编程时应尽可能在安全栅栏的外边进行。因不得已情形而需要在安全栅栏内进行时，应注意下列事项：

① 仔细查看安全栅栏内的情况，确认没有危险后再进入栅栏内部。

② 要做到随时都可以按下急停按钮。

③ 应以低速运行机器人。

④ 应在确认清楚整个系统的状态后进行作业，以避免由于针对外围设备的遥控指令和动作等而导致作业人员陷入危险境地。

二、维修人员安全注意事项

（1）在机器人运转过程中切勿进入机器人的动作范围内。

（2）应尽可能在断开机器人和系统电源的状态下进行作业，当接通电源时，有的作业有触电的危险。此外，应根据需要上好锁，使其他人员不能接通电源。

（3）在通电中因不得已的情况而需要进入机器人的动作范围内时，应在按下操作箱（操作面板）或者示教器的急停按钮后再入内。此外，作业人员应挂上“正在进行维修作业”的警示牌，提醒其他人员不要随意操作机器人，如图 1-5-3 所示。

图 1-5-3　正在维修警示牌

（4）在进行维修作业之前，应确认机器人或者外围设备没有处在危险的状态且没有异常。

（5）当机器人的动作范围内有人时，切勿执行自动运转。

（6）在墙壁和器具等旁边进行作业时，或者几个作业人员相互接近时，应注意不要堵住其他作业人员的逃生通道。

（7）当机器人上备有工具时，以及除了机器人外还有传送带等可动器具时，应充分注意这些装置的运动。

（8）作业时应在操作箱（操作面板）的旁边配置一名熟悉机器人系统且能够察觉危险的人员，使其处在任何时候都可以按下急停按钮的状态。

（9）在更换部件或重新组装时，应注意避免异物的黏附或者异物的混入。

（10）在检修控制装置内部时，如要触摸到单元、印制电路板等，为了预防触电，务必先断开控制装置主断路器的电源，而后再进行作业。在两台机柜的情况下，应断开其各自断路器的电源。

（11）维修作业结束后重新启动机器人系统时，应事先充分确认机器人动作范围内是否有人，机器人和外围设备是否有异常。

（12）在拆卸电动机和制动器时，应采取以吊车吊住机器人手臂后再拆卸，以避免机器人手臂落下来。

（13）伺服电动机控制器内部、减速机、齿轮箱、手腕单元等处会发热，需要注意在发热的状态下因不得已而必须触摸设备时，应准备好耐热手套等保护用具。

（14）在拆卸或更换电动机和减速机等具有一定质量的部件和单元时，应使用吊车等辅助装置，以避免给作业人员带来过大的作业负担。

（15）在进行作业的过程中，不要将脚搭放在机器人的某一位置上，也不要爬到机器人上面，这样不仅会给机器人造成不良影响，还有可能发生作业人员因为踩空而受伤。

（16）在高地进行维修作业时，应确保脚手台安全且作业人员要系好安全带。

（17）在更换拆下来的部件（螺栓等）时，应正确装回其原来的部位。如果发现部件不够或部件有剩余，则应再次确认并正确安装。

（18）在更换完部件后，务必按照规定的方法进行测试运转，此时，作业人员务必在安全栅栏的外边进行操作。

项目二 工业机器人硬件连接操作

项目目标

了解工业机器人控制器接口；

了解工业机器人本体接口；

了解工业机器人示教器；

掌握工业机器人的使用方法。

工作任务

工业机器人硬件主要包括工业机器人控制器、工业机器人本体、示教器、外围设备以及以上每个部分之间的相互连接。本项目主要关于控制器、本体相关接口使用方法以及如何进行不同电缆线之间的连接，连接后如何进行正确的开启和关闭工业机器人，属于使用工业机器人的入门且必须经历的一个关键环节。工业机器人各部分硬件之间的连接关系如图 2-1 所示。

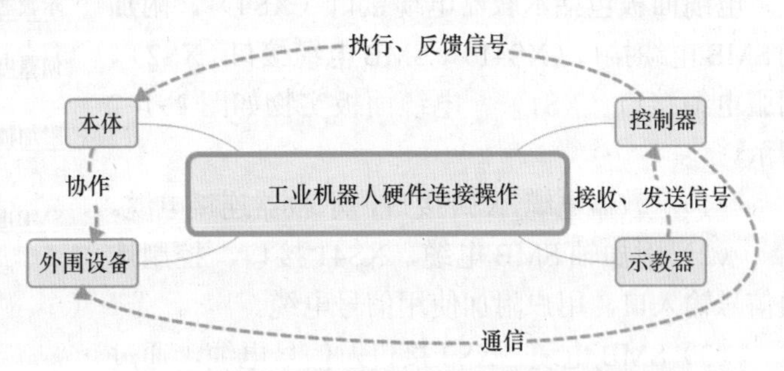

图 2-1　工业机器人各部分硬件之间的连接关系

任务一 工业机器人控制器

※ 任务描述

了解控制器的面板主要组成以及相应各个面板上的接口名称、功能、使用方法。

※ 知识学习

工业机器人控制器是工业机器人系统组成的一部分，主要用于控制机器人本体的运动轨迹。控制器相当于机器人的大脑，所有的动作指令都由控制器发出。控制器上面包含多种接口和常用按钮。

以 ABBIRC5C 第二代控制器为例，前端面板包括三个主要面板，分别是电缆面板、电源面板、控制面板。控制器面板组成如图 2-1-1 所示。

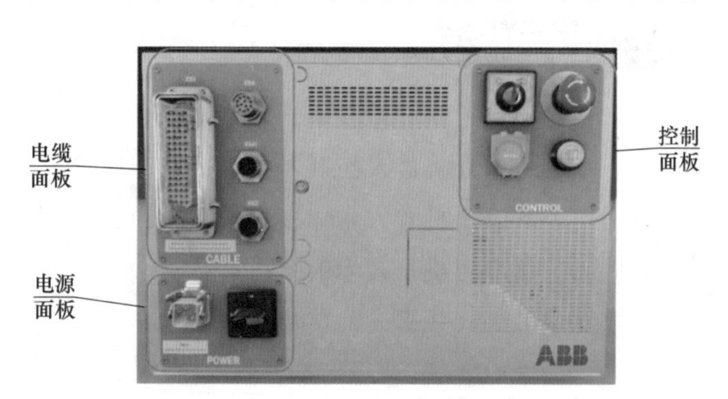

图 2-1-1 控制器面板组成

一、电缆面板

电缆面板包括示教器电缆接口（XS4）、附加轴 SMB 电缆接口（XS41）、SMB 电缆接口（XS2）、伺服电缆接口（XS1）。电缆面板实物如图 2-1-2 所示。

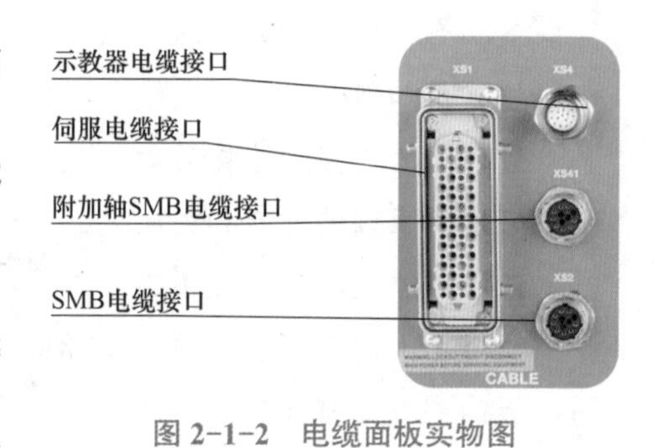

图 2-1-2 电缆面板实物图

（1）示教器电缆，XS4 接口，示教器连接电缆。

（2）附加轴 SMB 电缆，XS41 接口，控制选项信号输入口，用户附加使用信号电缆。

（3）SMB 电缆，XS2 接口，信号电缆，通过串行测量板（SMB）负责连接各伺服电动机转速计数器（即旋转编码器 EIB）。

（4）伺服电缆，XS1 接口，电力电缆，负责各伺服电动机动力供电。

二、电源面板

电源面板包括电源输入接口、电源开关。电源面板实物图如图 2-1-3 所示。

（1）电源输入，XP0 接口，电源输入连接器，电压为交流 220 ～ 230 V。

（2）电源开关，负责电源通断，ON 为通电，OFF 为断电。

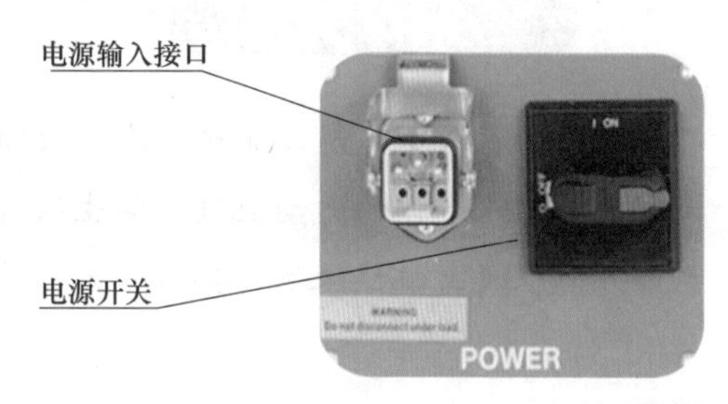

图 2-1-3　电源面板实物图

三、控制面板

控制面板包括模式开关、急停开关、制动闸释放按钮、电动机上电按钮。控制面板实物图如图 2-1-4 所示。

（1）模式开关：选择手动模式或者自动模式。

（2）急停开关：负责紧急停止。

（3）制动闸释放按钮：按下后解除所有伺服电动机制动器，谨慎使用，仅对于 IRB120 适用，机器人的制动闸应该在带电情况下手动释放。当控制器电源开关为“开”时，即使系统处于紧急状态，电源依然供电。机器人型号不同，制动闸释放按钮的位置也不同。

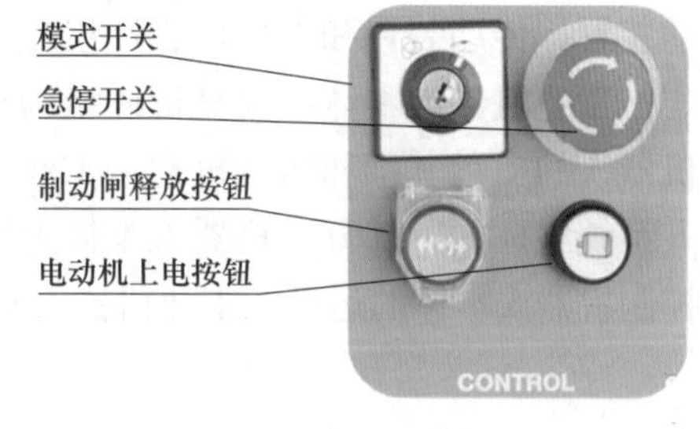

图 2-1-4　控制面板实物图

（4）电动机上电按钮：负责各伺服电动机上电，同时作为电动机上电和断电状态的指示灯。

任务二　工业机器人本体

※ 任务描述

掌握工业机器人轴（自由度）的判断方法；

了解工业机器人安全标识的含义；

了解工业机器人机械原点位置；

了解工业机器人机械限位；

掌握工业机器人的接口含义及功能。

※ 知识学习

工业机器人本体是工业机器人系统组成的一部分，机器人本体主要通过伺服电动机驱动控制机器人本体的运动轨迹。学生通过学习工业机器人本体的轴（自由度）、安全标识、机械原点位置、机械限位、接口全方位了解工业机器人的使用方法。

一、工业机器人本体

工业机器人本体又称操作机，是工业机器人的机械主体，是用来完成规定任务的执行机构，主要由机械臂、驱动装置、传动装置和内部传感器组成。

工业机器人本体结构是机体结构和机械传动系统，也是机器人的支承基础和执行机构。工业机器人本体是工业机器人系统组成的一部分，机器人本体主要通过伺服电动机驱动控制机器人本体的运动。工业机器人本体如图 2-2-1 所示。

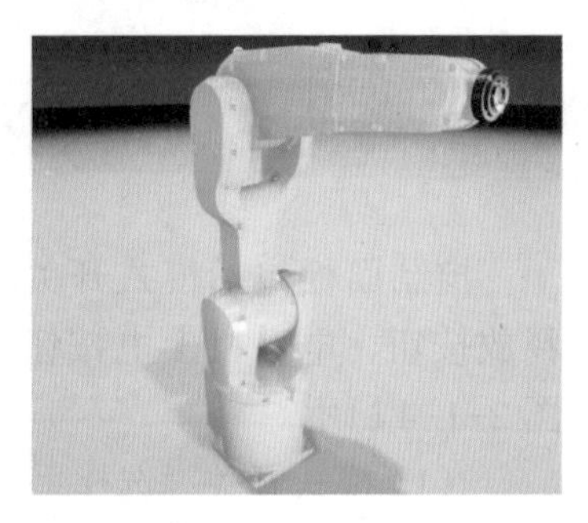

图 2-2-1　工业机器人本体

二、工业机器人轴（自由度）

机器人机构能够独立运动的关节数目，称为机器人机构的运动自由度，简称自由度（Degree of Freedom），用 DOF 表示。目前工业机器人采用的控制方法是把机械臂上每一个关节都当作一个单独的伺服机构，即每个轴对应一个伺服器，每个伺服器通过总线控制，由控制器统一控制并协调工作。

机器人轴的数量决定了其自由度。随着轴数的增加，机器人的灵活性也随之增加。在目前的工业应用中，用得最多的是三轴、四轴、五轴双臂和六轴的工业机器人，轴数的选择通常取决于具体的应用。这是因为，在某些应用中并不需要很高的灵活性，而三轴和四轴机器人具有更高的成本效益，并且三轴和四轴机器人在速度上也具有很大的优势。如果只是进行一些简单的应用，例如在传送带之间拾取、放置零件，那么四轴的机器人就足够了。如果机器人需要在一个狭小的空间内工作，而且机械臂需要扭曲反转，六轴或者七轴的机器人是最好的选择。

对于六轴机器人而言，其机械臂主要包括基座、腰部、手臂（大臂和小臂）和手腕。工业机器人各轴实物图如图 2-2-2 所示。

三、工业机器人安全标识

机器人和控制器都贴有数个安全信息标签，其中包含产品的相关重要信息。这些信息对所有操作机器人系统的人员都非常有用，如安装、检修或操作期间，所以有必要维护信息标签的完整。了解工业机器人的安全标识是使用工业机器人的必需步骤，关乎使用者和设备的安全。

以 ABB 的 IRB1200 工业机器人为例，该机器人在 4 轴顶端安装有安全灯。该灯在“电机开启”模式下亮起，在 UL/UR 批准的机器人上需要安装安全灯。IRB1200 工业机器人的安全灯如图 2-2-3 所示。

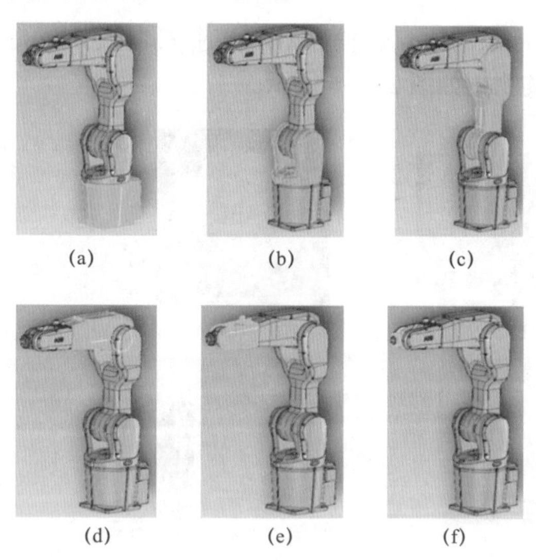

图 2-2-2　工业机器人各轴实物图
（a）1 轴；（b）2 轴；（c）3 轴；
（d）4 轴；（e）5 轴；（f）6 轴

图 2-2-3　IRB1200 工业机器人的安全灯

1. 电击符号

电击符号（闪电形状）主要是针对可能会导致严重的人身伤害或死亡的电气危险的警告。电击符号如图 2-2-4 所示。

2. 高温符号

在正常运行期间，许多机器人部件都会发热，尤其是驱动电动机和齿轮箱。某些时候，这些部件周围的温度也会很高。触摸它们可能会造成不同程度的灼伤。环境温度越高，机器人的表面越容易变热，从而可能造成灼伤。在控制器中，驱动部件的温度可能会很高。高温符号如图 2-2-5 所示。

图 2-2-4　电击符号

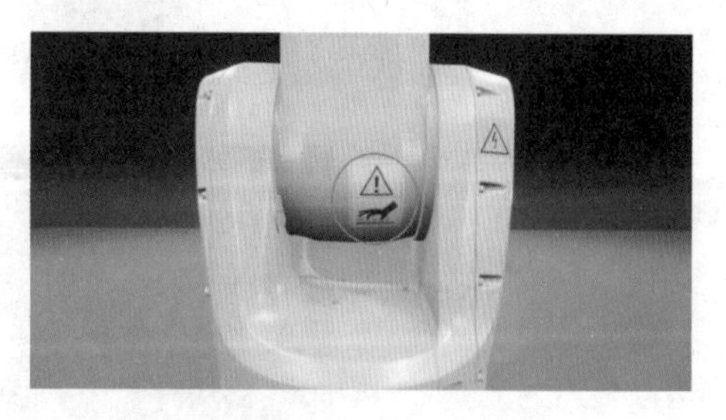

图 2-2-5　高温符号

（1）在实际触摸之前，务必使用测温工具（如测温枪）对组件进行温度检测确认。

（2）如果要拆卸可能会发热的组件，应等到其冷却或者采用其他方式处理。

四、工业机器人机械原点

工业机器人机械原点就是工业机器人坐标系的原点位置。ABB 工业机器人 6 个关节轴都有一个机械原点的位置。机械原点位置实物图如图 2-2-6 所示。

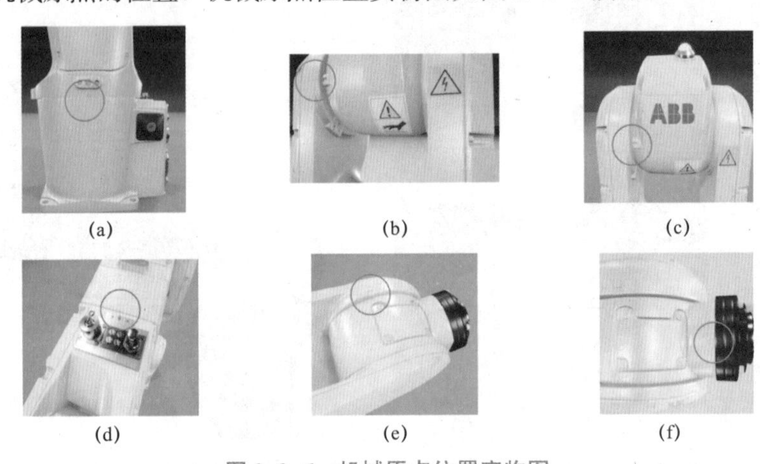

图 2-2-6 机械原点位置实物图

（a）1 轴；（b）2 轴；（c）3 轴；（d）4 轴；（e）5 轴；（f）6 轴

五、工业机器人机械限位

工业机器人的机械限位用于避免机器人所在轴超出工作区域发生危险，因此要定期进行检查。IRB1200 的机械限位实物图如图 2-2-7 所示。

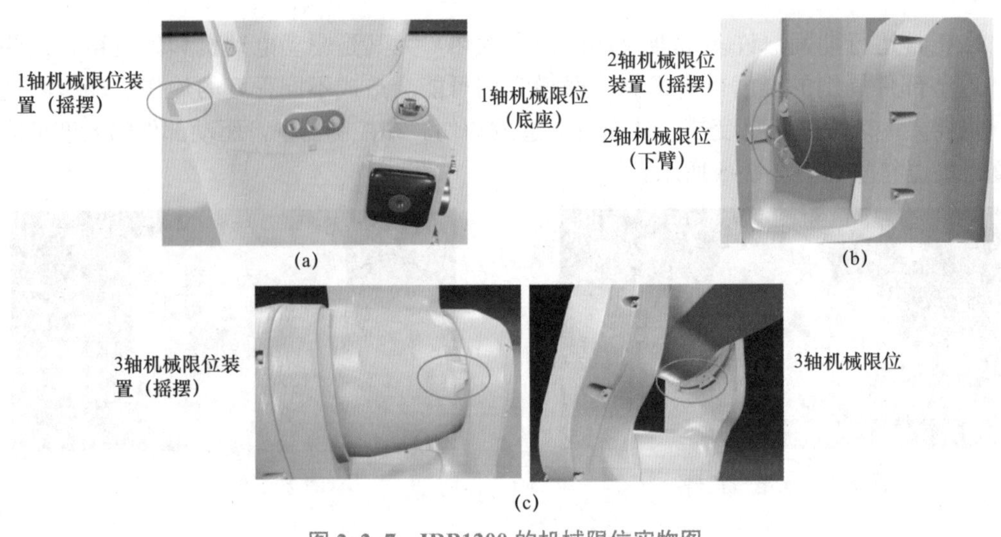

图 2-2-7 IRB1200 的机械限位实物图

（a）1 轴；（b）2 轴；（c）3 轴

六、工业机器人接口

工业机器人本体接口包括底座接口和五轴外部接口，通过不同接口完成机器人伺服电动机供电、编码器数据传输、气压供给、工具应用等功能。工业机器人本体接口和外部接口分别如图 2-2-8 和图 2-2-9 所示。

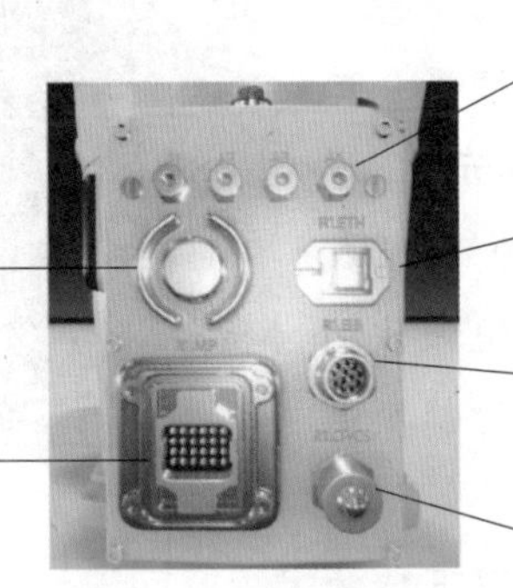

图 2-2-8 工业机器人本体接口

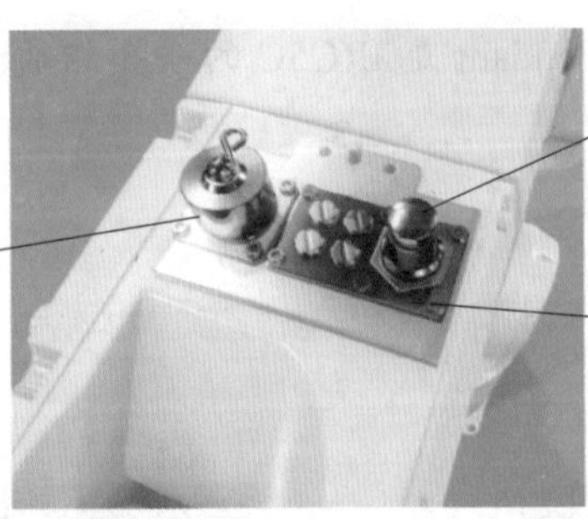

图 2-2-9 工业机器人本体外部接口

任务三 工业机器人示教器

※ 任务描述

了解工业机器人示教器的定义；

了解工业机器人示教器的组成；

掌握工业机器人示教器的使用方法。

① 巴，压强单位，1 bar=100 kPa。

※ 知识学习

操作工业机器人，就必须和机器人示教器打交道。示教器是进行机器人的手动操纵、程序编写、参数配置以及监控的手持装置，也是最常打交道的机器人控制装置。工业机器人示教器实物图如图 2-3-1 所示。

图 2-3-1　工业机器人示教器实物图

FlexPendant 设备（有时也称为 TPU 或教导器单元）用于处理与机器人系统操作相关的许多功能，如运行程序、微动控制操纵器、修改机器人程序等。

FlexPendant 可在恶劣的工业环境下持续运行，其触摸屏易于清洁，且防水、防油、防溅。FlexPendant 由硬件和软件组成，其本身就是一成套完整的计算机。FlexPendant 是 IRC5C 的一个组成部分，通过集成电缆和连接器与控制器连接。

一、示教器面板

示教器面板包括触摸屏、快捷键单元、手动操作摇杆、备份数据用 USB 接口等，如图 2-3-2 所示。

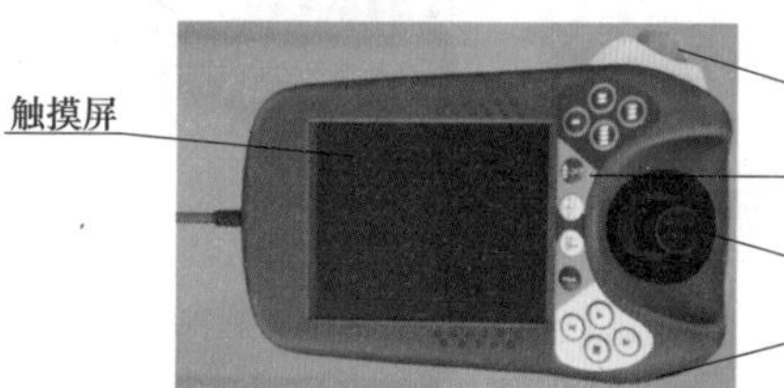

图 2-3-2　工业机器人示教器

（1）触摸屏：用于显示 FlexPendant 触摸屏的各种重要功能。

（2）快捷键单元：又称硬按钮，FlexPendant 上有专用的硬件按钮，可以将自己的功能指定给其中四个按钮。

（3）手动操作摇杆：又称控制杆，使用控制杆来移动机器人。控制杆移动机器人的设置有多种，控制杆的动作幅度决定了工业机器人的运动速度。

（4）备份数据用 USB 接口：将 USB 存储器连接到 USB 接口以读取或保存数据。USB 存储器在 FlexPendant 浏览器中显示为驱动器 /USB：可移动的。注意，在不使用时盖上 USB 接口的保护盖；USB 接口和重置按钮对使用 RobotWare 5.12 或更高版本的系统有效，这些按钮对于较旧的系统无效。

（5）紧急停止按钮：用于紧急停止，紧急停止状态意味着所有电源都要与操纵器断开连接，手动制动闸释放电路除外。必须执行恢复程序，即重置紧急停止按钮并按“电机开启”按钮，才能返回至正常操作。

（6）触摸笔：随 FlexPendant 提供，放在 FlexPendant 的后面，拉小手柄可以松开笔。使用 FlexPendant 时用触摸笔触摸屏幕，不要使用螺丝刀或者其他尖锐的物品接触屏幕。

（7）示教器复位按钮：重置 FlexPendant，而不是控制器上的系统。

（8）连接电缆：用于连接控制器 XS4 接口进行控制信号传输。

（9）使能器按钮：又称使能装置，使能装置是一个位于 FlexPendant 一侧的按钮，半按该按钮可使系统切换至 MOTORS ON 状态；释放或全按使能装置时，操纵器切换至 MOTORS OFF 状态。

二、快捷键单元

快捷键单元实物图如图 2-3-3 所示。

A～D 预设按键：是 FlexPendant 上 4 个硬件按钮，可用于由用户设置的专用特定功能。

E：选择机械单元。

F：切换运动模式，重定向或线性。

G：切换运动模式，轴 1～3 或轴 4～6。

H：切换增量。

J：Step BACKWARD（步退）按钮，按下此按钮，可使程序后退至上一条指令。

K：START（启动）按钮，按下此按钮开始执行程序。

L：Step FORWARD（步进）按钮，按下此按钮，可使程序前进至下一条指令。

M：STOP（停止）按钮，按下此按钮停止程序执行。

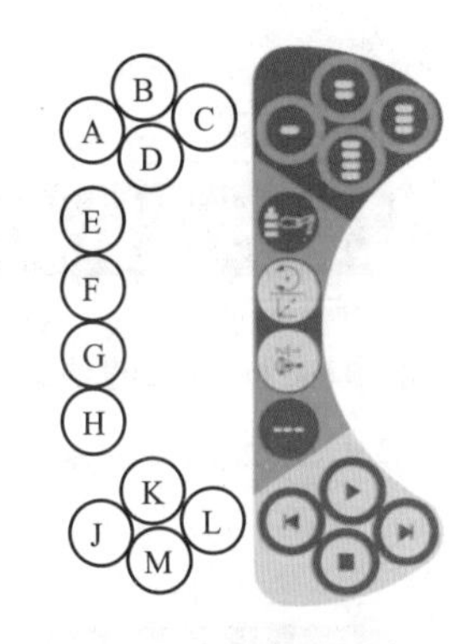

图 2-3-3　快捷键单元实物图

三、示教器使用

使能器按钮是工业机器人为保证操作人员人身安全而设置。只有在按下使能器按钮，并保持在“电机开启”的状态，才可对机器人进行手动的操作与程序的调试。当发生危险时，人会本能地将使能器按钮松开或按紧，则机器人会马上停下来。

使能器按钮分了两挡，在手动状态下第一挡按下去，机器人将处于电动机开启状态。第二挡按下去以后，机器人处于防护装置停止状态。

操作 FlexPendant 时，通常需要手持该设备。习惯右手在触摸屏上操作的人员，通常左手手持该设备；习惯左手在触摸屏上操作的人员，通常右手手持该设备。

右手手持该设备时可以将显示器显示方式旋转 180°，以方便操作。左手握持示教器方法如图 2-3-4 所示。

操纵杆的使用技巧：我们可以将机器人的操纵杆比作汽车的加速踏板，操纵杆的操纵幅度与机器人的运动速度相关。操纵幅度较小则机器人运动速度较慢；操纵幅度较大则机器人运动速度较快。所以在操作时，应尽量以操纵小幅度使机器人慢慢运动，开始我们的手动操纵学习。

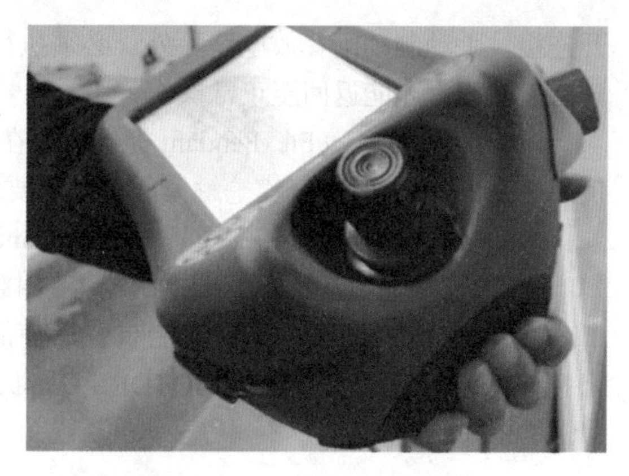

图 2-3-4　左手握持示教器方法

任务四　工业机器人硬件连接

※ 任务描述

掌握工业机器人的线缆及使用方法；

掌握工业机器人控制器、本体接口，并正确连接。

※ 知识学习

正确连接机器人系统是将控制器、示教器、机器人本体正确地连接起来，让其正常地作业，通过本任务的学习与操作能进一步熟悉机器人控制器接口和本体接口，并正确规范地连接起来。工业机器人系统如图 2-4-1 所示。

图 2-4-1　工业机器人系统

一、工业机器人线缆

工业机器人线缆主要包括动力电缆、SMB 电缆、示教器电缆，如图 2-4-2 所示。

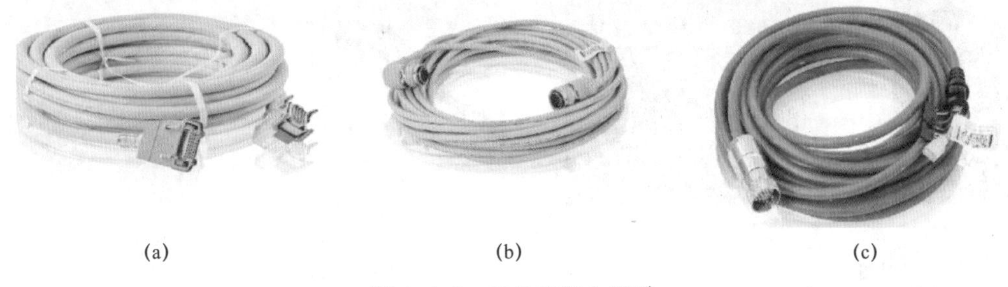

(a)　　(b)　　(c)

图 2-4-2　工业机器人线缆

（a）动力电缆；（b）SMB 电缆；（c）示教器电缆

二、工业机器人硬件连接

在进行机器人的安装、维修和保养时切记要确认工业机器人电源、气源、液压源均已断开，带电作业可能会产生致命性后果。工业机器人硬件连接步骤如下所示。

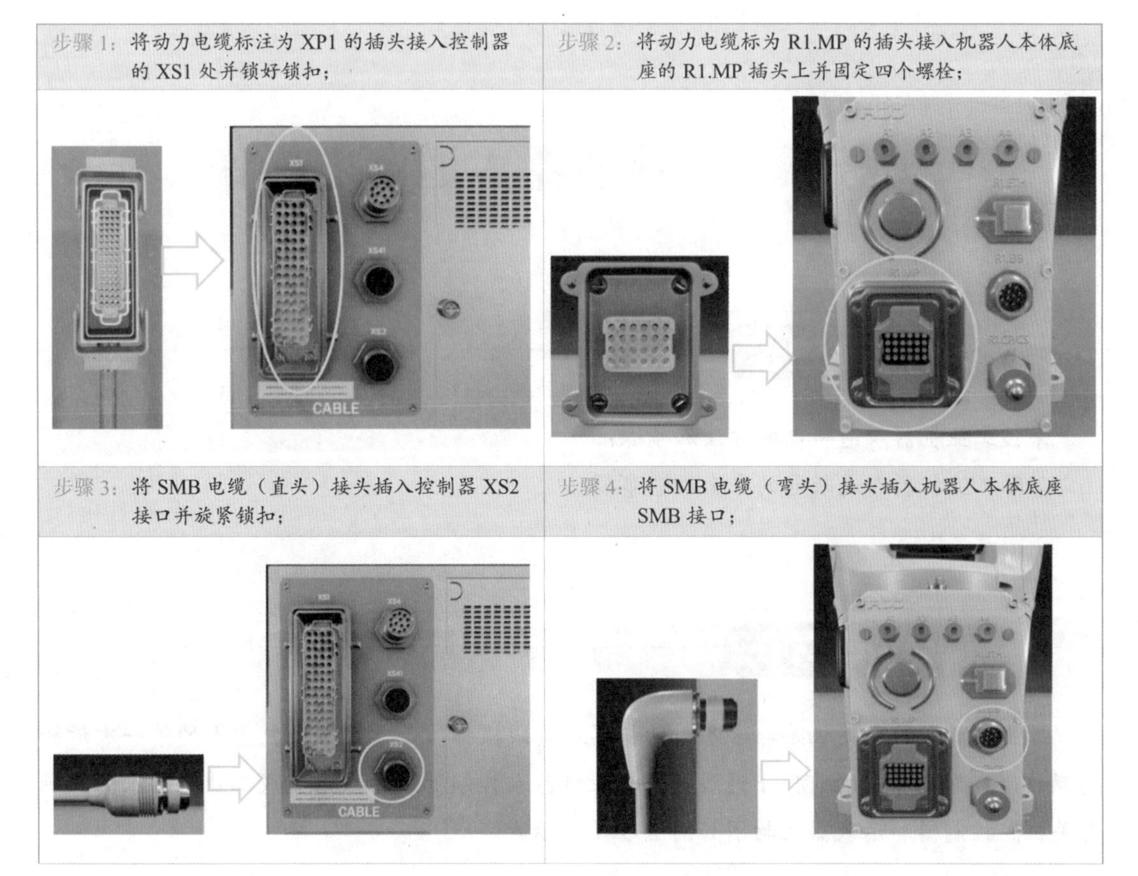

步骤 1：将动力电缆标注为 XP1 的插头接入控制器的 XS1 处并锁好锁扣；	步骤 2：将动力电缆标为 R1.MP 的插头接入机器人本体底座的 R1.MP 插头上并固定四个螺栓；
步骤 3：将 SMB 电缆（直头）接头插入控制器 XS2 接口并旋紧锁扣；	步骤 4：将 SMB 电缆（弯头）接头插入机器人本体底座 SMB 接口；

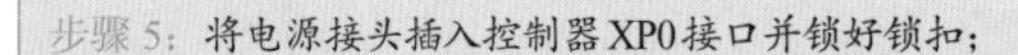

步骤 5：将电源接头插入控制器 XP0 接口并锁好锁扣；	步骤 6：将电源接头插入电源插座；
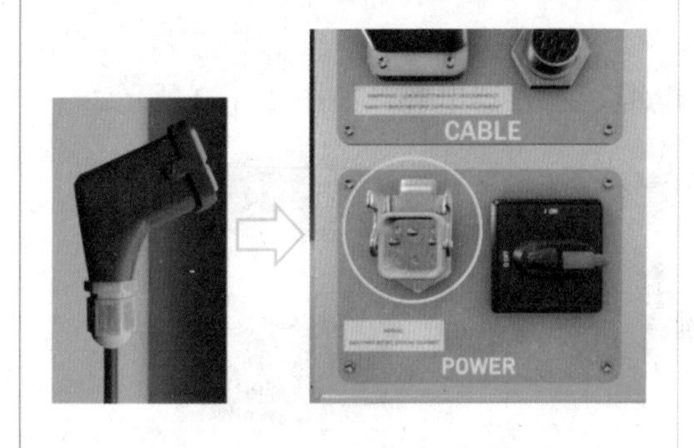	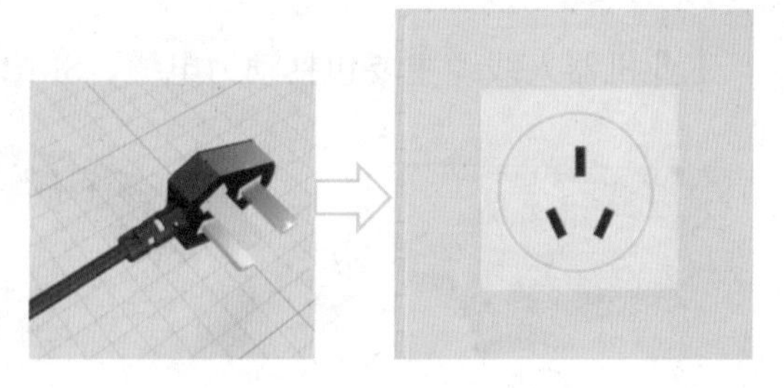
步骤 7：完成效果图。	

任务五　工业机器人通断电操作

※ 任务描述

掌握工业机器人通断电的方法和步骤；

了解工业机器人通断电的安全注意事项。

※ 知识学习

工业机器人的开关机是非常基础的机器人实践操作，是学习工业机器人的第一次近距离操作，在保证安全的前提下通过操作工业机器人控制器和示教器完成工业机器人的正确开关机。控制器和示教器实物图如图 2-5-1 所示。

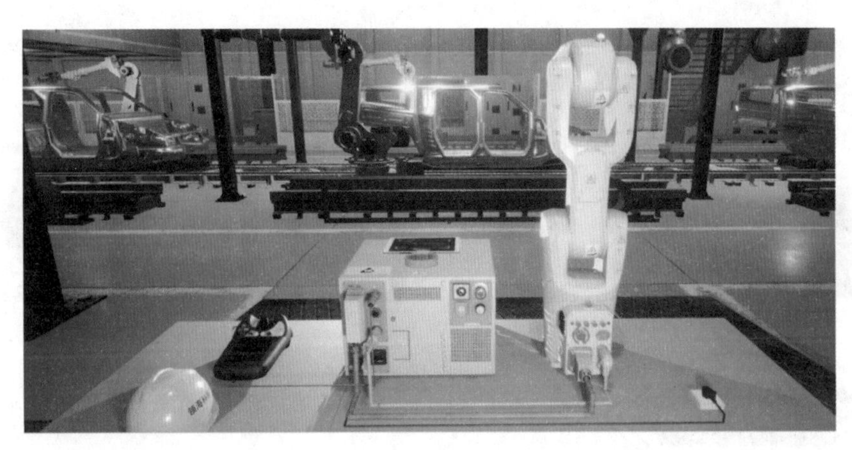

图 2-5-1　控制器和示教器实物图

一、开机操作及模式切换

工业机器人开机及模式切换具体操作如下所示。

<table>
<tr><td>步骤 1：将机器人控制器上电源旋钮，从“OFF”旋转到“ON”；</td><td>步骤 2：如果选择手动模式，则使用钥匙将模式开关从自动拨到手动；</td></tr>
<tr><td>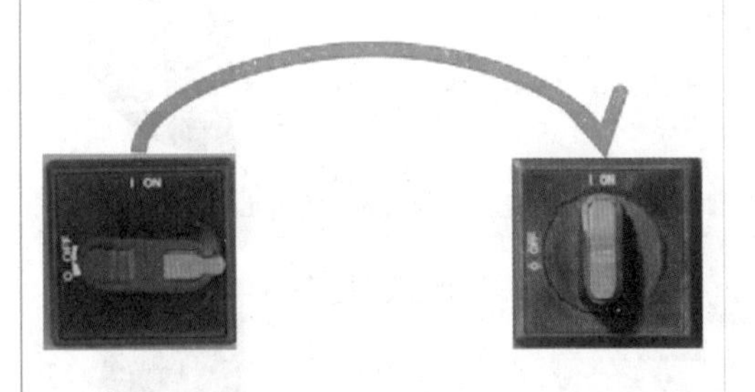</td><td>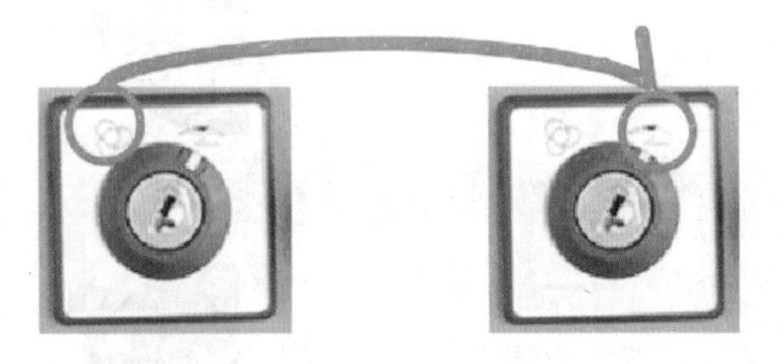</td></tr>
<tr><td>步骤 3：接通电源后，电动机上电指示灯闪烁，表示各轴电动机未上电；</td><td>步骤 4：按下使能器按钮，并保持在“电机开启”的状态，才可对机器人进行手动的操作与程序的调试。同时，控制器上电动机上电指示灯由闪烁转变为长亮状态；</td></tr>
<tr><td>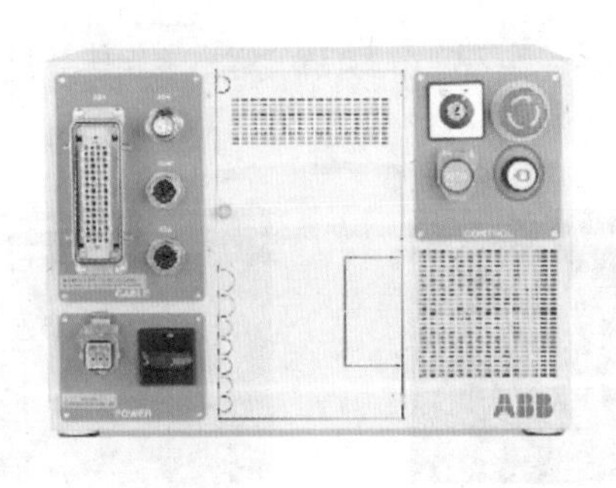</td><td>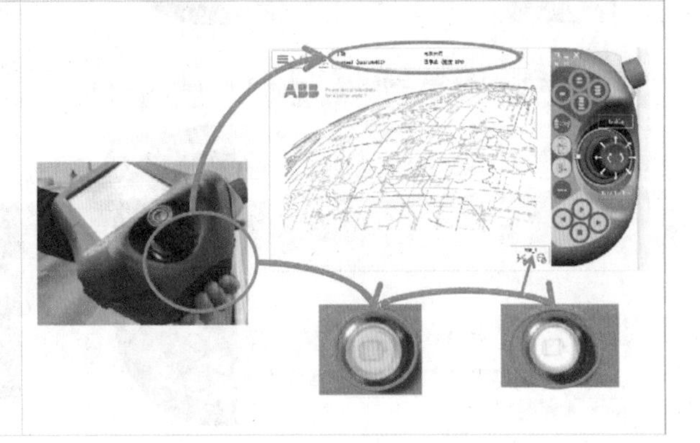</td></tr>
</table>

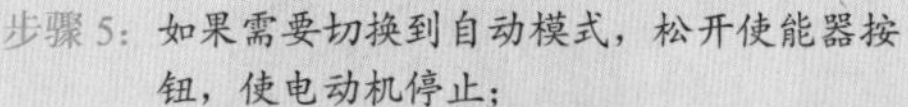

步骤5：如果需要切换到自动模式，松开使能器按钮，使电动机停止；	步骤6：选择自动模式，则使用钥匙将模式开关从手动拨到自动。
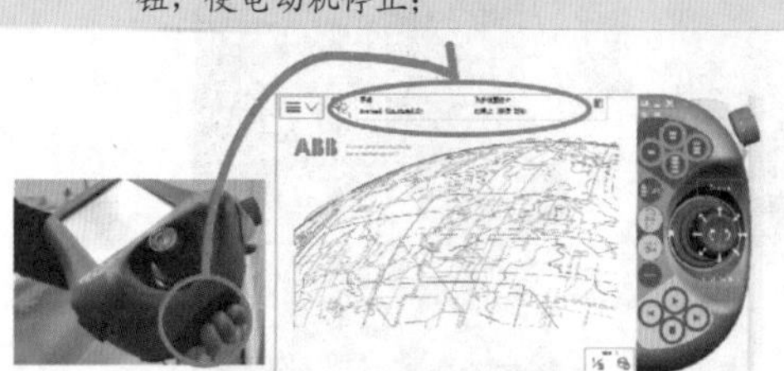	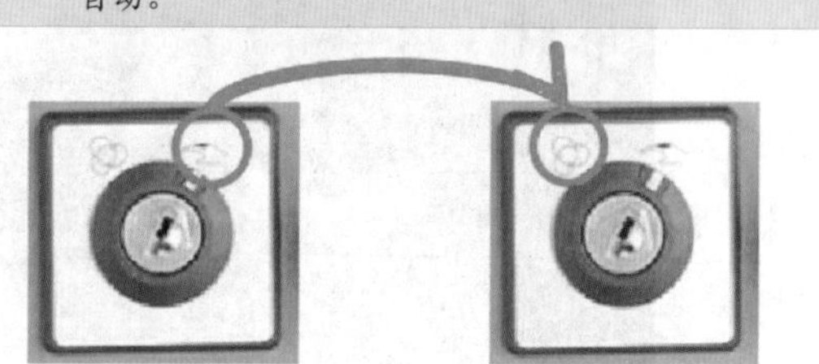

二、关机操作

关机操作步骤如下所示。

步骤1：首先确认示教器的状态栏——“防护装置停止”，确认机器人已停止运行（若“正在运行”，可按一下停止按钮）；	步骤2：单击菜单键，选择“重新启动”；
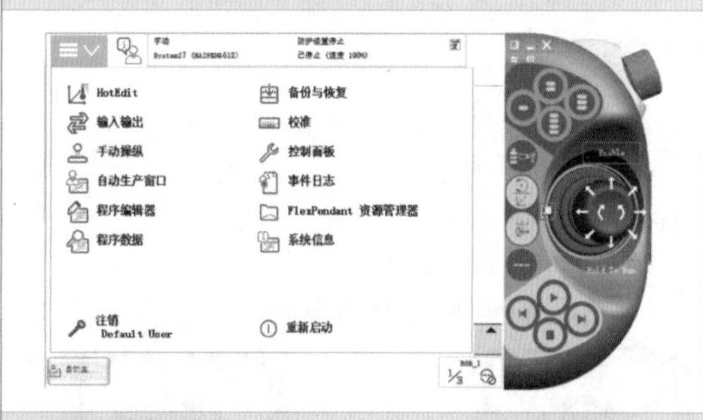	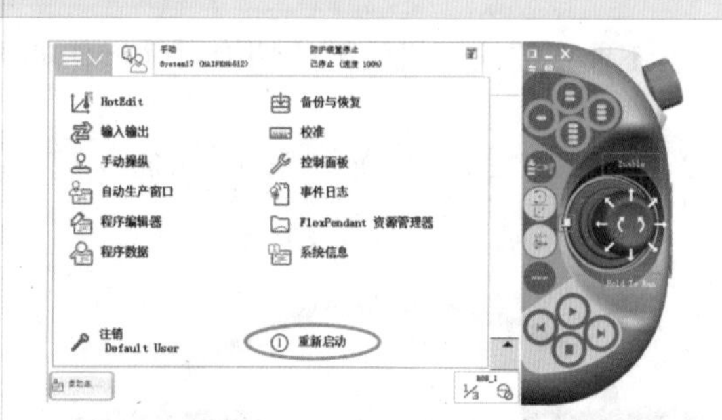
步骤3：使用触摸笔单击示教器“高级”选项；	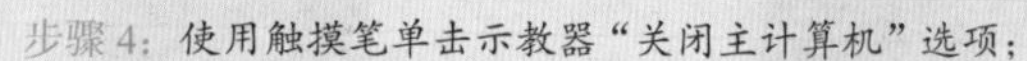步骤4：使用触摸笔单击示教器“关闭主计算机”选项；
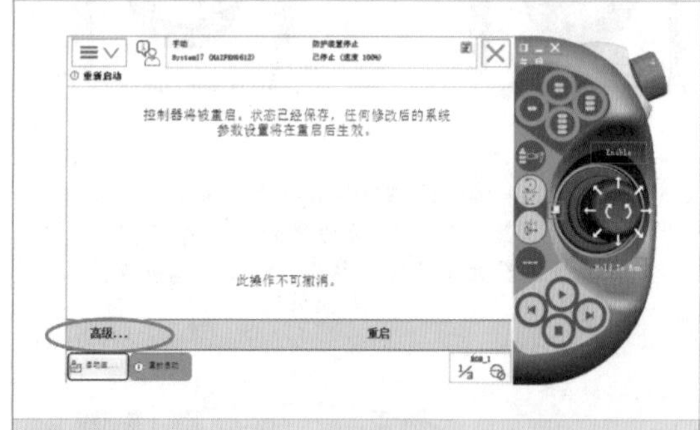	
步骤5：使用触摸笔单击示教器“关闭主计算机”选项；	步骤6：将控制器上电源旋钮从“ON”旋转到“OFF”。
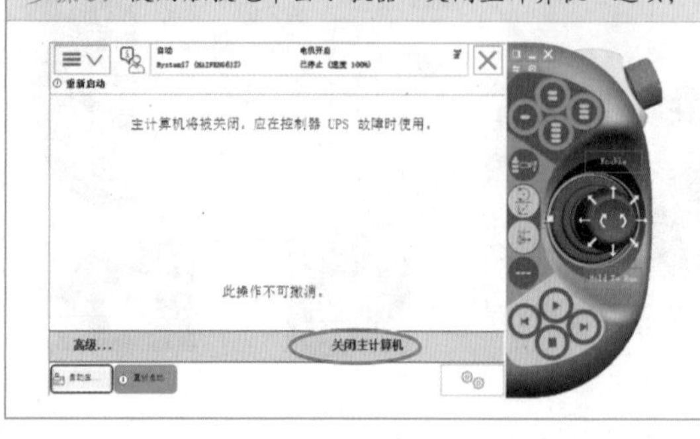	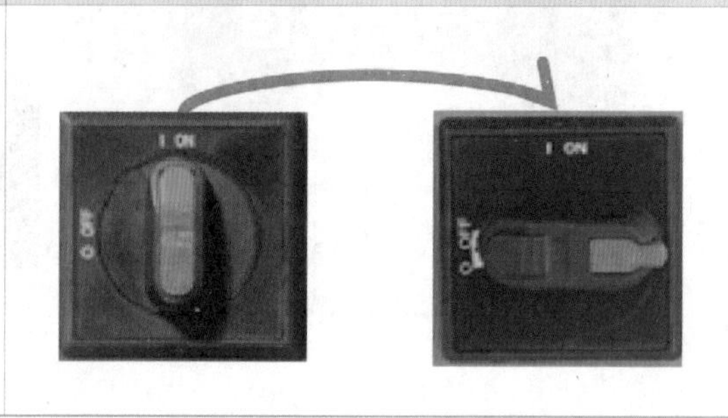

三、紧急停止操作

紧急停止操作步骤如下所示。

步骤 1：按下示教器紧急停止按钮，停止所有操作，进行急停保护。此时示教器显示紧急停止；

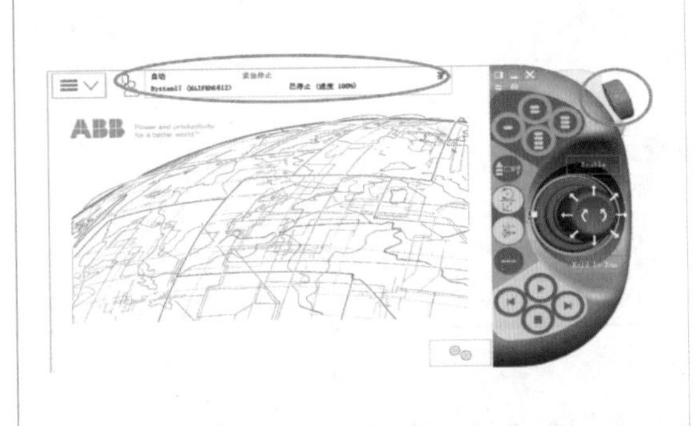

步骤 2：向右旋开急停按钮，解除急停状态，触摸屏显示紧急停止后等待电动机开启，且机器人控制器电动机上电指示灯闪烁，等待电动机上电；

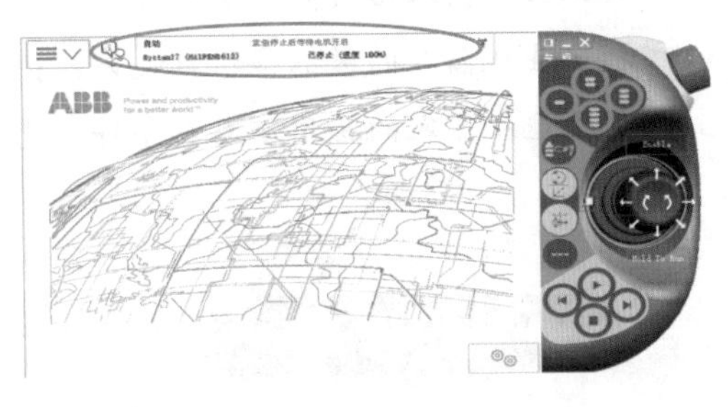

步骤 3：按下电动机上电按钮，则上电按钮指示灯由闪烁转长亮，表示各轴伺服电动机已经上电，可以进行操作。

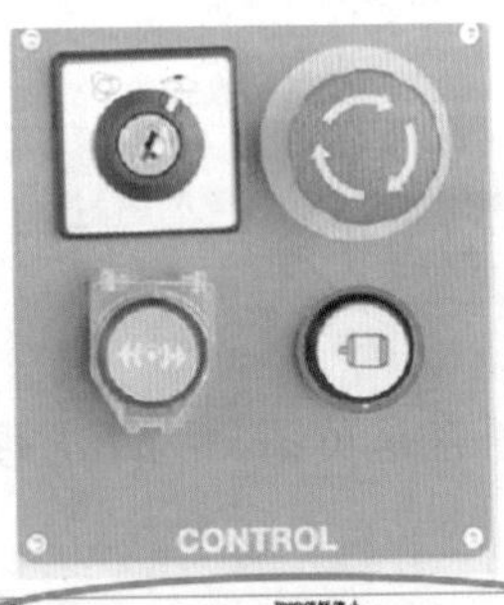

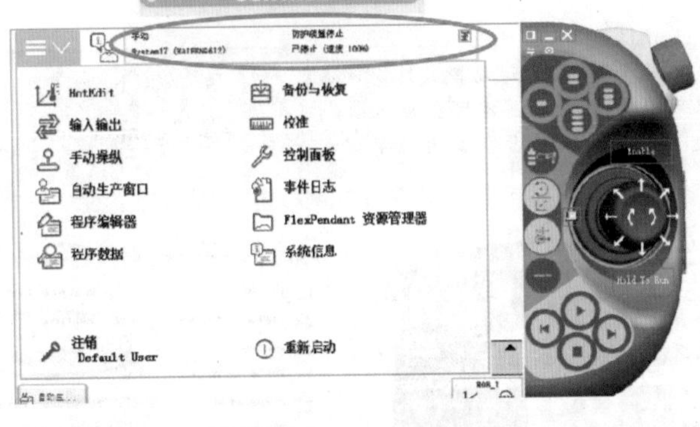

任务六　示教器语言切换、信息查看及数据备份恢复

※ 任务描述

掌握工业机器人语言的设置；
掌握工业机器人的数据备份恢复方法；
了解工业机器人的常用信息及事件日志的查看。

※ 知识学习

语言的切换是使用示教器必须面临的初级任务，由于示教器默认语言是英语，为了方便操作，需要将语言设置为中文。同时，为了养成良好的工业机器人使用习惯，必须经常进行数据备份以便不时之需能够进行数据恢复。

一、设置示教器的显示语言

ABB 示教器出厂时，默认的显示语言是英语，为了方便操作，如下所示为把显示语言设置为中文的步骤。

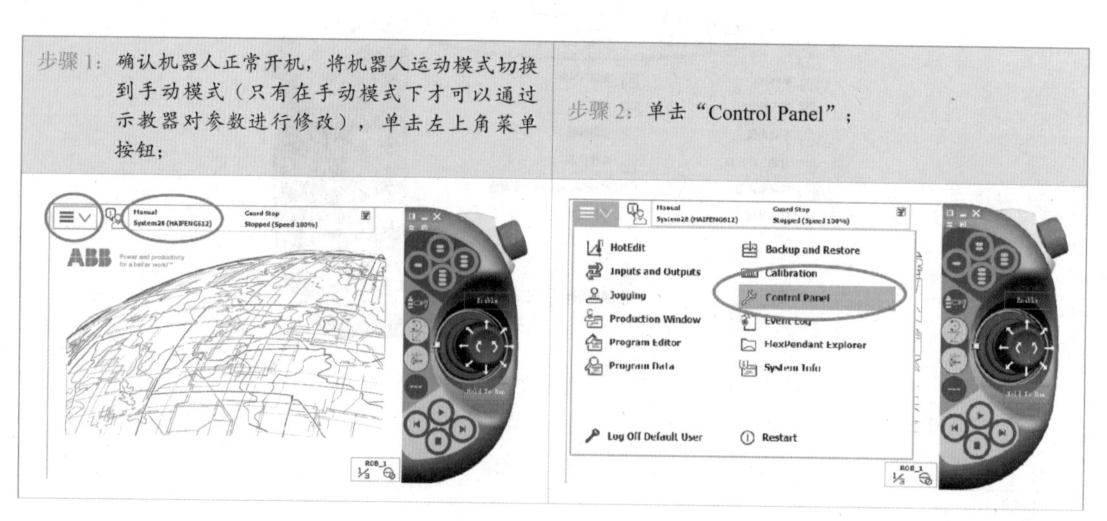

步骤 1：确认机器人正常开机，将机器人运动模式切换到手动模式（只有在手动模式下才可以通过示教器对参数进行修改），单击左上角菜单按钮；	步骤 2：单击“Control Panel”；

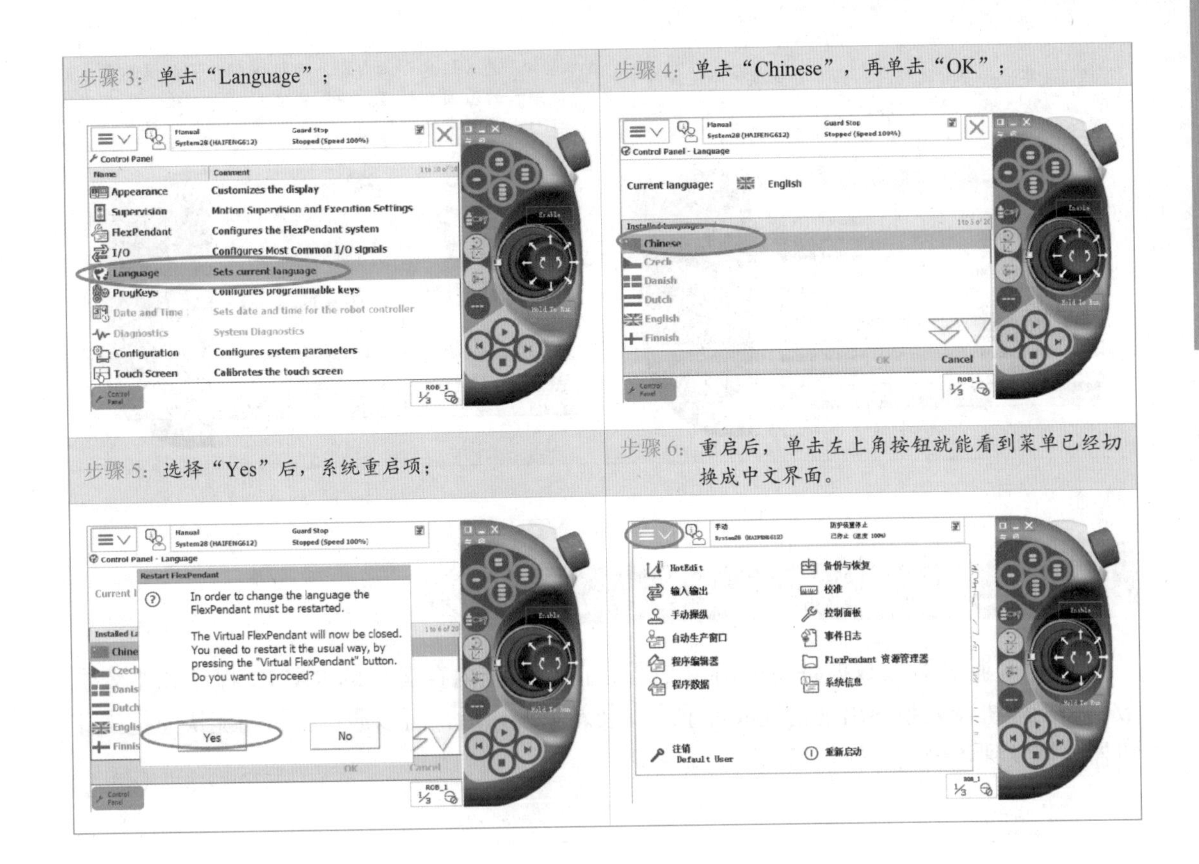

步骤 3：单击“Language”；

步骤 4：单击“Chinese”，再单击“OK”；

步骤 5：选择“Yes”后，系统重启项；

步骤 6：重启后，单击左上角按钮就能看到菜单已经切换成中文界面。

二、查看工业机器人常用信息与事件日志

通过示教器画面上的状态栏进行 ABB 工业机器人常用信息及事件日志的查看，通过这些信息就可以了解机器人当前所处的状态及存在的一些问题。

（1）机器人的状态：有手动、全速手动和自动 3 种状态。

（2）机器人系统信息。

（3）机器人电动机状态：开启、防护装置停止、紧急停止 3 种状态。

（4）当前机器人或外周的使用状态。

查看示教器常用信息和日志的操作步骤如下所示。

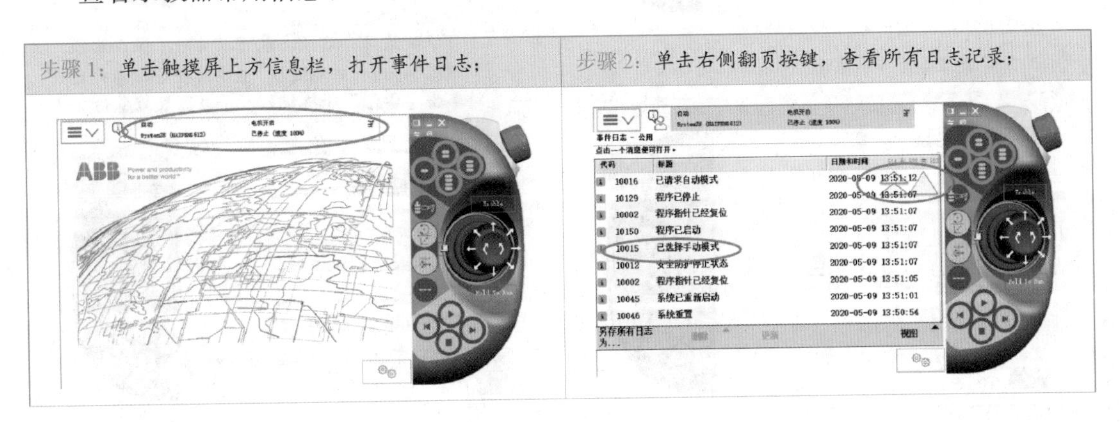

步骤 1：单击触摸屏上方信息栏，打开事件日志；

步骤 2：单击右侧翻页按键，查看所有日志记录；

步骤 3：单击要查看的信息，如“安全防护停止状态”，进入查看详细内容；

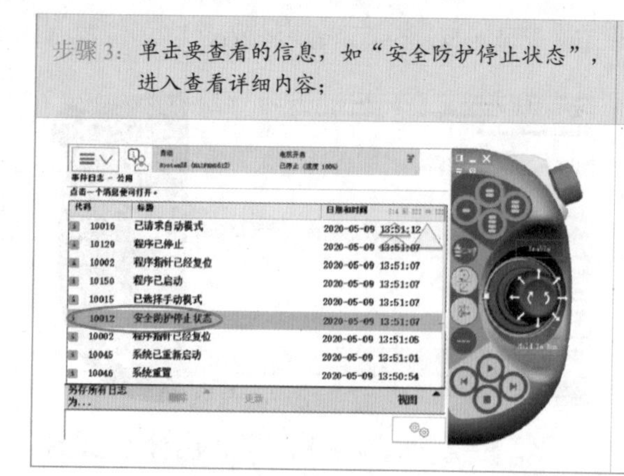

步骤 4：进入信息详细内容，可根据信息了解信息发生的原因、处理方法等内容，单击“确定”可以关闭事件日志窗口。

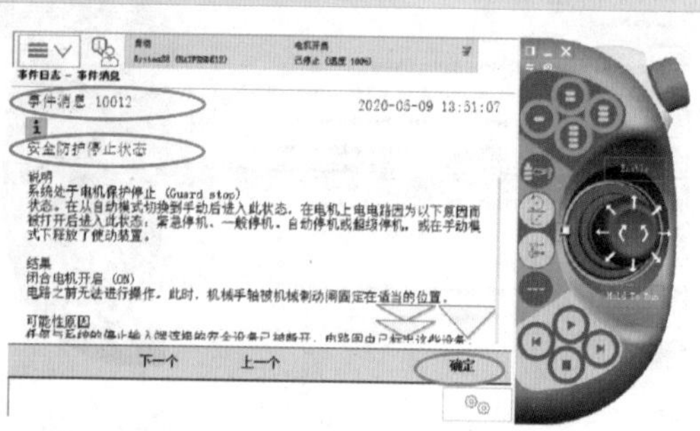

三、工业机器人数据的备份与恢复

ABB 工业机器人数据备份的对象是所有正在系统内存运行的 RAPID 程序和系统参数。当工业机器人系统出现错乱或者重新安装新系统以后，可以通过备份功能快速把工业机器人恢复到备份之前的状态。

1. 数据备份

备份系统文件具有唯一性，只能将备份文件恢复到原来的机器人中，否则将会造成系统故障。数据备份的操作步骤如下所示。

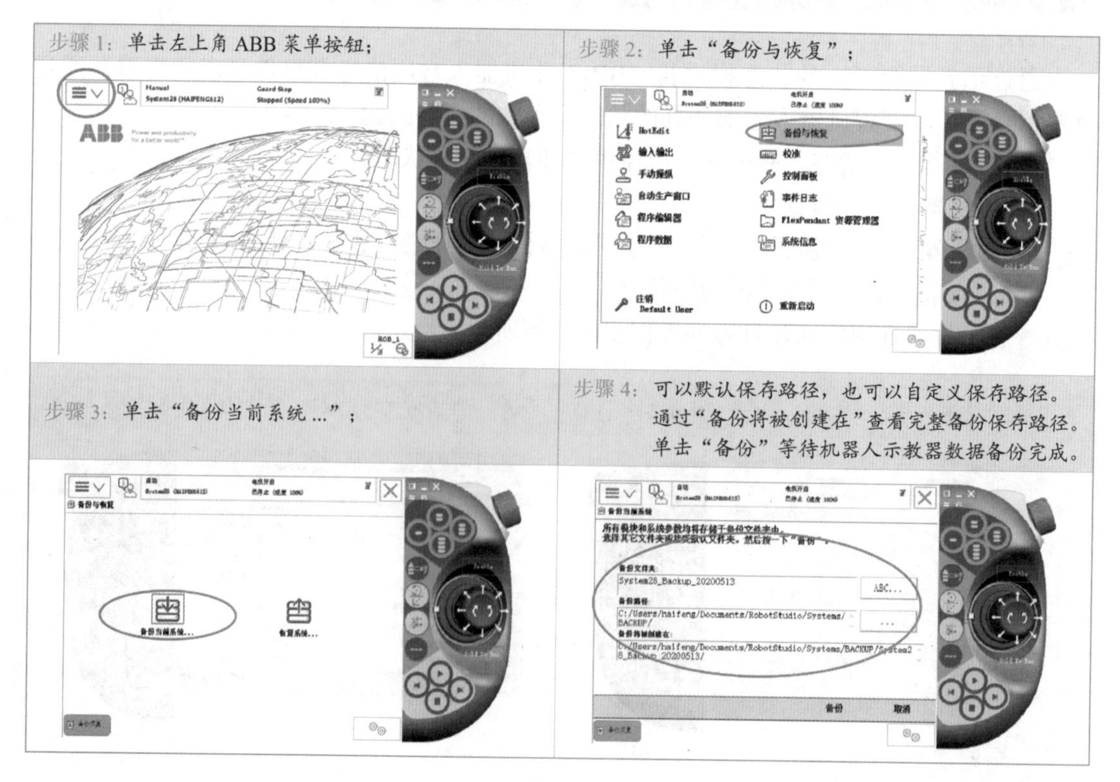

步骤 1：单击左上角 ABB 菜单按钮；

步骤 2：单击“备份与恢复”；

步骤 3：单击“备份当前系统 ...”；

步骤 4：可以默认保存路径，也可以自定义保存路径。通过“备份将被创建在”查看完整备份保存路径。单击“备份”等待机器人示教器数据备份完成。

定期对 ABB 工业机器人的数据进行备份，是保证 ABB 工业机器人正常工作的良好习惯。

2. 数据恢复

对 ABB 工业机器人进行数据恢复，数据恢复的具体操作步骤如下所示。

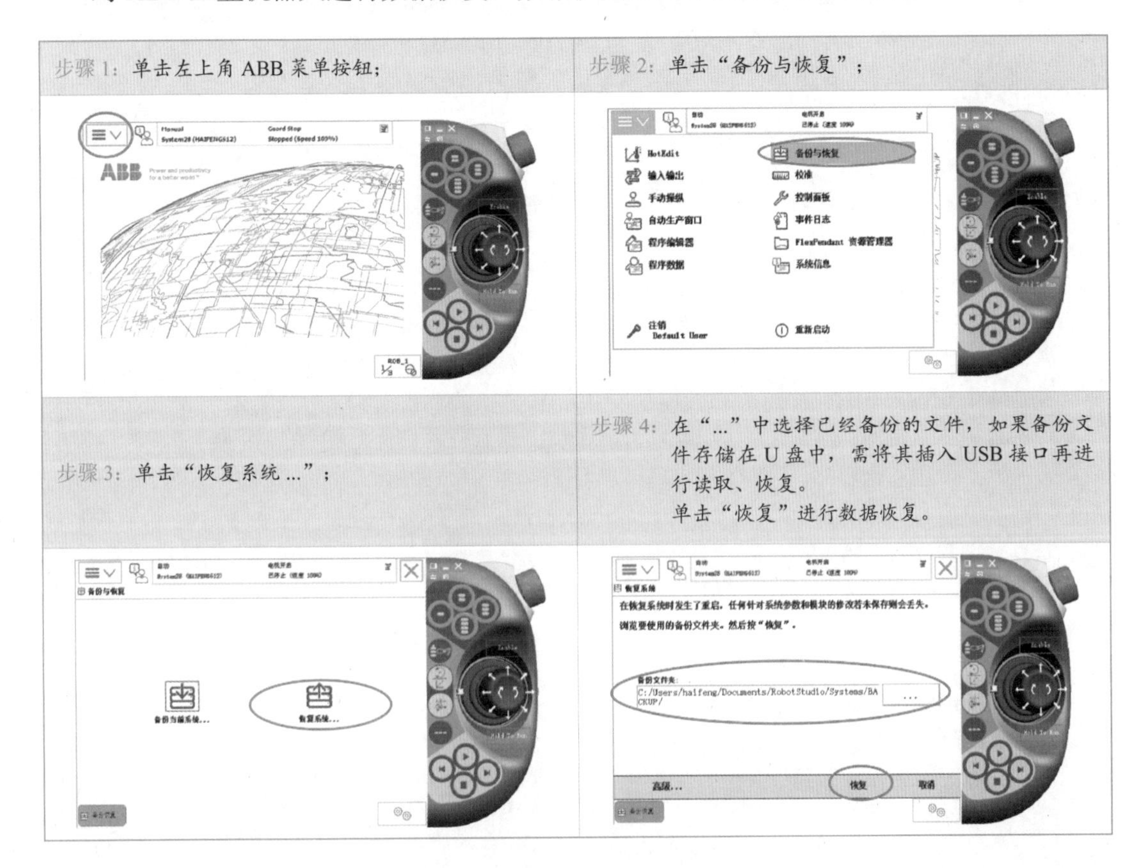

在进行数据恢复时，一定要注意备份数据具有唯一性，不能将 A 工业机器人的备份恢复到 B 工业机器人，否则会造成系统故障。

相同工作任务工业机器人的程序和 I/O 的定义会做成通用的，方便批量生产时使用。这时可以通过分别导入程序和 EIO 文件来解决实际的需要，这个操作只允许在相同的 ROBOTWARE 版本的工业机器人之间进行。

项目三 ABB 工业机器人的通信

项目目标

了解 ABB 工业机器人的通信；

配置 ABB 标准 I/O 板；

掌握 I/O 信号的监控与操作；

掌握系统输入 / 输出与 I/O 信号的关联；

掌握示教器可编程按键的使用；

掌握安全保护机制的设置。

工作任务

本项目主要介绍 ABB 工业机器人 I/O 通信，通过学习常用的标准 I/O 板的设置，学习 I/O 信号的配置与系统信号的关联，进行数据通信、传输。ABB 工业机器人通信方式如图 3-1 所示。

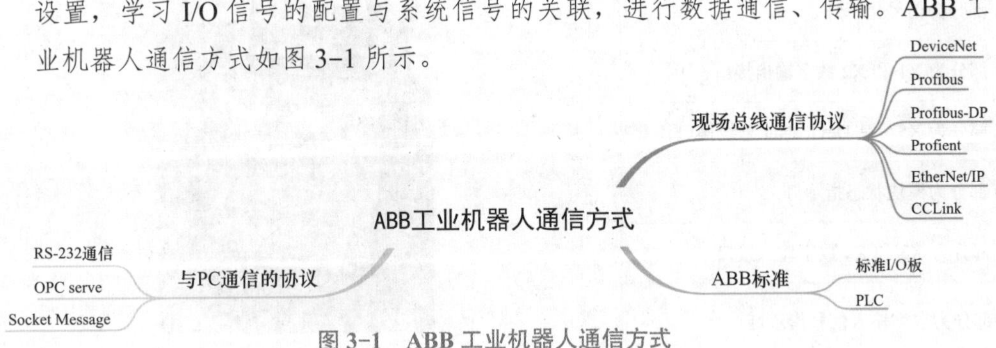

图 3-1　ABB 工业机器人通信方式

任务一　ABB 工业机器人标准 I/O 板认知

※ 任务描述

通过本任务的学习了解 ABB 工业机器人 I/O 通信的种类及标准 I/O 板的接口和功能。

※ 知识学习

一、ABB 工业机器人的通信方式

ABB 工业机器人提供了丰富的 I/O 通信接口，可以通过不同的通信方式与周边 PC、PLC 等设备进行通信，通信方式如图 3-1 所示。

二、ABB 常用标准 I/O 板

ABB 常用标准 I/O 板的常用信号处理有数字输入 di、数字输出 do、模拟输入 ai、模拟输出 ao 以及输送链跟踪，常用的标准数字 I/O 板有 DSQC651 和 DSQC652。

此处以 DSQC652 板为例，该板主要用于 16 个数字输入信号和 16 个数字输出信号的处理。16 个数字输入信号在 I/O 板上的地址是 0～15，16 个数字输出信号对应的地址也是 0～15，且这些信号输入 / 输出均是 PNP 类型。DSQC652 板信号接口注释如表 3-1-1 所示。

表 3-1-1　DSQC652 板信号接口注释

描述	图示
A 部分为信号指示灯	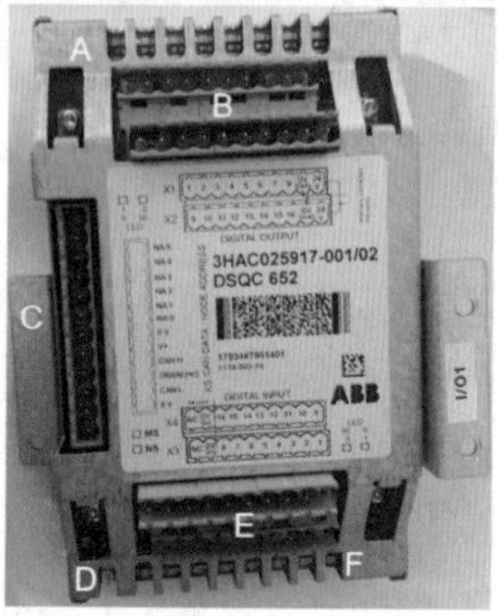
B 部分为 X1 和 X2 数字输出接口	
C 部分为 X5，是 DeviceNet 总线接口	
D 部分为模块状态指示灯	
E 部分为 X3 和 X4 数字输入接口	
F 部分为数字输入信号指示灯	

DSQC652 板的 X1、X2、X3、X4、X5 模块接口连接说明如下：

（1）X1 端子，数字输出接口，在表 3-1-1 的 B 部分，包括 8 个数字输出，1 个 0 V，1 个 24 V。DSQC652 的 X1 端子地址分配如表 3-1-2 所示。

表 3-1-2　DSQC652 的 X1 端子地址分配

X1 端子编号	使用定义	地址分配
1	OUTPUT CH1	0
2	OUTPUT CH2	1
3	OUTPUT CH3	2
4	OUTPUT CH4	3
5	OUTPUT CH5	4
6	OUTPUT CH6	5
7	OUTPUT CH7	6
8	OUTPUT CH8	7
9	0 V	
10	24 V	

（2）X2 端子，数字输出接口，在表 3-1-1 的 B 部分，包括 8 个数字输出，1 个 0 V，1 个 24 V。DSQC652 的 X2 端子地址分配如表 3-1-3 所示。

表 3-1-3　DSQC652 的 X2 端子地址分配

X2 端子编号	使用定义	地址分配
1	OUTPUT CH9	8
2	OUTPUT CH10	9
3	OUTPUT CH11	10
4	OUTPUT CH12	11
5	OUTPUT CH13	12
6	OUTPUT CH14	13
7	OUTPUT CH15	14
8	OUTPUT CH16	15
9	0 V	
10	24 V	

（3）X3 端子，数字输入接口，在表 3-1-1 的 E 部分，包括 8 个数字输入，1 个 0 V，1 个未使用。DSQC652 的 X3 端子地址分配如表 3-1-4 所示。

表 3-1-4　DSQC652 的 X3 端子地址分配

X3 端子编号	使用定义	地址分配
1	INPUT CH1	0
2	INPUT CH2	1
3	INPUT CH3	2
4	INPUT CH4	3
5	INPUT CH5	4
6	INPUT CH6	5

续表

X3 端子编号	使用定义	地址分配
7	INPUT CH7	6
8	INPUT CH8	7
9	0 V	
10	未使用	

（4）X4 端子，数字输入接口，在表 3-1-1 的 E 部分，包括 8 个数字输入，1 个 0 V，1 个未使用。DSQC652 的 X4 端子地址分配如表 3-1-5 所示。

表 3-1-5　DSQC652 的 X4 端子地址分配

X4 端子编号	使用定义	地址分配
1	INPUT CH9	8
2	INPUT CH10	9
3	INPUT CH11	10
4	INPUT CH12	11
5	INPUT CH13	12
6	INPUT CH14	13
7	INPUT CH15	14
8	INPUT CH16	15
9	0 V	
10	未使用	

（5）X5 端子，DeviceNet 总线接口，工业机器人通过该接口与 PLC 和外围设备进行通信，该接口在表 3-1-1 的 C 部分。DSQC652 的 X5 端子地址分配如表 3-1-6 所示。

表 3-1-6　DSQC652 的 X5 端子地址分配

X5 端子编号	使用定义
1	0 V BLACK
2	CAN 信号线 low BLUE
3	屏蔽线
4	CAN 信号线 high WHITE
5	24 V RED
6	GND 地址选择公共端
7	模块 ID bit0（LSB）
8	模块 ID bit1（LSB）
9	模块 ID bit2（LSB）
10	模块 ID bit3（LSB）
11	模块 ID bit4（LSB）
12	模块 ID bit5（LSB）

ABB 标准 I/O 板是挂在 DeviceNet 网络上的，所以要设定模块在网络中的地址。端子 X5 的 6～12 跳线用来决定模块（I/O）在总线中的地址，地址可用范围为 10～63。

使用第 8 引脚（地址 2）和第 10 引脚（地址 8），将以上两个引脚剪掉，那么就是 2+8=10，就可以获得 10 的地址，I/O 模块在 DeviceNet 上的地址就是 10，如图 3-1-1 所示。

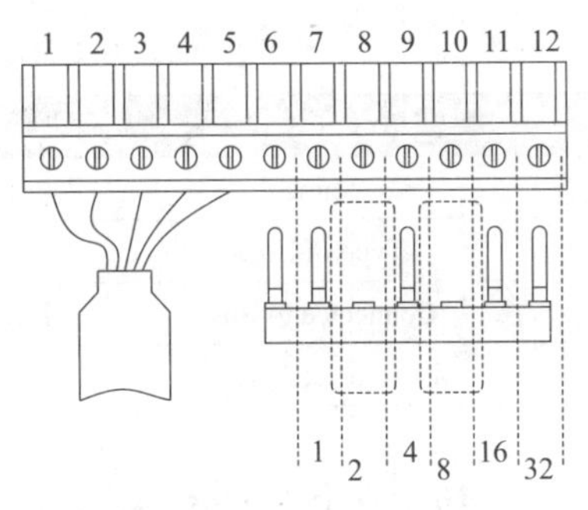

图 3-1-1　X5 端子接线

任务二　配置 ABB 标准 I/O 板

※ 任务描述

了解 ABB 标准 I/O 板所包含的信号类型；

掌握 ABB 标准 I/O 板 DSQC652 的数字输入信号、数字输出信号的定义方法；

了解 ABB 标准 I/O 板 DSQC652 的组输入信号、组输出信号的定义方法。

※ 知识学习

ABB 标准 I/O 板 DSQC652 是比较常用的模块，本任务以 DSQC652 为例介绍 DeviceNet 现场总线连接、创建数字输入信号 di、数字输出信号 do、组输入信号 gi、组输出信号 go 的配置。

一、定义 DSQC652 板的总线连接

借助 ABB 标准 I/O 板 DSQC652 的 X5 接口，通过 DeviceNet 现场总线实现工业机器人外部信号与工业机器人本身进行通信，实现信号的发送和收集。因此，每块标准 I/O 板有唯一的地址，这样才能保证信号通信的正常，否则将产生报警。

定义 DSQC652 板的总线连接的相关参数如表 3-2-1 所示。

表 3-2-1　定义 DSQC652 板的总线连接的相关参数

参数名称	设定值	描述
Name	Board10	设定 I/O 板在系统中的名字
Type of Unit	D652	I/O 板连接的总线
Connected to Bus	DeviceNet1	设定 I/O 板连接的总线
DeviceNet Adress	10	设定 I/O 板在总线中的地址

具体定义 DSQC652 板的操作步骤如下：

（1）单击示教器左上角 ABB 菜单按钮，如图 3-2-1 所示。

（2）单击“控制面板”，准备进入配置选项进行 I/O 配置，如图 3-2-2 所示。

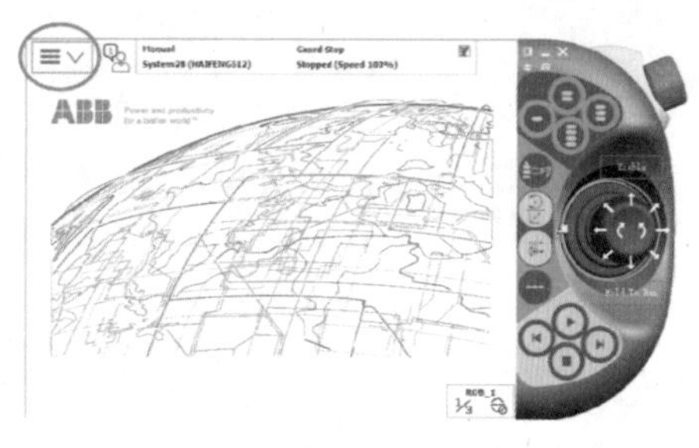

图 3-2-1　单击 ABB 菜单按钮

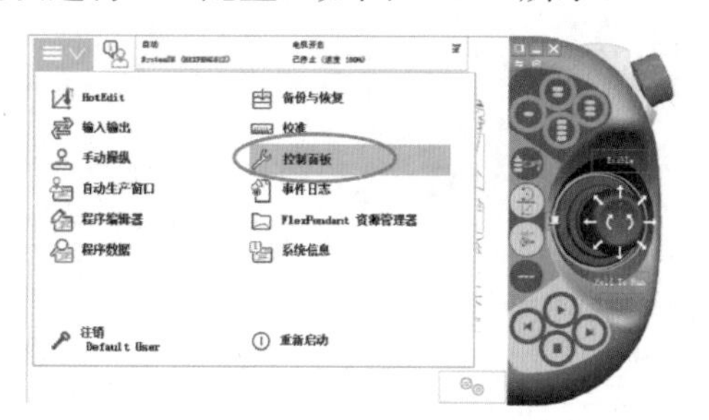

图 3-2-2　单击“控制面板”

（3）单击“配置”进入配置系统参数，如图 3-2-3 所示。

（4）进入 I/O System，单击“DeviceNet”，再单击“显示全部”进入 DeviceNet Device 界面，进行模块的选择和地址的设定，如图 3-2-4 所示。

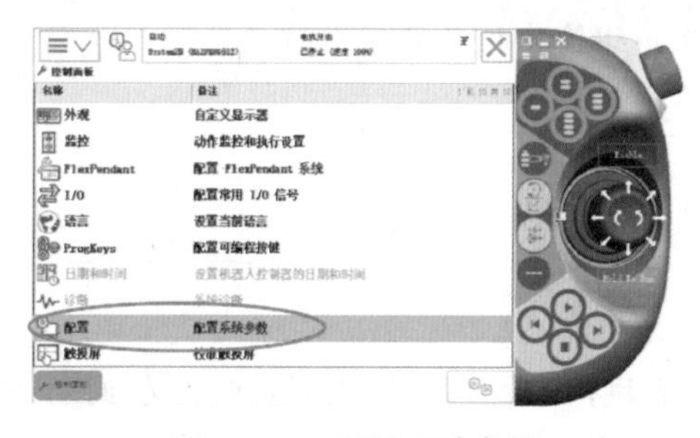

图 3-2-3　配置系统参数

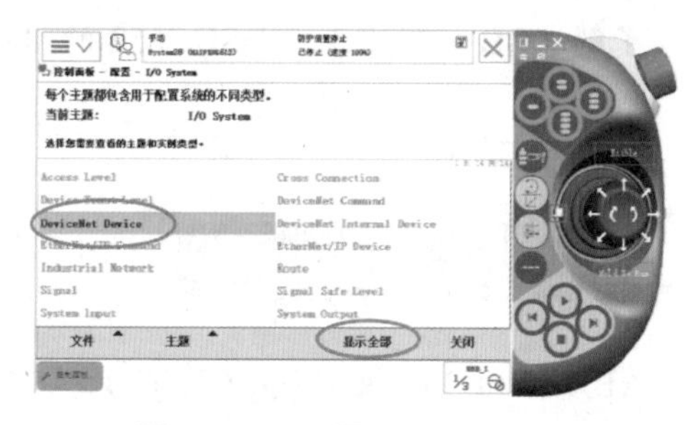

图 3-2-4　配置 I/O System

（5）单击“添加”进入添加界面，如图 3-2-5 所示。

（6）“使用来自模板的值”一栏中单击下拉菜单，选择“DSQC 652 24 VDC I/O Device”，如图 3-2-6 所示。

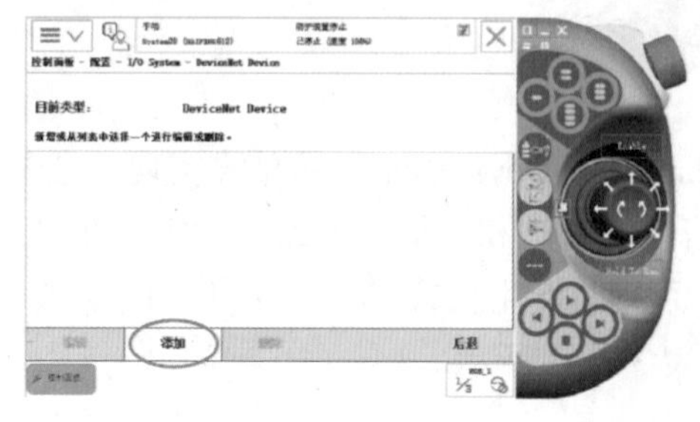

图 3-2-5　添加界面

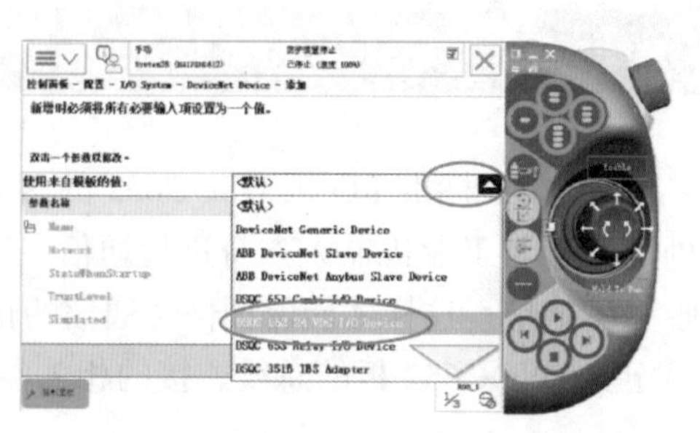

图 3-2-6　使用来自模板的值

（7）单击“Name”，将其修改为 board10（代表此数字 I/O 板在 DeviceNet 总线的地址为 10），单击“确定”，如图 3-2-7 所示。

（8）单击下拉按钮，然后单击“Adress”，将地址设定为 10，然后单击“确定”，如图 3-2-8 所示。

（9）在系统重启对话框中，单击“是”，如图 3-2-9 所示，重新启动控制器，确定更改并使更改生效，定义 DSQC652 板的总线连接操作。

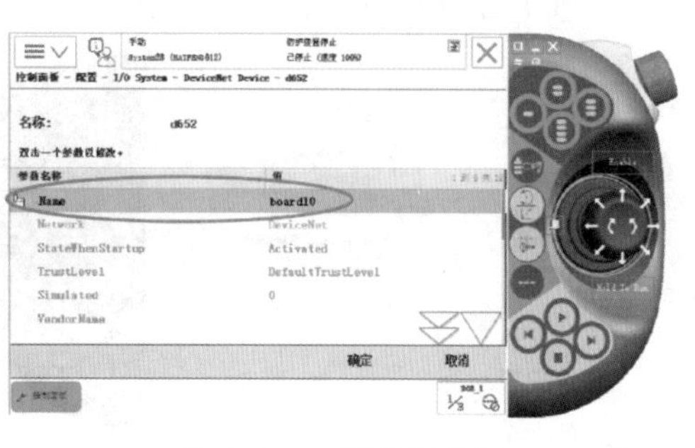

图 3-2-7　更改板名称

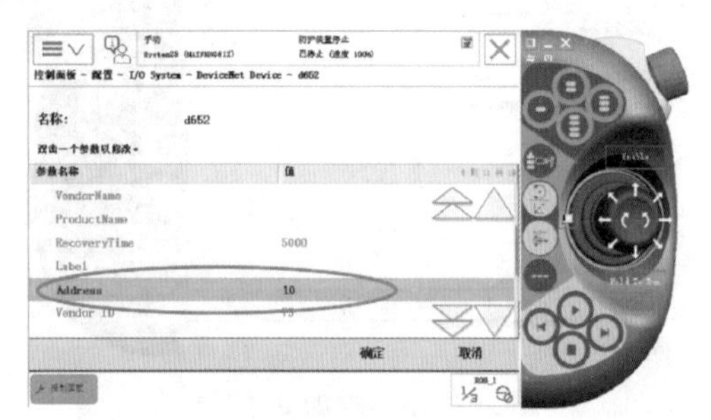

图 3-2-8　设定标准 I/O 板地址

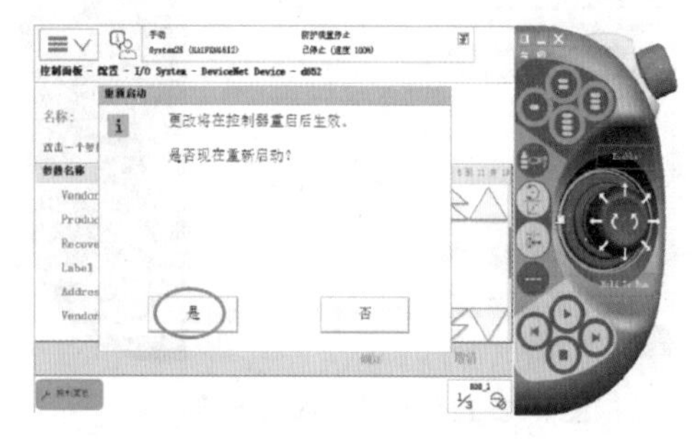

图 3-2-9　重启控制器

二、定义数字输入信号 di1

在 I/O 板里每个数字输入和数字输出都有唯一的地址，对于 DSQC652 可以配置 16 个数字输入和 16 个数字输出信号。数字输入信号 di1 的参数设置如表 3-2-2 所示。

表 3-2-2　数字输入信号 di1 的参数设置

参数名称	设定值	说明	参数说明
Name	di1	设定数字输入信号的名称	信号名称
Type of Signal	Digital Input	设定信号的类型	信号类型
Assigned to Unit	d652	设定信号所在的 I/O 单元	连接到的 I/O 单元
Unit Mapping	0	设定信号所占用的地址	占用 I/O 单元的地址

定义数字输入信号 di1 的操作步骤如下：

（1）单击左上角 ABB 菜单，然后单击“控制面板”，如图 3-2-10 所示。

（2）单击“配置”，如图 3-2-11 所示。

（3）单击“Signal”，然后单击“显示全部”，如图 3-2-12 所示。

（4）在 Signal 界面单击“添加”，准备添加 di 信号，如图 3-2-13 所示。

（5）在添加界面完成 di1 信号的添加，然后单击“确定”，如图 3-2-14 所示。

（6）在弹出的对话框中单击“是”，重启控制器完成 di1 的设置，如图 3-2-15 所示。

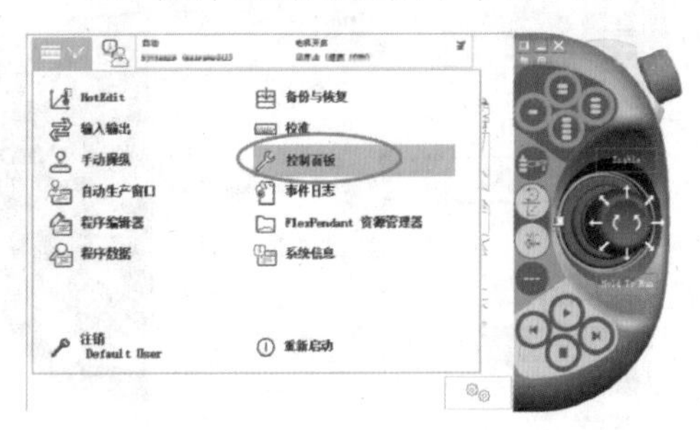

图 3-2-10　单击“控制面板”

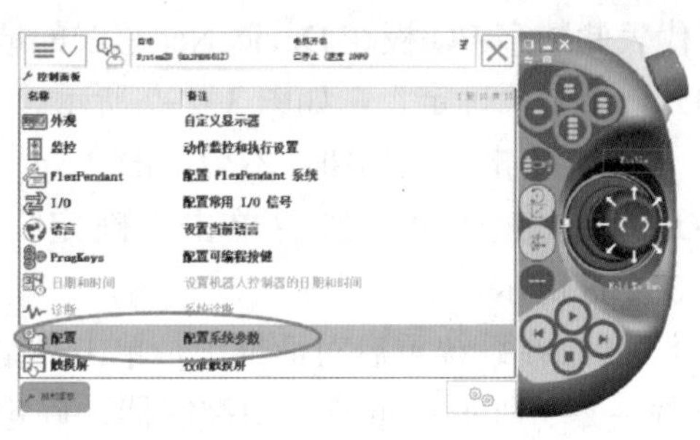

图 3-2-11　配置操作

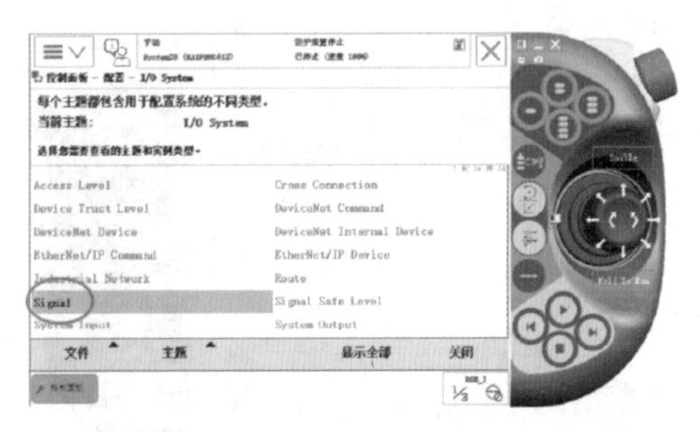

图 3-2-12　单击“显示全部”

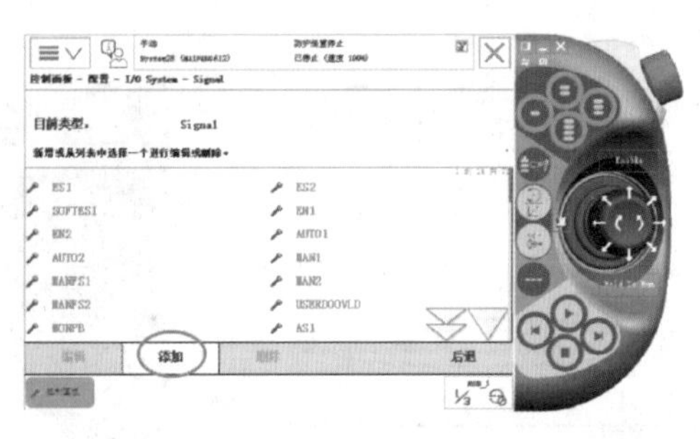

图 3-2-13　添加 di 信号

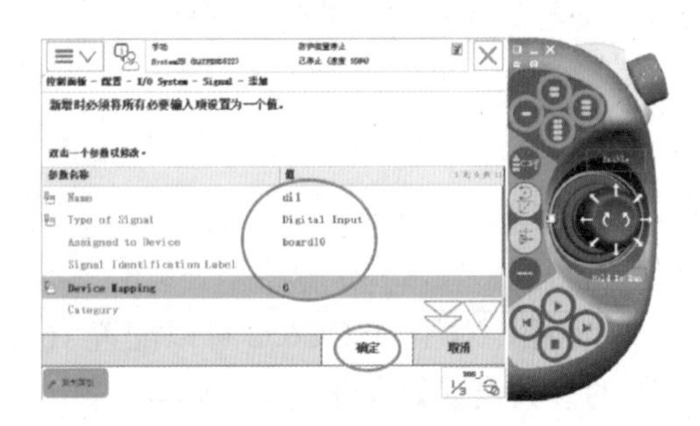

图 3-2-14　di1 信号的添加

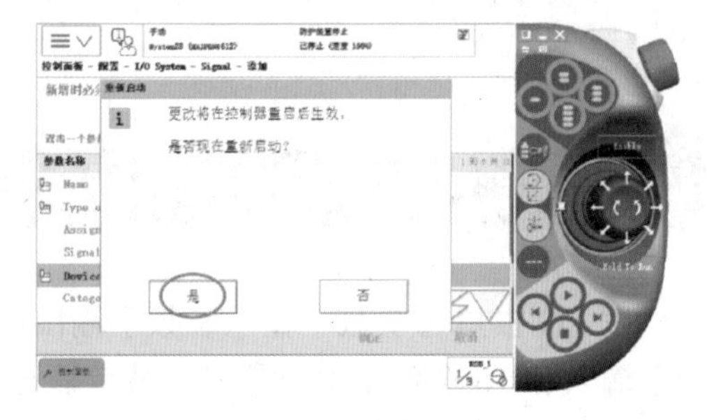

图 3-2-15　重启控制器

三、定义数字输出信号 do1

数字输出信号 do1 的参数设置如表 3-2-3 所示。

表 3-2-3　数字输出信号 do1 的参数设置

参数名称	设定值	说明	参数说明
Name	do1	设定数字输出信号的名称	信号名称
Type of Signal	Digital Output	设定信号的类型	信号类型
Assigned to Unit	d652	设定信号所在的 I/O 单元	连接到的 I/O 单元
Unit Mapping	15	设定信号所占用的地址	占用 I/O 单元的地址

定义数字输出信号 do1 的操作步骤如下：

（1）单击左上角 ABB 菜单，然后单击“控制面板”，如图 3-2-16 所示。

（2）单击“配置”，如图 3-2-17 所示。

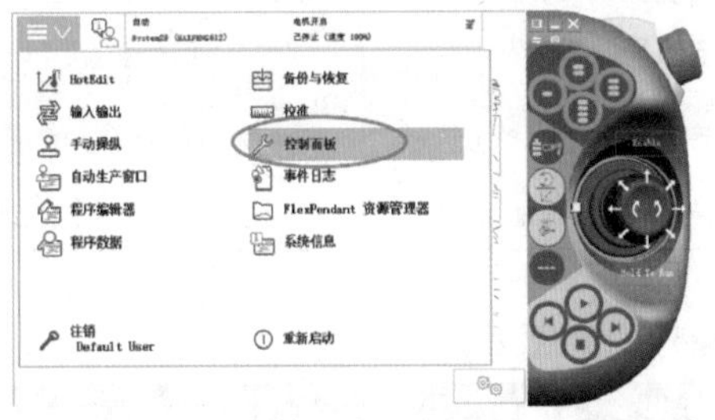

图 3-2-16　单击“控制面板”

图 3-2-17　单击“配置”

（3）单击“Signal”，然后单击“显示全部”，如图 3-2-18 所示。

（4）在 Signal 界面单击“添加”，准备添加 do 信号，如图 3-2-19 所示。

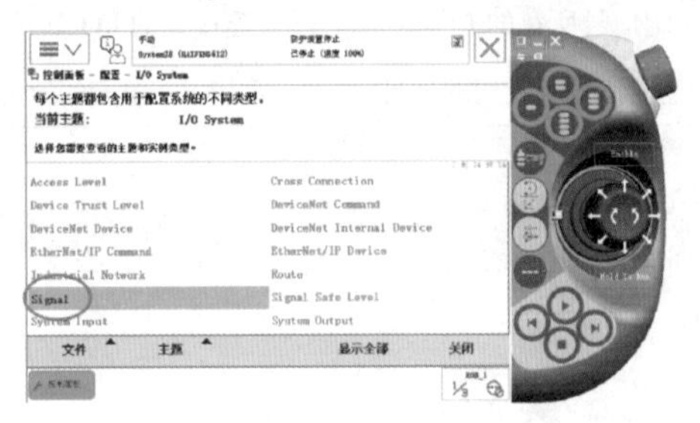

图 3-2-18　单击“显示全部”

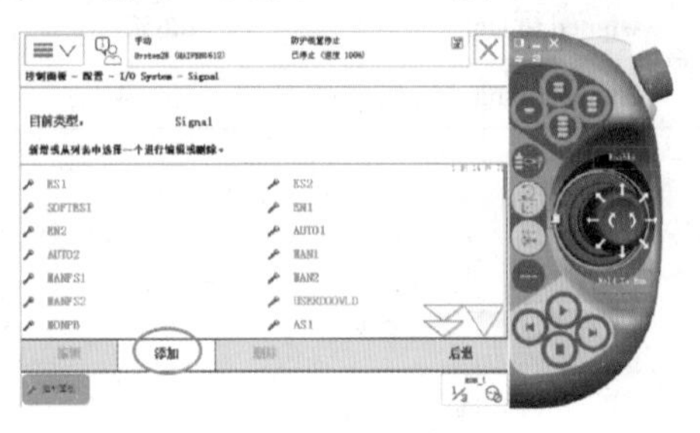

图 3-2-19　添加 do 信号

（5）在添加界面完成 do1 信号添加，然后单击“确定”，如图 3-2-20 所示。在弹出的对话框中单击“是”，重启控制器完成 do1 的设置，如图 3-2-21 所示。

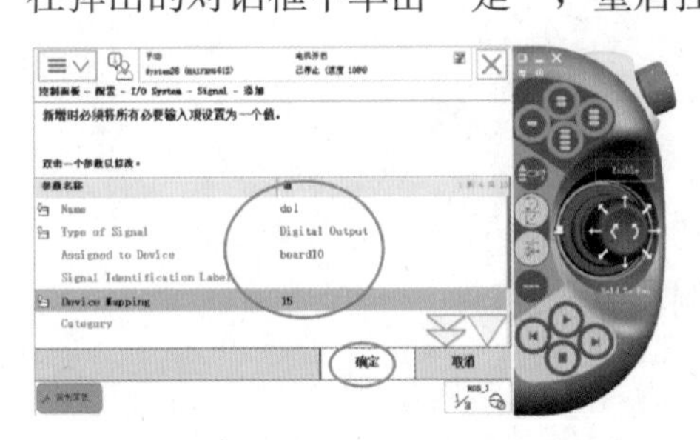

图 3-2-20　完成 do1 信号添加

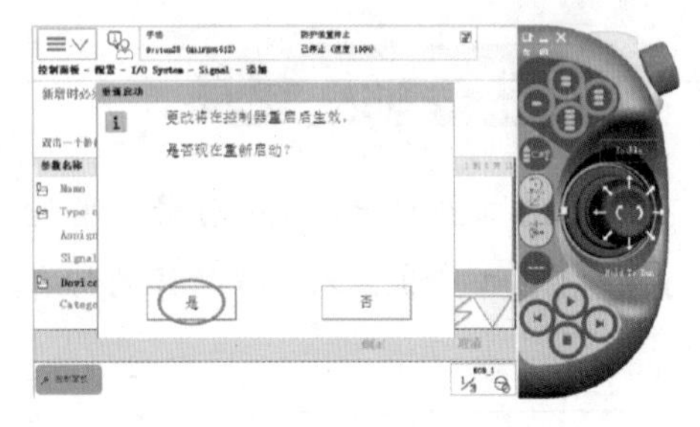

图 3-2-21　重启控制器

四、定义组输入信号 gi1 和组输出信号 go1

组输入信号 gi1 和组输出信号 go1 的参数设置分别如表 3-2-4 和表 3-2-5 所示。

组输入信号就是将数字输入信号组合使用，接收外围设备输入的 BCD 码的十进制。如输入 BCD 码的十进制“5”，则组输入信号相应地址接收到“0101”。

组输出信号就是将数字输出信号组合使用，用于输出 BCD 码的十进制。如输出 BCD 码的十进制“5”，则组输出信号相应地址输出“0101”。

表 3-2-4 组输入信号 gi1 的参数设置

参数名称	设定值	说明	参数说明
Name	gi1	设定组输入信号的名称	信号名称
Type of Signal	Group Input	设定信号的类型	信号类型
Assigned to Unit	d652	设定信号所在的 I/O 单元	连接到的 I/O 单元
Unit Mapping	1～4	设定信号所占用的地址	占用 I/O 单元的地址

表 3-2-5 组输出信号 go1 的参数设置

参数名称	设定值	说明	参数说明
Name	go1	设定组输出信号的名称	信号名称
Type of Signal	Group Output	设定信号的类型	信号类型
Assigned to Unit	d652	设定信号所在的 I/O 单元	连接到的 I/O 单元
Unit Mapping	1～4	设定信号所占用的地址	占用 I/O 单元的地址

任务三 I/O 信号的监控与操作

※ 任务描述

了解 ABB 工业机器人 I/O 信号的监控方法；
了解 ABB 工业机器人 I/O 信号的仿真和强制操作方法。

※ 知识学习

I/O 信号的监控对于现场调试和仿真调试是非常重要的功能，通过对 I/O 信号的监控，可以清楚地了解工业机器人的工作状态是否符合预设要求，以此来完成对于所编写程序调试过程中的状态监控。同时，在仿真或现场调试过程中，强制操作 I/O 使得程序调试更为便捷，因此本任务的内容对于后续机器人程序的编写和设备集成过程中的程序调试有着至关重要的作用。

I/O 信号监控的操作步骤如下：

（1）单击左上角 ABB 菜单按钮，然后单击“输入输出”按钮，如图 3-3-1 所示。

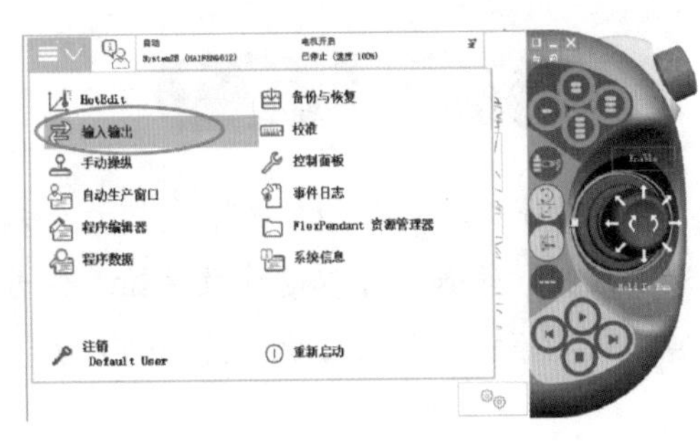

图 3-3-1　输入输出操作

(2)单击右下角“视图”按钮，然后单击“数字输入”(此处查看输入，可根据实际情况选择)，如图 3-3-2 所示。

(3) 窗口中显示了所有已经定义的数字输入信号，此处只定义了 di1 信号，如图 3-3-3 所示。

(4) 单击需要进行监控的数字输入信号，然后单击下方的“仿真”按钮，如图 3-3-4 所示。

(5) 单击左下方“0”或“1”对 di 信号进行置 1 或者置 0 的仿真。在仿真软件或者现场观察相关设备是否执行动作，如图 3-3-5 所示。

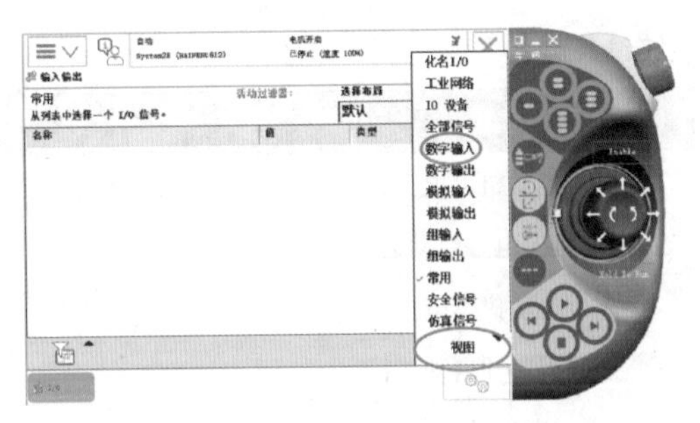

图 3-3-2　单击“数字输入”

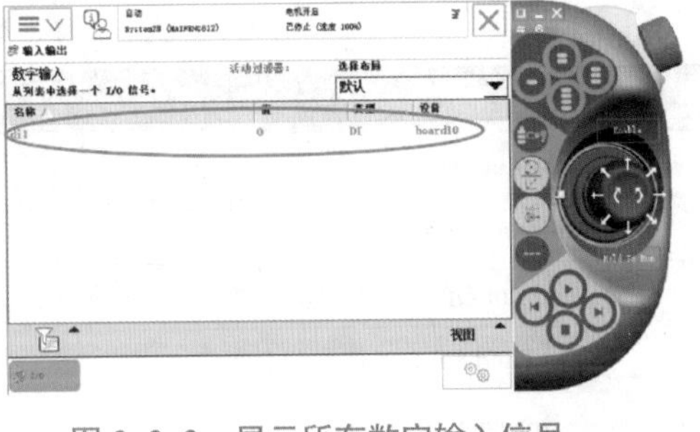

图 3-3-3　显示所有数字输入信号

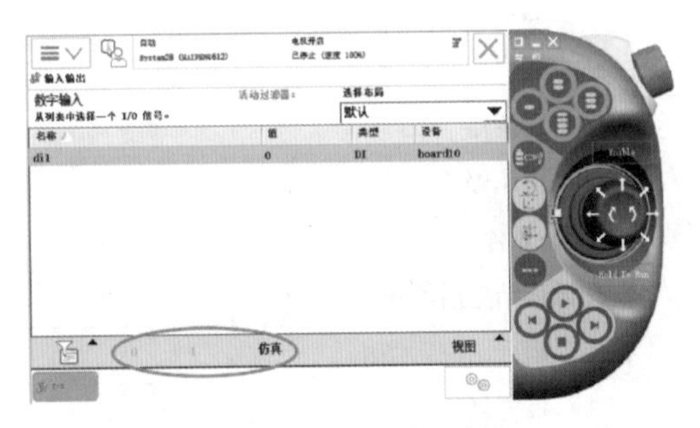

图 3-3-4　单击“仿真”按钮

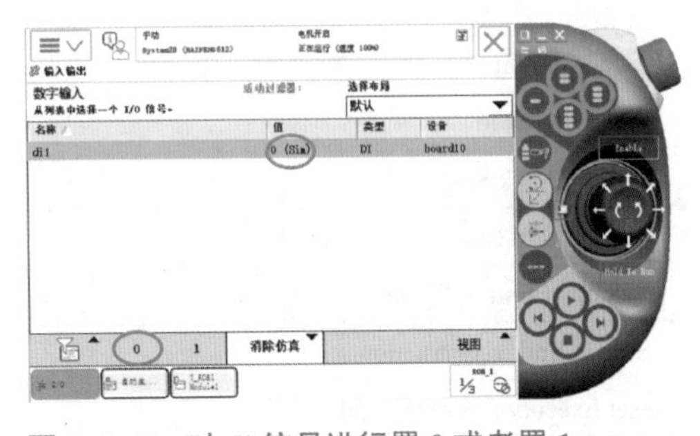

图 3-3-5　对 di 信号进行置 0 或者置 1

任务四　系统输入与数字输入信号的关联

※ 任务描述

了解系统输入 / 输出与 I/O 信号的关联方法。

※ 知识学习

将数字输入信号和数字输出信号与系统的控制信号关联起来，以便于对于系统进行控制和监控。比如，可以通过数字输入信号的通断来控制已关联的系统信号，同时，也可以通过数字输出信号来反映已关联的系统控制信号的状态。

一、常用系统输入/输出信号

常用系统输入信号如表 3-4-1 所示，常用系统输出信号如表 3-4-2 所示。

表 3-4-1　常用系统输入信号

系统输入	说明
Motor On	电动机上电
Motor and Start	电动机上电并启动运行
Motor Off	电动机下电
Load and Start	加载程序并启动运行
Interrupt	中断触发
Start	启动运行
Start at Main	从主程序启动运行
Stop	暂停
Quick Stop	快速停止
Soft Stop	软停止
Stop at End of Cycle	在循环结束后停止
Stop at End of Instruction	在指令运行结束后停止
Reset Execution Error Signal	报警复位
Reset Emergency Stop	急停复位
System Restart	重启系统
Load	加载程序文件，适用后，之前适用 Load 加载的程序文件将被清除
Backup	系统备份

表 3-4-2　常用系统输出信号

系统输出信号	说明
Auto On	自动运行状态
Backup Error	备份错误报警
Backup In Progress	系统备份进行中状态，当备份结束或错误时信号复位
Cycle On	程序运行状态
Emergency Stop	紧急停止

续表

系统输出信号	说明
Execution Error	运行错误报警
Mechanical Unit Active	激活机械单元
Mechanical Unit Not Moving	机械单元没有运行
Motor Off	电动机下电
Motor On	电动机上电
Motor Off State	电动机下电状态
Motor On State	电动机上电状态
Motion Supervision On	动作监控打开状态
Motion Supervision Triggered	当碰撞检测被触发时信号位置
Path Return Region Error	返回路径失败状态，机器人当前位置离程序位置太远导致
Power Fail Error	动力供应失效状态，机器人断电后无法从当前位置运行
Production Execution Error	程序执行错误报警
Run Chain OK	运行链处于正常状态
Simulated I/O	虚拟 I/O 状态，有 I/O 信号处于虚拟状态
Task Executing	任务运行状态
TCP Speed	TCP 速度，用虚拟输出信号反映机器人当前实际速度
TCP Speed Reference	TCP 速度参考状态，用模拟输出信号反映出机器人当前指令中的速度

注：以上的系统输入、输出信号定义可能会因为机器人系统版本不同而有所变化。

二、建立输入信号与系统信号关联

建立系统输入“从主程序启动运行”与数字输入信号 di1 关联的具体操作步骤如下：

（1）单击左上角 ABB 菜单，然后单击“控制面板”，如图 3-4-1 所示。

（2）单击“配置”，如图 3-4-2 所示。

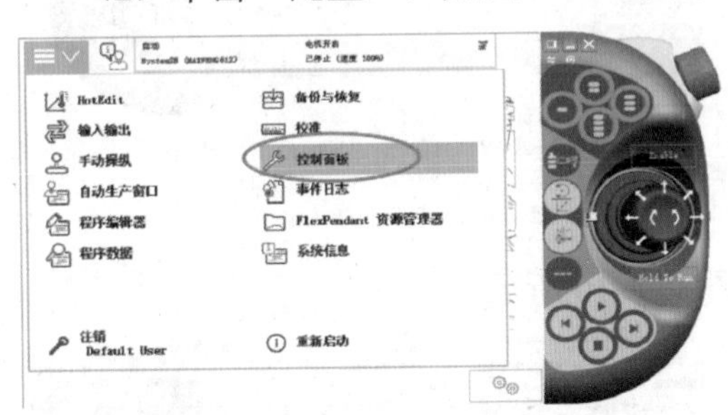

图 3-4-1 单击“控制面板”

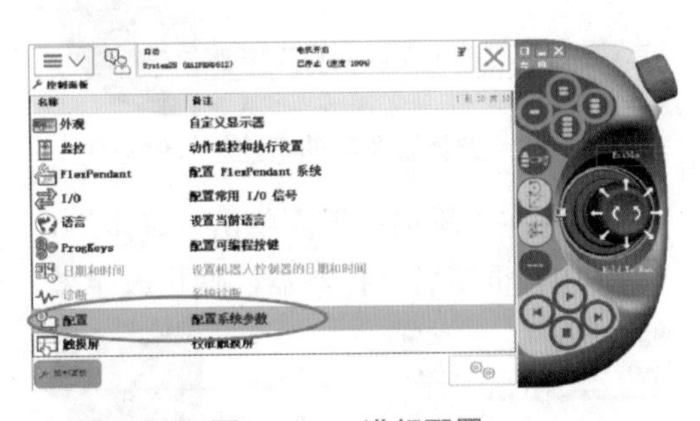

图 3-4-2 进行配置

（3）在 I/O System 界面选择 System Input 按钮，然后单击“显示全部”，选择系统输入信号，如图 3-4-3 所示。

（4）在 System Input 界面单击“添加”，进行添加选择要关联的系统信号，如图 3-4-4 所示。

图 3-4-3　选择系统输入信号

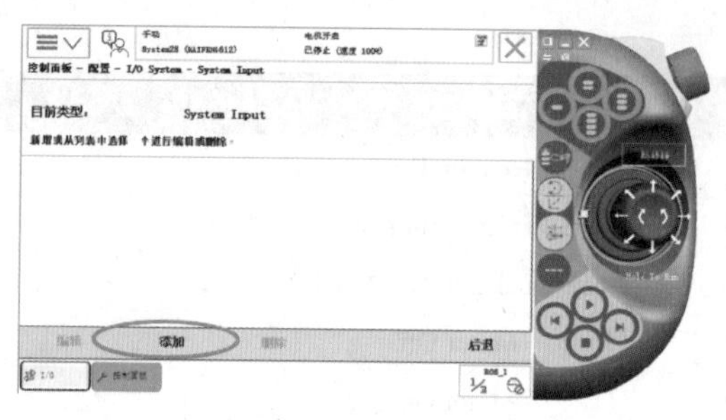

图 3-4-4　添加关联的系统信号

（5）“添加”界面单击“Signal Name”按钮，选择要关联的数字输入信号，如图 3-4-5 所示。

（6）此处选择数字输入信号 di1，然后单击“确定”，如图 3-4-6 所示。

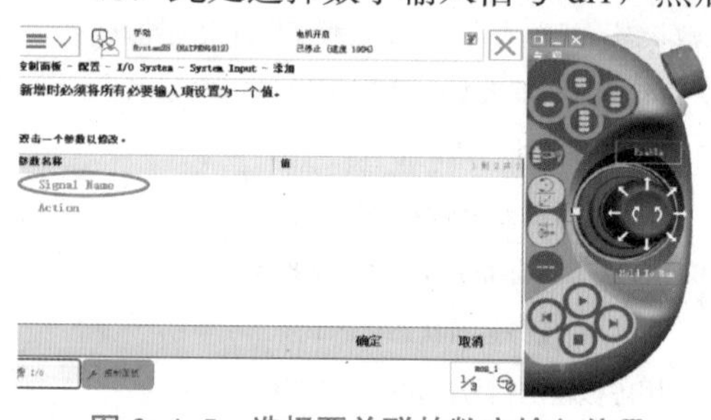

图 3-4-5　选择要关联的数字输入信号

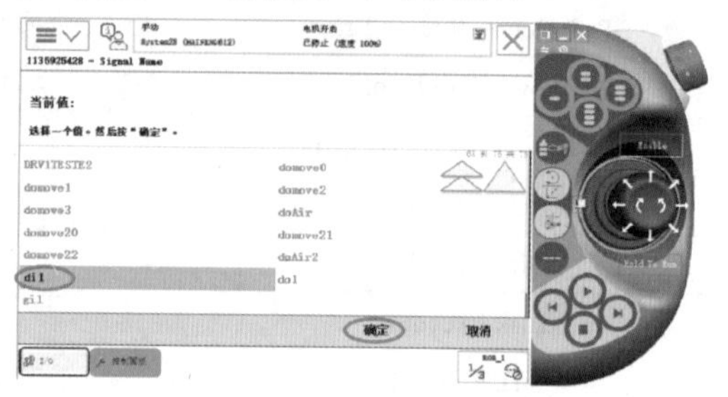

图 3-4-6　选择数字输入信号 di1

（7）再次来到“添加”界面，单击“Action”选择要关联的系统输入信号，如图 3-4-7 所示。

（8）单击“Start at Main”，然后单击“确定”，如图 3-4-8 所示。

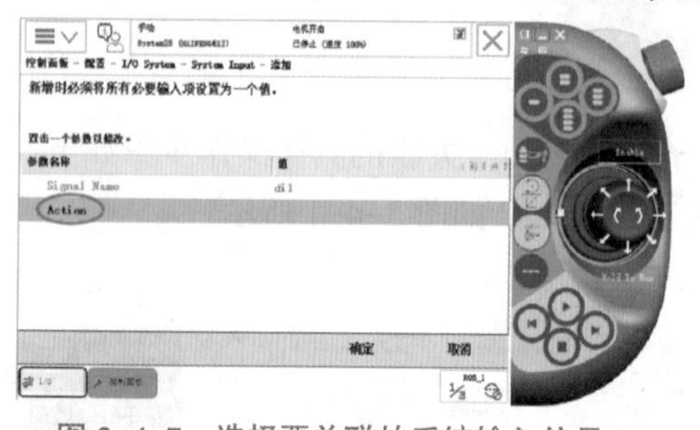

图 3-4-7　选择要关联的系统输入信号

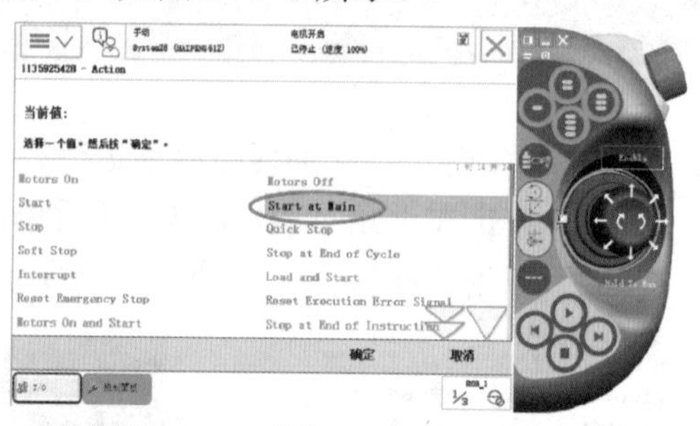

图 3-4-8　单击“Start at Main”

（9）在“添加”界面单击“确定”，如图 3-4-9 所示。

（10）重新启动控制器，使更改生效，如图 3-4-10 所示。

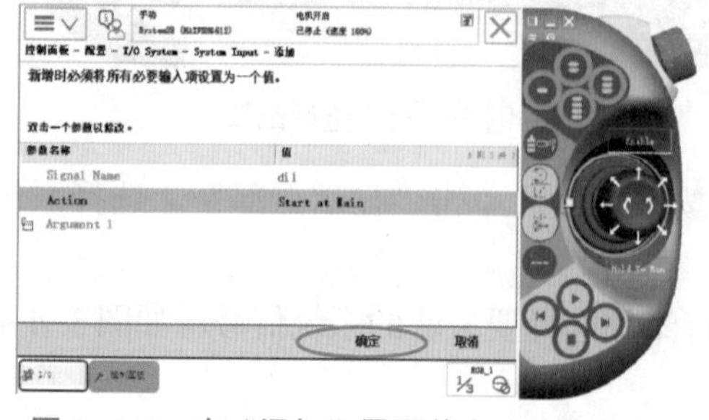

图 3-4-9　在“添加”界面单击“确定”

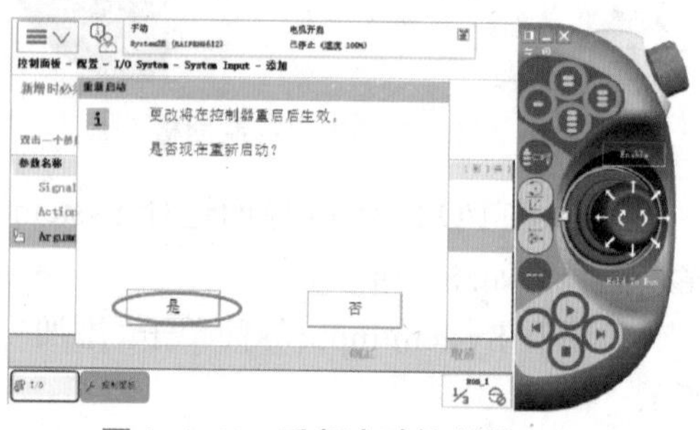

图 3-4-10　重新启动控制器

以上只是以“从主程序启动运行”与数字输入信号 di1 的关联操作步骤为例进行介绍，其他的系统输入与系统输出程序的关联方法是相似的，可以参考该示例自行练习。

任务五　示教器可编程按键的使用

※ 任务描述

掌握把常用的 I/O 信号配置到示教器快捷操作按钮上的方法。

※ 知识学习

示教器上的快捷操作按钮如图 3-5-1 所示，可以设置为常用的 I/O 信号，这样就方便了现场调试过程中的强制和仿真操作。

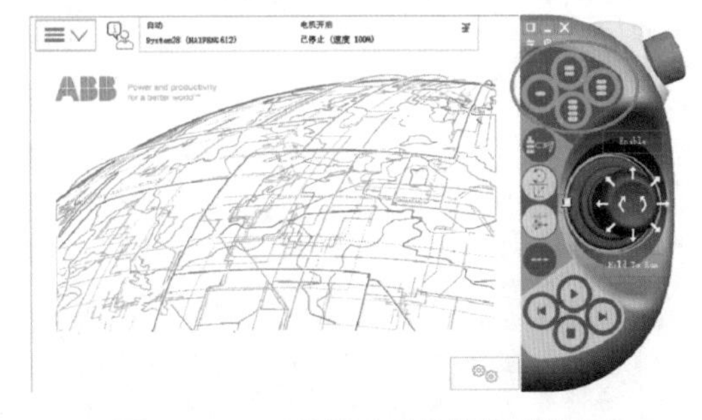

图 3-5-1　示教器上的快捷操作按钮

为可编程按钮 1 配置数字输出信号 di1 的操作步骤如下：

（1）单击左上角 ABB 菜单，然后单击“控制面板”，如图 3-5-2 所示。

（2）单击“Progkeys”，配置可编程按键，如图 3-5-3 所示。

（3）单击“类型”下拉按钮，选择“输入”，如图 3-5-4 所示。

（4）数字输入窗口中选择 di1，允许自动模式下拉按钮选择“否”，然后单击“确定”，即可完成快捷按钮与数字输入信号 di1 的配置，如图 3-5-5 所示。

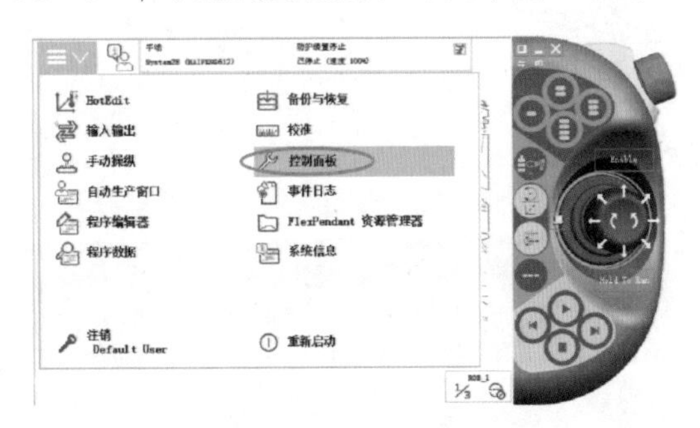

图 3-5-2　单击“控制面板”

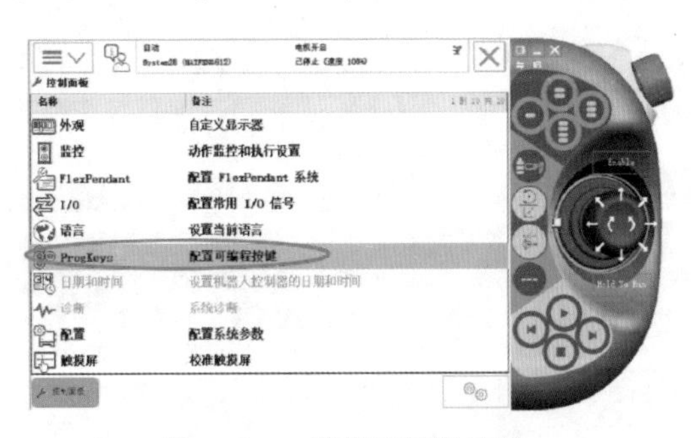

图 3-5-3　配置可编程按键

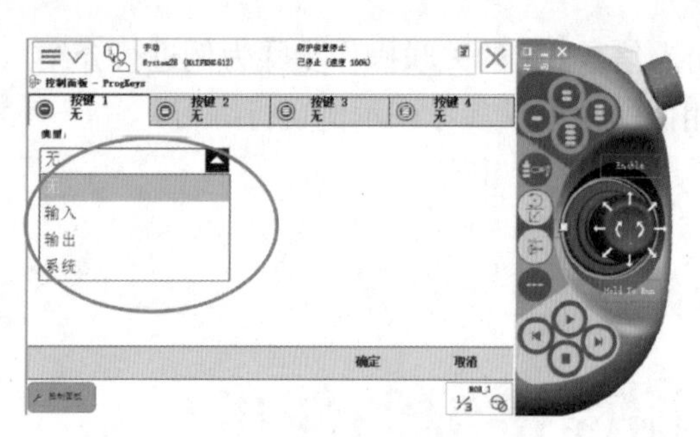

图 3-5-4　选择“输入”

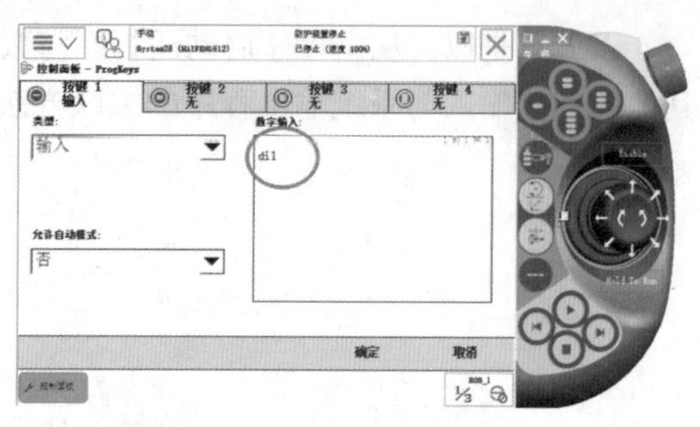

图 3-5-5　完成快捷按钮与数字输入信号 di1 的配置

（5）配置完成后，单击示教器上快捷按钮 1 即可对 di1 进行强制的操作，如图 3-5-6 所示。

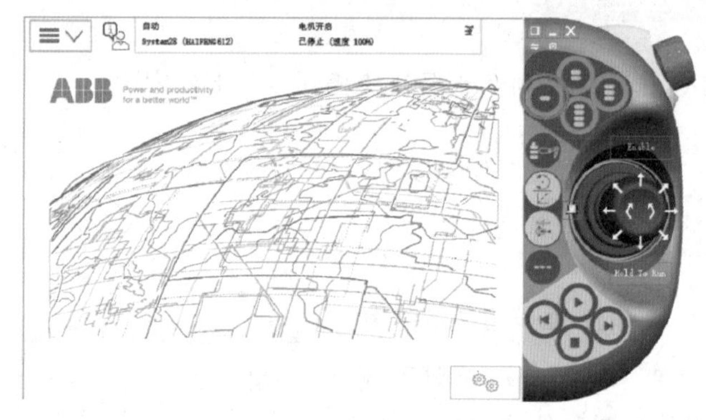

图 3-5-6　对 di1 进行强制的操作

项目四 工业机器人手动示教操作

项目目标

了解工业机器人的坐标系形式；
掌握工业机器人手动操作的方法；
掌握工业机器人工具与工件坐标系的设定方法；
掌握工业机器人有效载荷与转数计数器的更新方法。

工作任务

在进行手动操作和编程之前必须构建起必要的编程环境，要先理解工业机器人的坐标系以及各坐标系的作用，并理解工具坐标系、工件坐标系、有效载荷（又称3个重要的程序数据：工具数据 tooldata、工件坐标 wobjdata、负载数据 loaddata）的作用及其设置步骤，并学会对工业机器人进行转数计数器更新。

创建并选择合适的坐标系，有利于我们手动操作、编程及示教目标点。通过本项目的学习，认识不同坐标系的方向，操作时合理选择坐标系，创建工具坐标系和工件坐标系。工业机器人手动操作结构如图 4-1 所示。

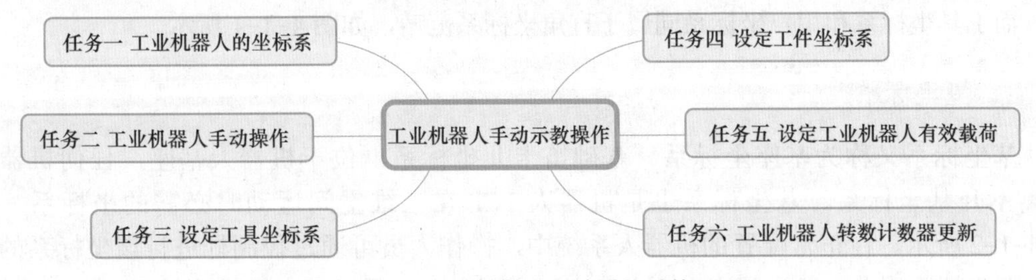

图 4-1 工业机器人手动操作结构

任务一　工业机器人的坐标系

※ 任务描述

手动操作工业机器人时，工业机器人在空间中的运动，首先要确定编程所需的工具坐标系和工件坐标系。

※ 知识学习

工业机器人的坐标系是机器人操作和编程的基础。无论是操作机器人运动，还是对机器人进行编程，都需要首先选定合适的坐标系。机器人的坐标系分为基坐标系、世界坐标系、工件坐标系、关节坐标系、工具坐标系。

一、工业机器人坐标系定义

工业机器人坐标系是为确定机器人的位置和姿态而在机器人或空间上进行的位置指标系统。通过不同坐标系可指定工具（工具中心点）的位置，以便编程和调整程序。确定机械臂基于坐标系的位置是必须做的事项。若未确定坐标系，则可通过基坐标系确定机械臂的位置。

二、工业机器人坐标系分类

工业机器人坐标系包含基坐标系、世界坐标系、工件坐标系、关节坐标系、工具坐标系。目前，大部分商用工业机器人系统中均可使用直角坐标系、工具坐标系和工件坐标系，而工具坐标系和用户坐标系同属于直角坐标系范畴，如图 4–1–1 所示。

1. 基坐标系

基坐标系又称为基座坐标系、基础笛卡儿坐标系，位于机器人基座，任何机器人都离不开基坐标系。基坐标系也是机器人 TCP 在三维空间运动时必需的坐标系，如图 4–1–2 所示。在正常配置的机器人系统中，操作人员可通过控制杆进行该坐标系的移动。基坐标系原点一般为基座中心点，实际应用中可以通过基坐标系 *X* 轴、*Y* 轴、*Z* 轴上的位移和旋转角来确定机器人末端法兰或抓手的位置和姿态。

基坐标系遵循右手法则，如图 4-1-3 所示，它是其他坐标系的基础。手拿示教器站在工业机器人正前方，面向工业机器人，举起右手于视线正前方摆手势。由此可知道：

中指所指方向为世界坐标系 *X*+，拇指所指方向为世界坐标系 *Y*+，食指所指方向为世界坐标系 *Z*+。

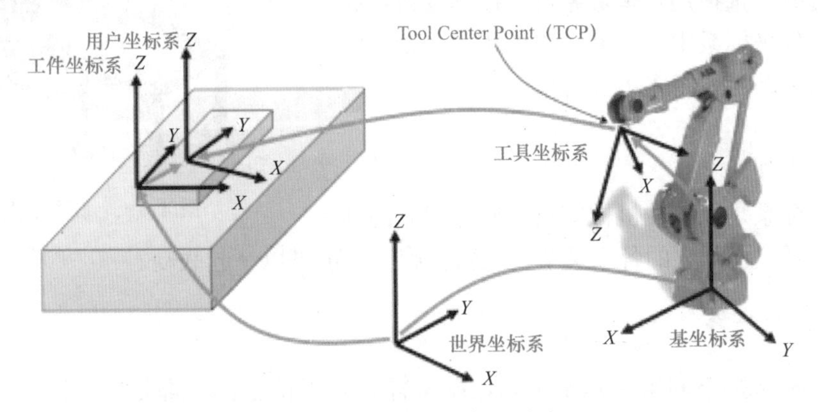

图 4-1-1　机器人坐标系分类

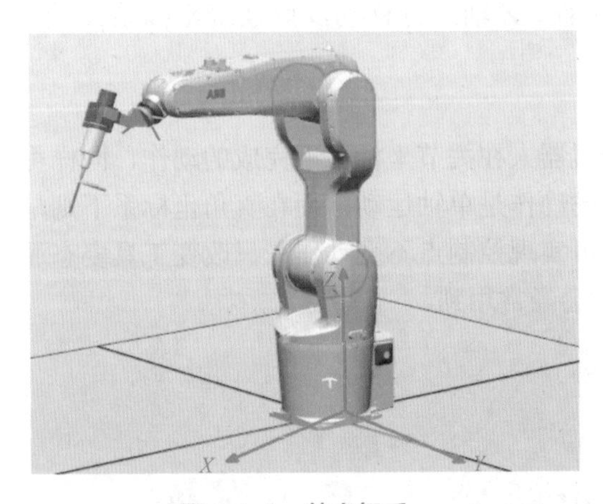

图 4-1-2　基坐标系

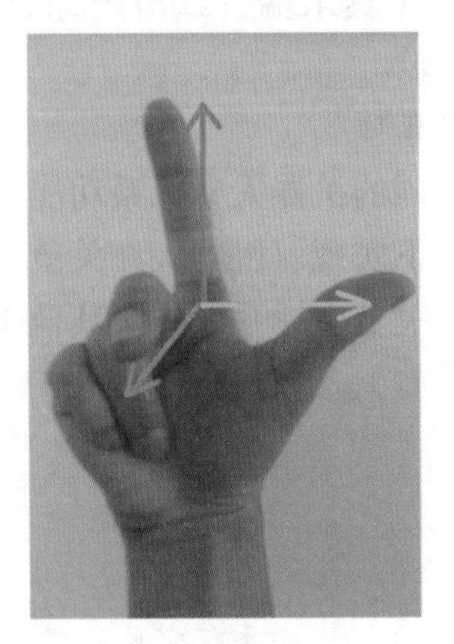

图 4-1-3　右手法则

2. 工具坐标系

即安装在机器人末端的工具坐标系，原点及方向都是随着末端位置与角度不断变化的，该坐标系实际是将基坐标系通过旋转及位移变化而来的。如图 4-1-4 所示，设定为工具坐标系时，机器人控制点沿设定在工具尖端点的 *X* 轴、*Y* 轴、*Z* 轴做平行移动。工具坐标系的移动以工具的有效方向为基准，与机器人的位置、姿势无关，所以进行相对于工件不改变工具姿势的平行移动操作时最为适宜。

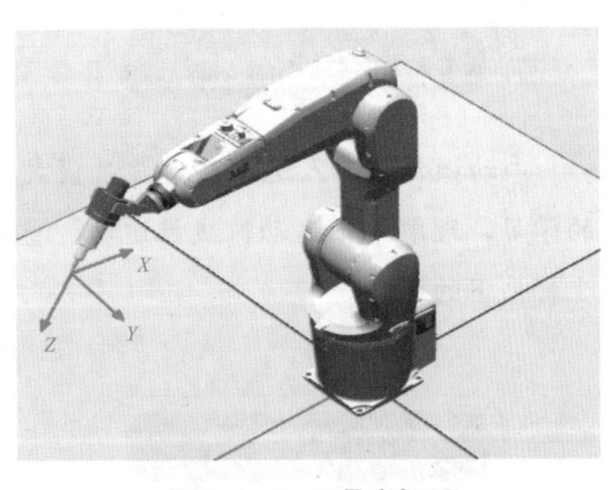

图 4-1-4　工具坐标系

3. 工件坐标系

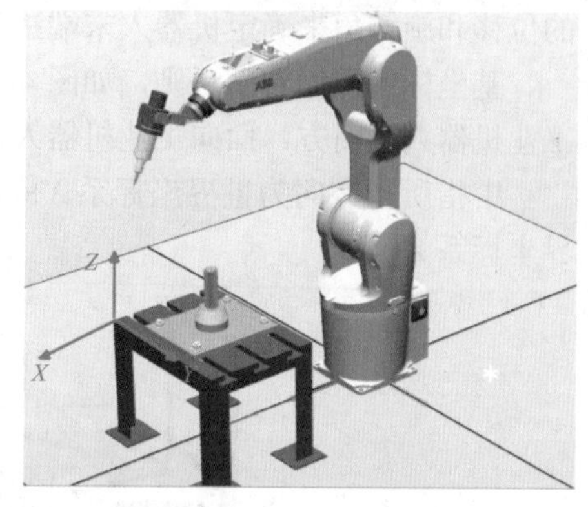

图 4-1-5　工件坐标系

工件坐标系也称作用户坐标系，是用户对每个作业空间进行定义的直角坐标系。在实际应用中可根据需要自定义当前的用户坐标系。当机器人配备多个工作台时，选择用户坐标系可使操作变得更为简单。在工件坐标系中，TCP 点将沿用户自定义的坐标轴方向运动，如图 4-1-5 所示。

4. 关节坐标系

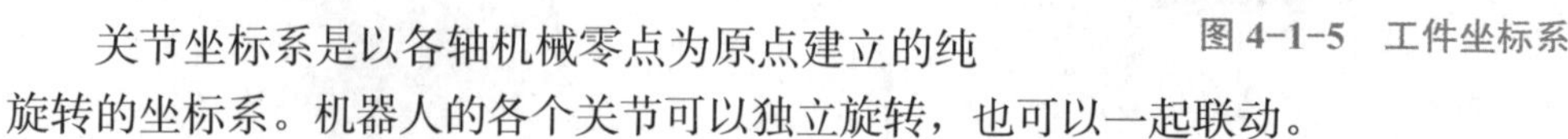

关节坐标系是以各轴机械零点为原点建立的纯旋转的坐标系。机器人的各个关节可以独立旋转，也可以一起联动。

5. 世界坐标系

世界坐标系是空间笛卡尔坐标系，基坐标系和工件坐标系都是参照世界坐标系建立的。在没有示教配置的情况下，默认的世界坐标系和基坐标系重合。在世界坐标系中，机器人工具末端可以沿坐标系 *X* 轴、*Y* 轴、*Z* 轴进行移动，以及绕坐标系 *X* 轴、*Y* 轴、*Z* 轴旋转。

提示：

不同的机器人坐标系功能等同，即机器人在关节坐标系下完成的动作，同样可在直角坐标系下实现。机器人在关节坐标系下的动作是单轴运动，而在直角坐标系下则是多轴联动。除关节坐标系以外，其他坐标系均可实现控制点不变动作（只改变工具姿态而不改变 TCP 位置），在进行机器人 TCP 标定时会经常用到。

任务二　工业机器人手动操作

※ 任务描述

手动操作机器人运动共有 3 种模式：单轴运动、线性运动和重定位运动。通过本任务的学习，理解单轴运动、线性运动、重定位运动，理解不同模式下的运动模式以及在不同坐标系下的运动。

※ 知识学习

当前用于生产的机器人都需要通过示教器对其进行手动示教，控制机器人到达指定位置，然后反复调整机器人的位置、运动状态，利用机器人编程语言进行在线编程，完成指定运动轨迹的重复回放，完成示教功能。在传统的工业机器人系统中，手持示教器对机器人工具坐标系或用户坐标系进行标定或者对指定的运动点位进行示教或确认时都涉及手动示教。因此，手动示教在机器人系统中起到了至关重要的作用。在机器人运动时需要手握使能键，可在电动机开启的状态下通过操纵杆对机器人进行操作。

一、机器人手动示教

1. 手动示教分类

手动示教主要分为关节移动、直线移动两大类；而直线移动则存在几种坐标系下的直线移动，如基坐标系、工具坐标系、用户坐标系等。

2. 操作方法

一般的操作方法都是通过示教器的按键进行操作，因不同厂家使用或定制的区别，按键设置视情况而定，但基本脱离不了按键的复用功能。在不同坐标系下，这些示教机器人的按键都代表不一样的功能，如在关节坐标系下，按键代表的是关节进行插补运动；在用户坐标系下，按键代表的是基于该用户坐标系下的直线运动。正常使用过程中，我们切换到手动模式，然后选择合适的坐标系，使能状态下按紧按键即可移动机器人了。

3. 按键背后的轨迹规划算法

因厂商对算法的封闭，所以无从得知各大厂商的处理方式，但通过操作其机器人系统，亦可知其一二。以手动示教时关节规划为例：

（1）按下按键，获取信号后，机器人关节应该需要加速，此时加速时间的长短根据当前选用的速度比率、加速度比率等确定。

（2）加速段结束后，进入匀速段。

（3）松开按键时，获取信号后机器人关节应该进行减速，直到停止，此时的减速应以最大的减速度进行减速，目的是缩短释放按键到停止下来的时间。

二、ABB 机器人操纵杆使用

操纵杆（图 4-2-1）的使用技巧：我们可以将机器人的操纵杆比作汽车的加速踏板，操纵杆的操纵幅度与机器人的运动速度相关。操纵幅度较小则机器人运动速度较慢，操纵幅度较大则机器人运动速度较快。所以在操作时，应尽量以操纵小幅度使机器人慢慢运动，开始我们的手动操纵学习。

如果对使用操纵杆来控制机器人运动的方向不明确，可以先使用增量模式确定机器人的运动方向。在示教目标点，如果快接近目标点时，可选择增量模式，使运动速度减慢下来。

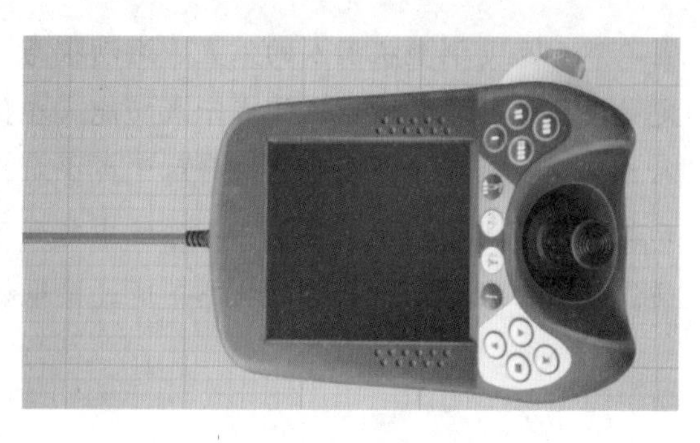

图 4-2-1　ABB 示教器操纵杆

增量模式操作步骤如下：

（1）在“手动操纵”中，单击“增量”，如图 4-2-2 所示。

（2）弹出“选择增量模式”界面，根据需要选择增量的移动距离，然后单击“确定”，如图 4-2-3 所示。

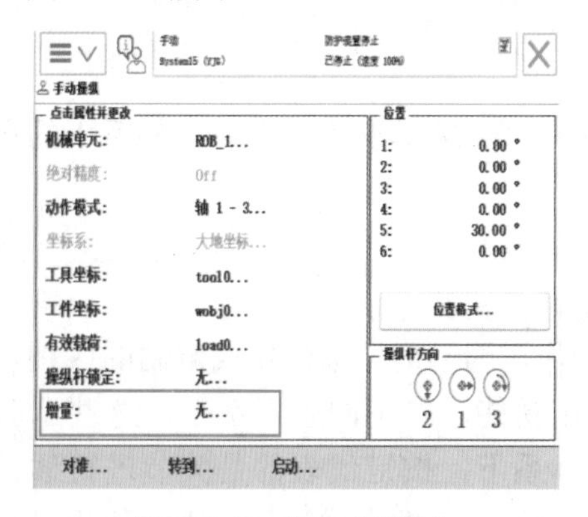

图 4-2-2　单击“增量”

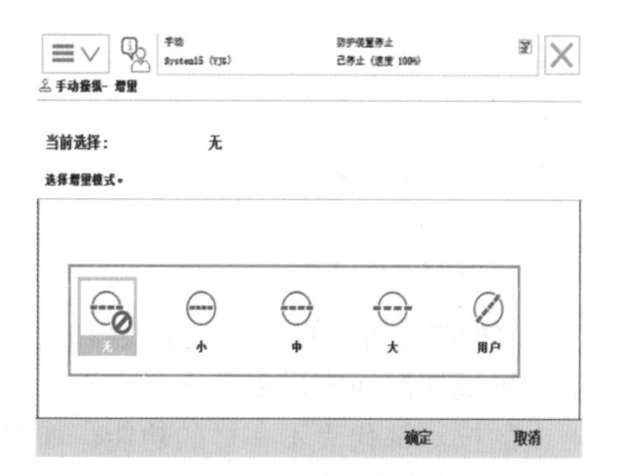

图 4-2-3　增量大小选择

在增量模式下，操纵杆每移一次机器人就移动一次。如果操纵杆持续数秒钟，机器人就会持续移动。增量的移动距离和角度大小如表 4-2-1 所示。

表 4-2-1　增量的移动距离和角度大小

序号	增量	移动距离 /mm	角度 /（°）
1	小	0.05	0.005
2	中	1	0.02
3	大	5	0.2
4	用户	自定义	自定义

三、ABB 工业机器人手动操作控制

1. 手动单轴运动操作

六轴 ABB 机器人是由 6 个伺服电动机分别驱动机器人的 6 个关节轴，每个手动操作一个关节轴的运动，就称为关节运动。关节运动是每一个轴可以单独运动，所以在一些特

殊的场合使用关节运动来操作会更方便，比如在进行转数计数器更新时可以用关节运动来操作，还有机器人出现机械限位和软件限位时，也就是超出于移动范围而停止时，可以利用关节运动的手动操作，将机器人移动到合适的位置。关节运动在进行粗略定位和比较大幅度的移动时，相比其他手动操作模式会方便快捷更多，其步骤如下：

（1）打开电源开关，等机器人开机后，将机器人控制器上的机器人状态调整到手动状态，如图 4-2-4 所示。

（2）在示教器触摸屏上的状态栏中，确认机器人的状态为手动状态，如图 4-2-5 所示。

（3）单击 ABB 菜单，单击“手动操纵”，如图 4-2-5 所示。

（4）在“手动操纵”界面单击“动作模式”，如图 4-2-6 所示。

（5）在“动作模式”中有 4 种动作模式，选择“轴 1-3”，然后单击“确定”，就可以对机器人关节轴 1-3 进行操作。选择“轴 4-6”，然后单击“确定”，就可以对机器人关节 4-6 轴进行操作，如图 4-2-7 所示。

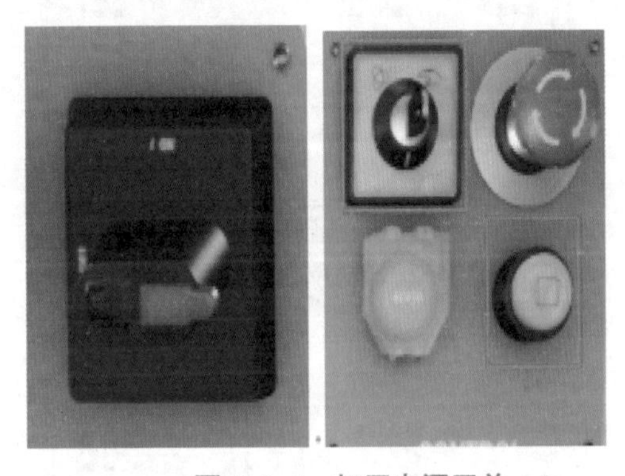

图 4-2-4　打开电源开关

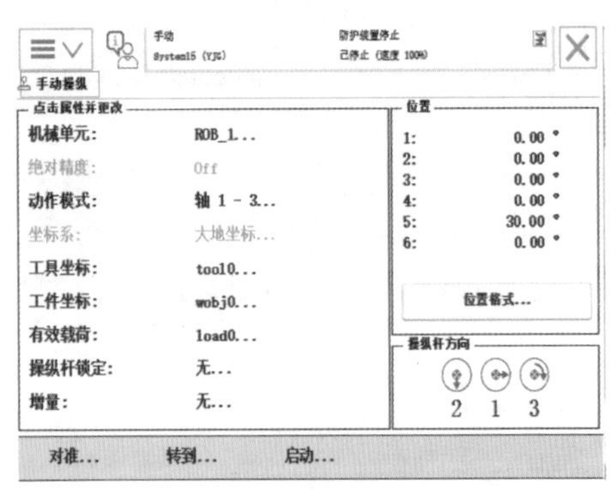

图 4-2-5　确认状态

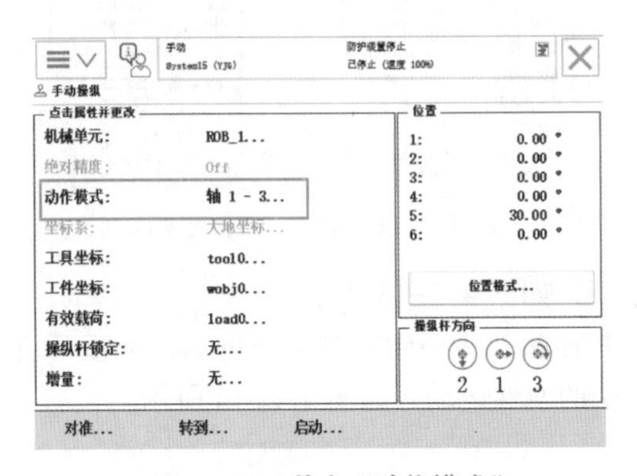

图 4-2-6　单击“动作模式”

图 4-2-7　关节轴选择

（6）在正确手持示教器的情况下，用手按下使能键，并在状态栏中确认机器人处于“电机开启”状态；手动操作机器人操纵杆使机器人关节轴运动，在示教器触摸屏右下角现实的操纵杆方向即为关节轴 1-3 操纵杆的方向，箭头方向代表正方向，如图 4-2-8 所示。

2. 线性运动的手动操作

机器人的线性运动是指安装在机器人第 6 轴法兰盘上的工具 TCP 点在空间中做线性运动。线性运动是工具 TCP 点在空间 X、Y、Z 坐标的线性运动，移动的幅度较小，适合

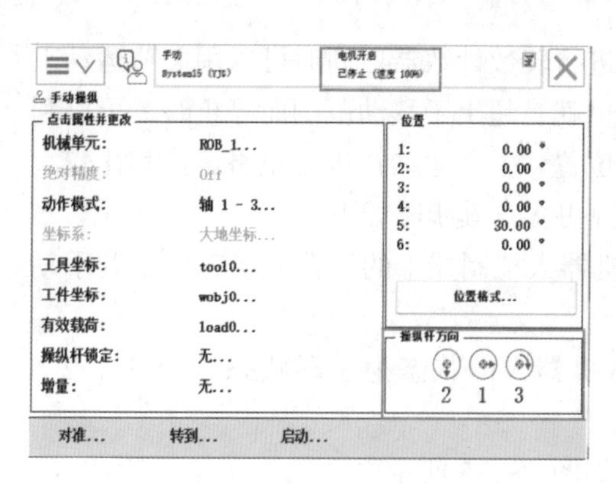

图 4-2-8 方向选择

较为精确的定位和移动，其操作步骤如下：

（1）单击 ABB 菜单，选择“手动操作”，如图 4-2-9 所示。

（2）单击“动作模式”，如图 4-2-10 所示。

（3）在动作模式中选择“线性”，然后单击“确定”，如图 4-2-11 所示。

（4）机器人的线性运动要在工具坐标系中指定对应的工具，单击手动操纵中的“工具坐标”，如图 4-2-12 所示。

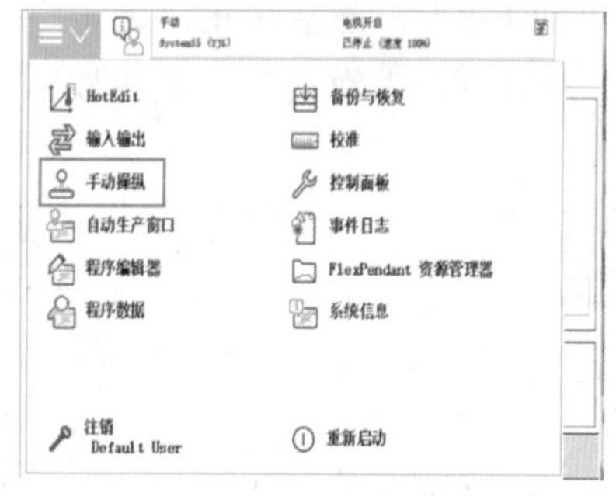

图 4-2-9 选择“手动操作”

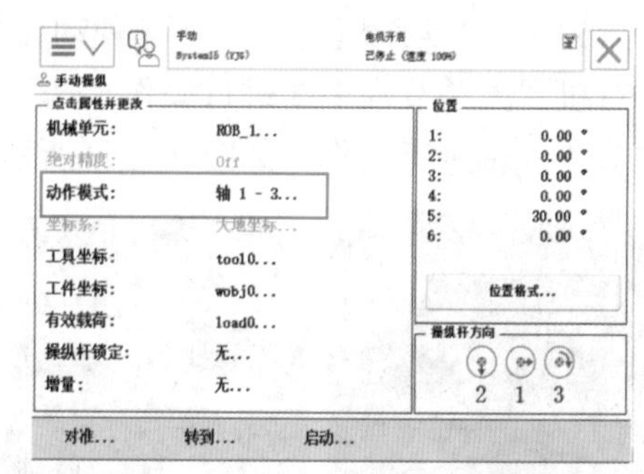

图 4-2-10 单击“动作模式”

图 4-2-11 模式选择“线性”

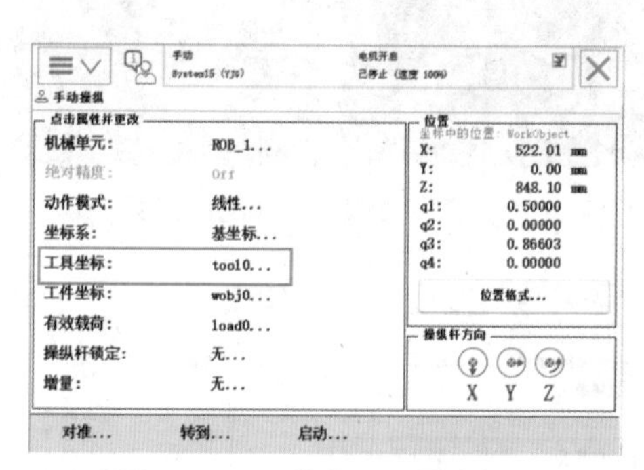

图 4-2-12 单击“工具坐标”

（5）选中对应的工具 tool1，单击“确定”，如图 4-2-13 所示。

（6）按下使能键使其处于第一挡状态，并在状态栏中确定已正确进入“电机开启”状态；手动操作机器人，完成 *X* 轴、*Y* 轴、*Z* 轴的线性运动，如图 4-2-14 所示。

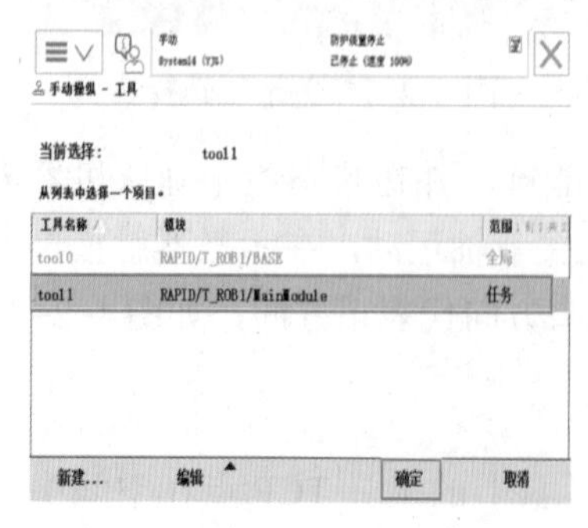

图 4-2-13 工具选择

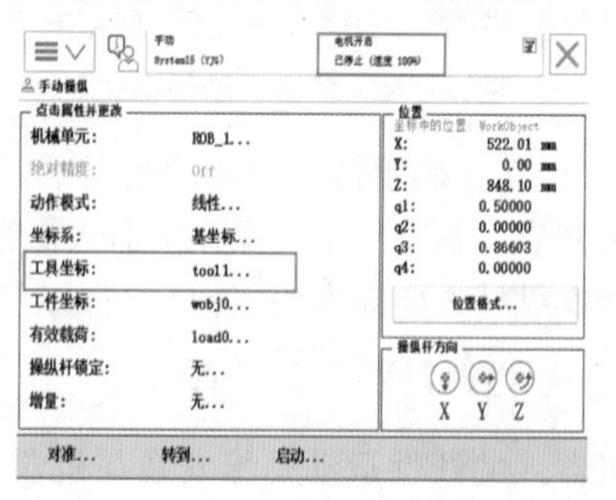

图 4-2-14 进入“电机开启”状态

（7）操纵示教器上的操纵杆，工具 TCP 点在空间中做线性运动，如图 4-2-15 所示。

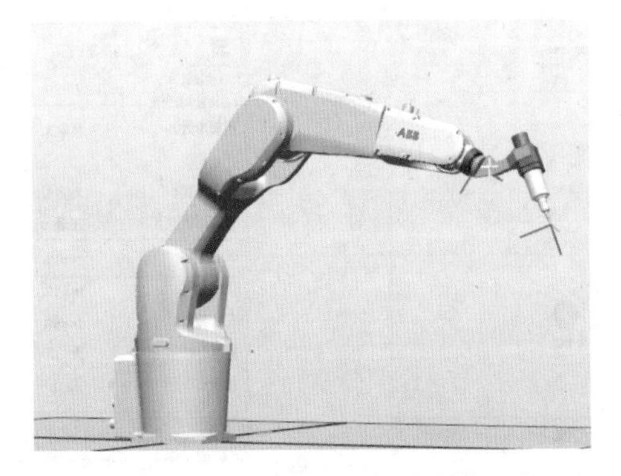

图 4-2-15　工具 TCP 点做线性运动

3. 重定位运动的手动操作

机器人的重定位运动是指机器人第 6 轴法兰盘上的工具 TCP 点在空间中绕着坐标轴旋转的运动，也可以理解为机器人绕着工具 TCP 点做姿态调整运动。重定位运动的手动操作会更全方位地移动和调整。其操作步骤如下：

（1）单击 ABB 菜单，选择“手动操纵”，如图 4-2-16 所示。

（2）单击“动作模式”，如图 4-2-17 所示。

（3）在动作模式中选择“重定位”，然后单击“确定”，如图 4-2-18 所示。

（4）单击“坐标系”，如图 4-2-19 所示。

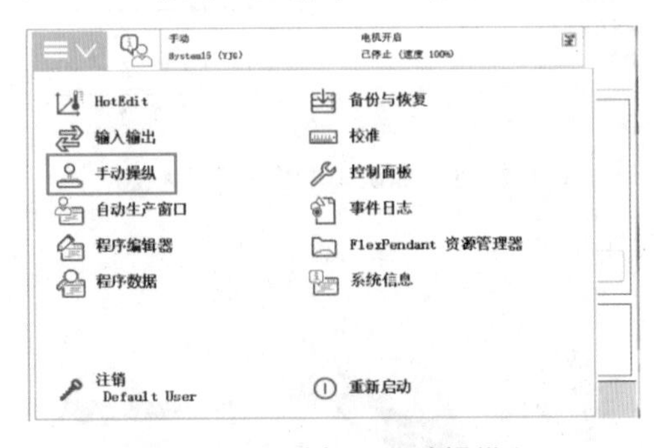

图 4-2-16　选择“手动操纵”

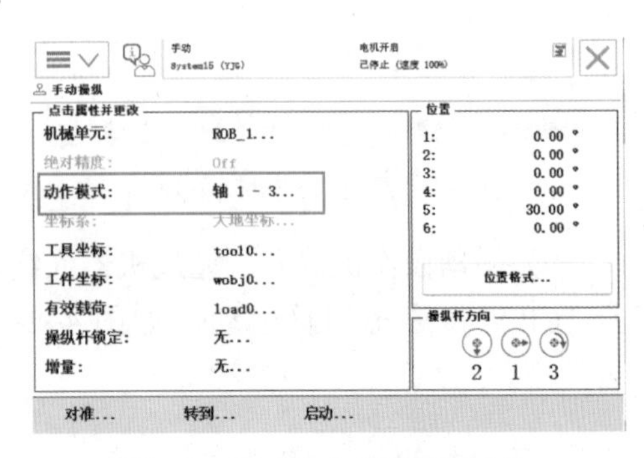

图 4-2-17　单击“动作模式”

图 4-2-18　选择“重定位”模式

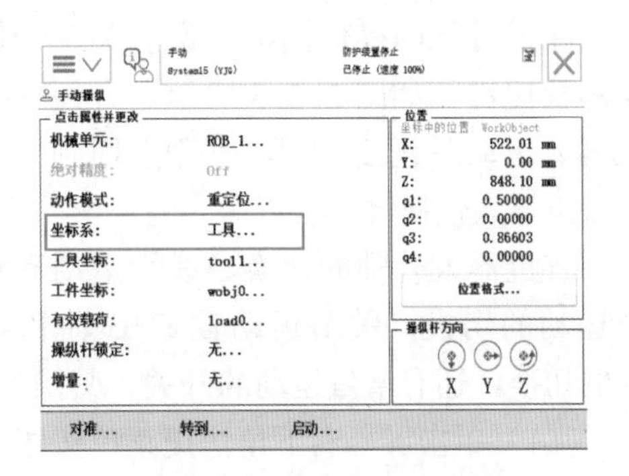

图 4-2-19　单击“坐标系”

（5）在坐标系界面中，单击“工具”坐标系，然后单击“确定”，如图 4-2-20 所示。

（6）单击“工具坐标”，如图 4-2-21 所示。

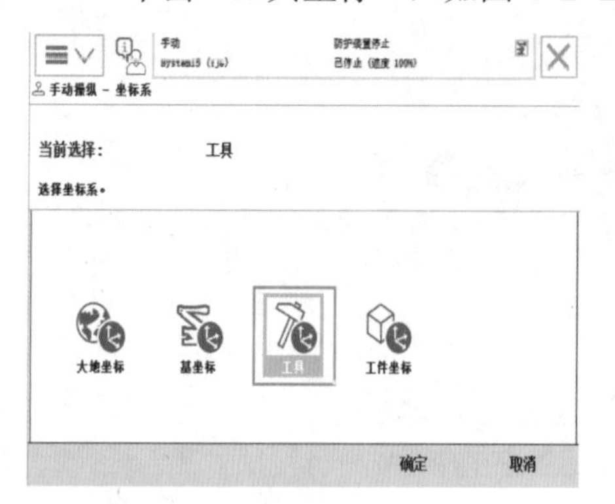

图 4-2-20　单击“工具”坐标系

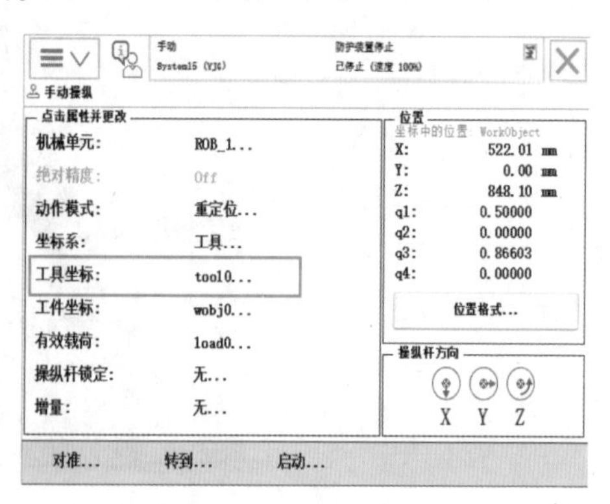

图 4-2-21　单击“工具坐标”

（7）选择正在使用的工具 tool1，然后单击“确定”，如图 4-2-22 所示。

（8）按下使能键使其处于第一挡位，并在示教器状态栏中确认已进入“电机开启”状态，如图 4-2-23 所示。

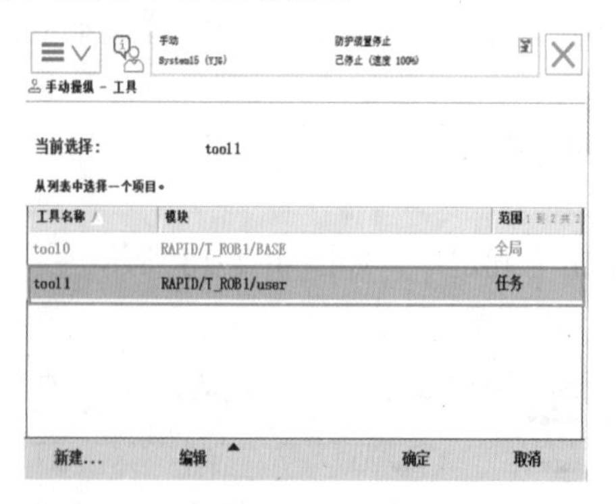

图 4-2-22　选择工具 tool1

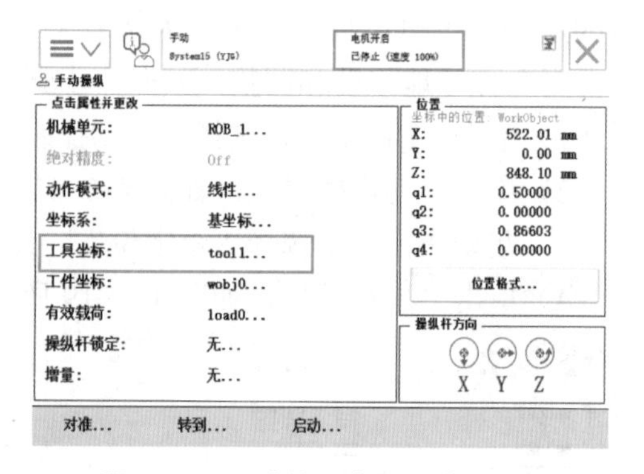

图 4-2-23　确认“电机开启”状态

（9）手动操作机器人，完成机器人绕着工具 TCP 点做姿态调整运动，如图 4-2-24 所示。

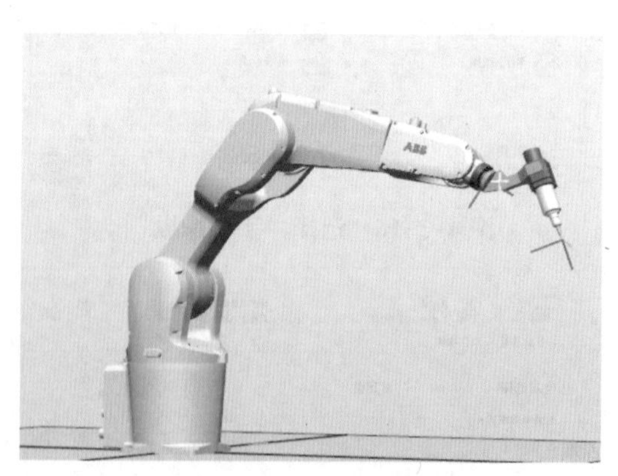

图 4-2-24　操作示教器摇杆

4. 手动操纵的快捷操作

在示教器的操作面板上设有关于切换动作的快捷键，如图 2-3-3 所示，方便在操作机器人运动时直接使用，不用返回到主菜单设置机器人快捷键。

有机器人外轴的切换、线性运动和重定位运动的切换，关节运动轴 1—3 轴和 4—6 轴的切换，还有增量运动的开关。其操作步骤如下：

（1）单击屏幕右下角快捷菜单按钮，如图 4-2-25 所示。

（2）单击“手动操作”按钮弹出选项，如图 4-2-26 所示。

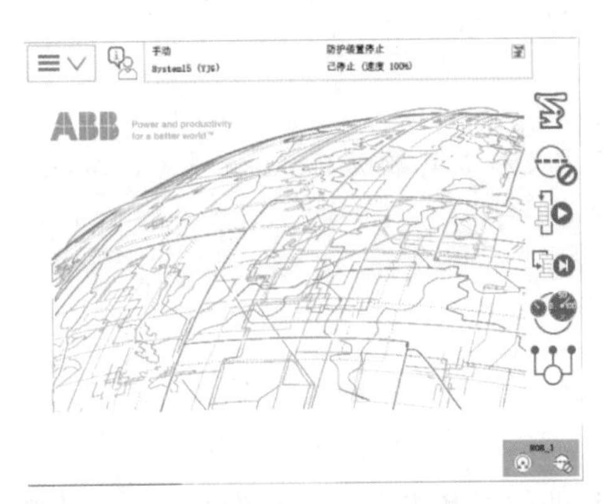

图 4-2-25　单击快捷菜单按钮

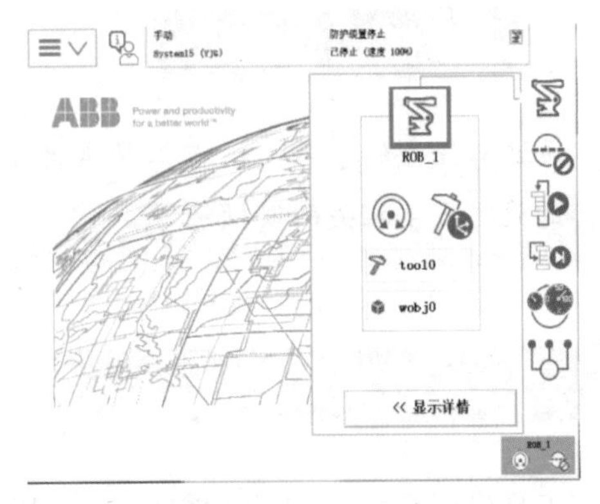

图 4-2-26　单击“手动操作”

（3）单击“显示详情”展开菜单，可以对当前的“工具数据”“工具坐标”“操纵杆速度”“增量开 / 关”“坐标系选择”“动作模式选择”进行设置，如图 4-2-27 所示。

（4）单击“增量模式”，选择需要的增量，如果是自定义增量值，可以选择“用户模式”，然后单击“显示值”就可以进行增量值的自定义，如图 4-2-28 所示。

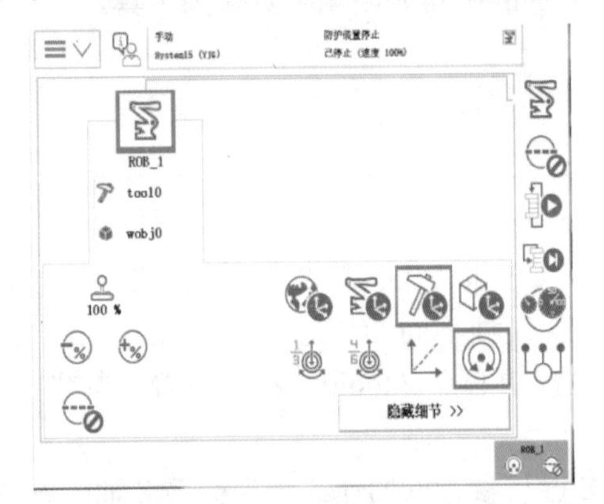

图 4-2-27　工具选择

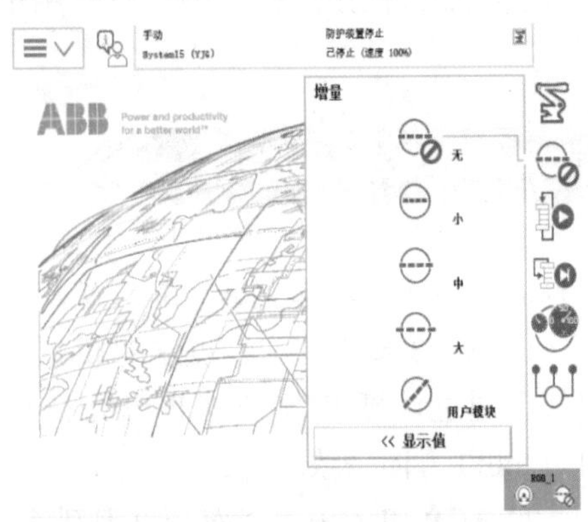

图 4-2-28　单击“增量模式”

任务三　设定工具坐标系

※ 任务描述

设定工具坐标系会产生工具数据（tooldata），工具数据是编程时需要的 3 个重要的程序数据之一，工具数据用于描述安装在机器人第 6 轴上的工具坐标 TCP 质量、重心等参考数据。工具数据会影响机器人的控制算法（例如计算加速度）、速度和加速度监控、力矩监控、碰撞监控、能量监控等。

※ 知识学习

通过本任务的学习，认识工具坐标系设定的意义和工具数据 tooldata 设定，掌握工具坐标的设定方法相关的实操练习。

一、认识工具坐标系

工具坐标系将 TCP 设为零位，由此定义工具的位置和方向，工具中心点缩写为 TCP（Tool Center Point）。执行程序时，机器人就是将 TCP 移至编程位置。这意味着，如果要更改工具，机器人的移动将随之更改，以便新的 TCP 能到达目标。所有机器人在手腕处都有一个预定义的工具坐标系，该坐标系称为 tool0，设定新的工具坐标系其实是将一个或多个新工具坐标系定义为 tool0 的偏移值。不同应用的机器人应该配置不同的工具，比如焊接机器人使用焊枪作为工具，用于小零件分拣的机器人使用夹具作为工具。

二、设定工具数据

TCP 的设定方法包括 N（$3 \leqslant N \leqslant 9$）点法、TCP 和 Z 法、TCP 和 Z、X 法。

（1）N（$3 \leqslant N \leqslant 9$）点法：机器人的 TCP 以 N 种不同的姿态同参考点接触，得出多组解，通过计算得当前 TCP 与机器人安装法兰盘中心点（tool0）相应位置，其坐标系方向与 tool0 方向一致。

（2）TCP 和 Z 法：在 N 点法基础上，增加 Z 点与参考点的连线为坐标系 Z 轴的方向，改变了 tool0 的 Z 轴方向。

（3）TCP 和 Z、X 法：在 N 点法基础上，增加 X 点与参考点的连线作为坐标系 X 轴方向，Z 点与参考点的连线为坐标系 Z 轴方向，改变了 tool0 的 X 轴和 Z 轴方向。

设定工具数据 tooldada 的方法通常采用 TCP 和 Z、X 法（N=4），又称六点法。其设定原理如下：

① 在机器人工作范围内找一个非常精准的固定点，一般用 TCP 基准针上的尖点作为参考点，如图 4-3-1 所示。

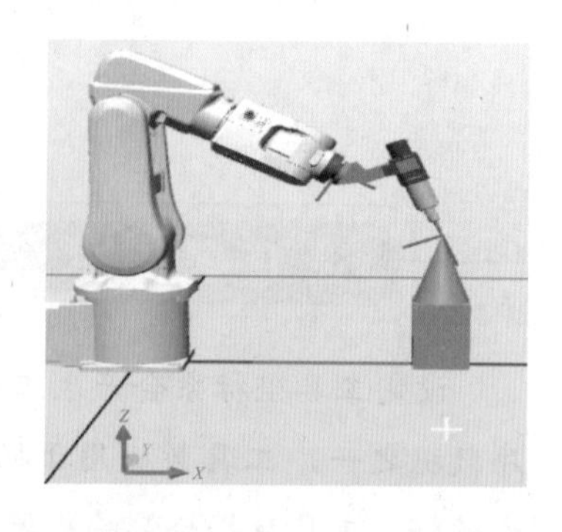

图 4-3-1　TCP 参考点

② 在工具上选择确定工具中心点的参考点。

③ 用手动操作机器人的方法移动工具上的参考点，以 4 种以上不同的机器人姿态尽可能与固定点刚好碰上，前 3 个点的姿态相差尽量大些，这样有利于 TCP 精度的提高。第 4 点是用工具的参考点垂直于固定点，第 5 点是工具参考点从固定点向将要设定为 TCP 的 X 方向移动，第 6 点是工具参考点从固定点向将要设定为 TCP 的 Z 方向移动。

④ 机器人通过这 4 个位置点的位置数据计算求得 TCP

的数据，然后 TCP 的数据保存在 tooldada 程序数据中，可被程序调用。

三、设定工具坐标实操

下面以 TCP 和 Z、*X* 法（又称六点法）为例进行工具数据的设定。

一共分为 3 步：进入工具坐标系，TCP 点定义和测试工具坐标系准确性。设定工具坐标步骤如下：

（1）在手动状态下，单击示教器上 ABB 菜单，单击“手动操纵”或“程序数据”，选择“tooldata”，如图 4-3-2 所示。

（2）单击“新建 ...”新建工具坐标系，如图 4-3-3 所示。

（3）在弹出的“新数据声明”窗口中，可以对工具数据属性进行设定，单击“...”后会弹出软键盘，单击“可自定义更改工具名称”，然后单击“确定”，如图 4-3-4 所示。

（4）“tool1”则为新建的工具坐标系，如图 4-3-5 所示。

（5）在“工具坐标”窗口，选择新建的工具坐标“tool1”，然后单击“编辑”，在弹出的菜单栏中单击“定义”，如图 4-3-6 所示。

（6）单击“定义方法”，在下拉菜单中“TCP 和 Z，X”是采用六点法来设定 TCP，其中“TCP（默认方向）”为四点法设定 TCP，“TCP 和 Z”为五点法设定 TCP，如图 4-3-7 所示。

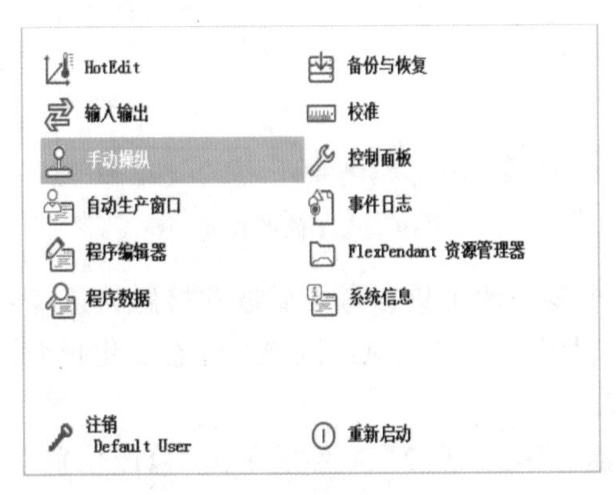

图 4-3-2　菜单选择

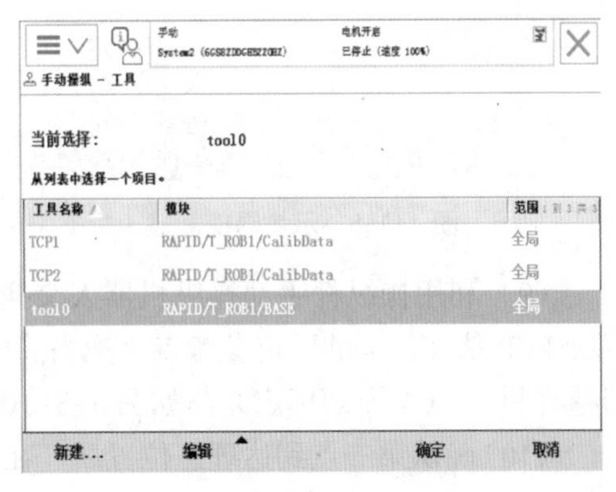

图 4-3-3　新建工具坐标系

图 4-3-4　工具数据属性设定

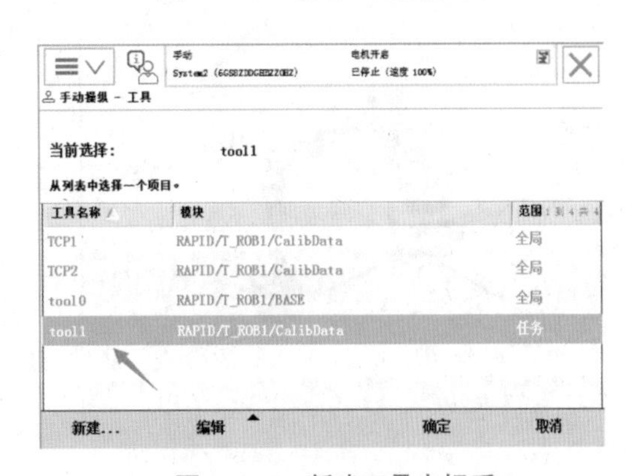

图 4-3-5　新建工具坐标系

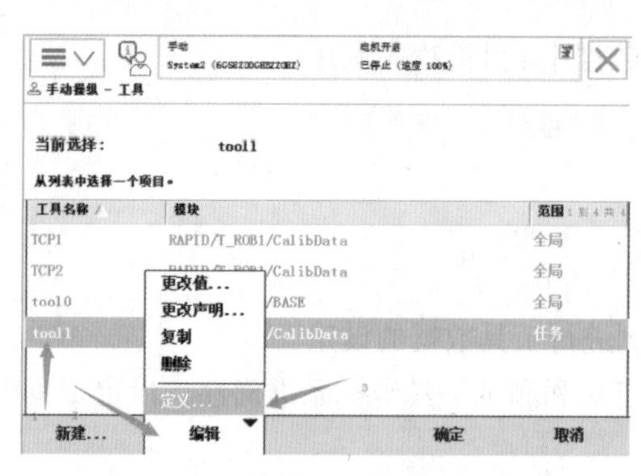

图 4-3-6　选择新建的工具坐标系“tool1”

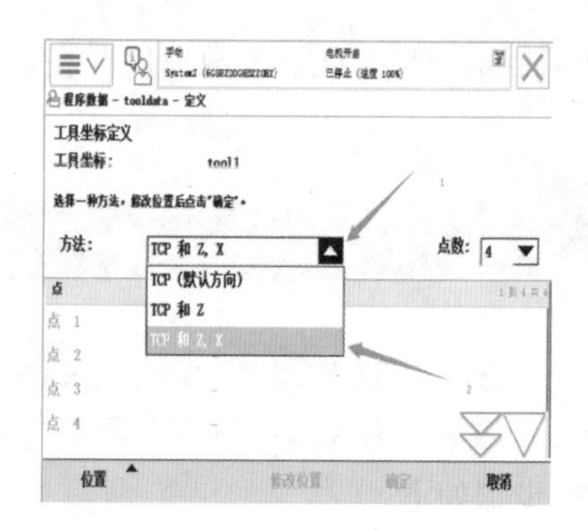

图 4-3-7　定义方法选择

（7）按下示教器使能键，使用操纵杆手动操纵机器人以任意姿态使工具参考点靠近并接触轨迹练习模块上 TCP 基准针，然后把当前位置作为第一点，如图 4-3-8 所示。

（8）确认第一点到达理想位置后，在示教器上单击“点 1”，然后单击“修改位置”，修改并保存当前位置，如图 4-3-9 所示。

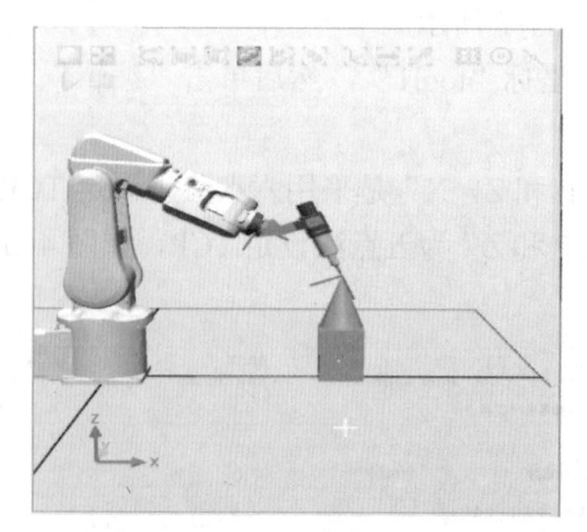

图 4-3-8　示教器使能键

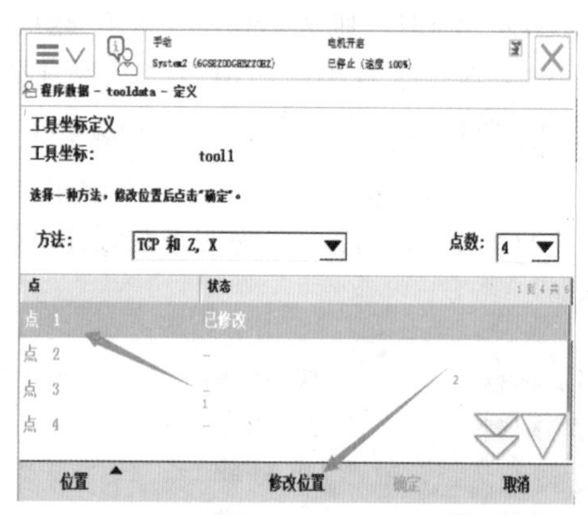

图 4-3-9　点 1 修改位置

（9）利用操纵杆手动操纵机器人交换另一个姿态使工具参考点靠近并接触轨迹练习模块 TCP 基准针上的固定参考点。把当前位置作为第二点（注意：机器人姿态变化越大，则越有利于 TCP 点的标定），如图 4-3-10 所示。

（10）确认第二点到达理想位置后，在示教器上单击“点 2”，然后单击“修改位置”，修改并保存当前位置，如图 4-3-11 所示。

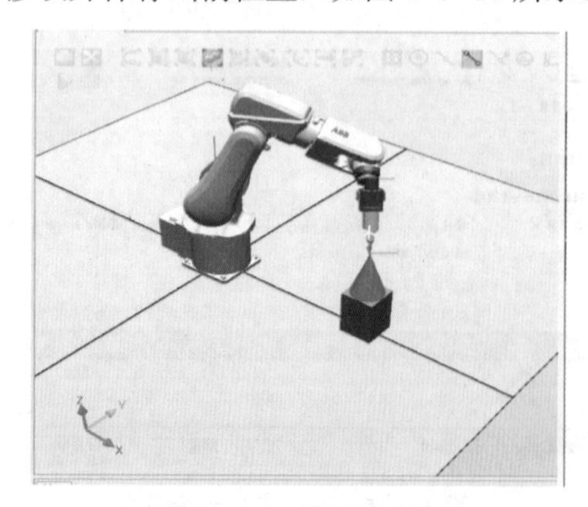

图 4-3-10　固定参考点

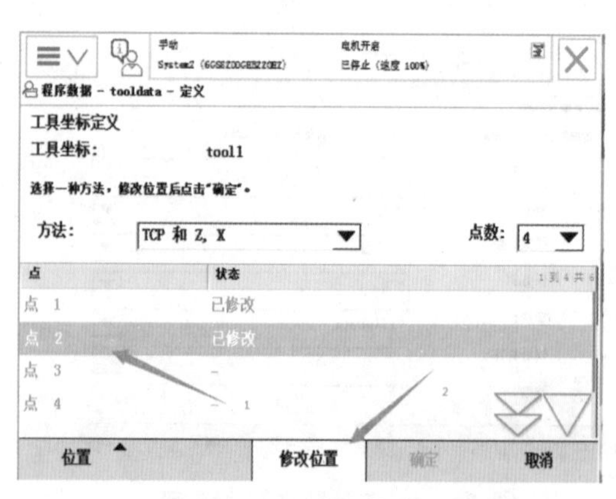

图 4-3-11　点 2 修改位置

（11）利用操纵杆手动操纵机器人变换另一个姿态，使工具参考点靠近并接触轨迹练习模块 TCP 基准针上的固定参考点，把当前位置作为第三点（注意：机器人姿态变化越大，则越有利于 TCP 点的标定），如图 4-3-12 所示。

（12）确认第三点到达理想位置后，在示教器上单击“点 3”，然后单击“修改位置”，修改并保存当前位置，如图 4-3-13 所示。

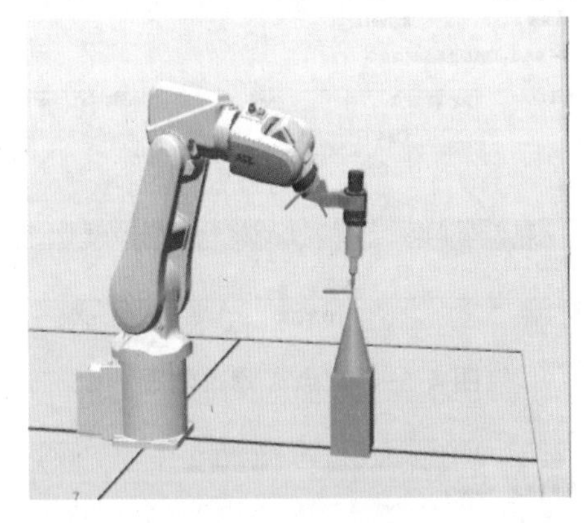

图 4-3-12　固定参考点

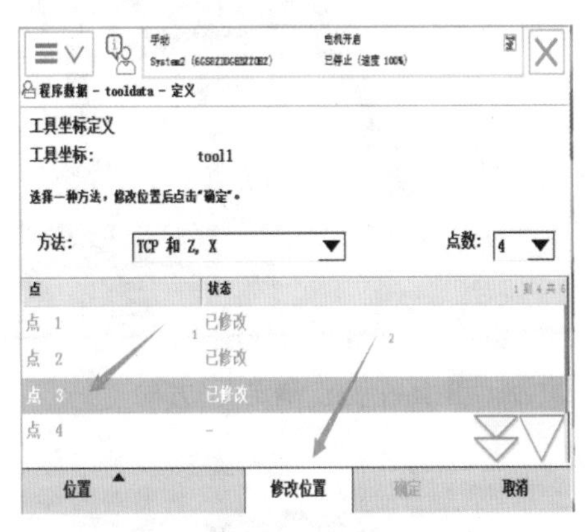

图 4-3-13　点 3 修改位置

（13）手动操纵机器人使工具的参考点接触并垂直于 TCP 基准针上的固定参考点，如图 4-3-14 所示，把当前位置作为第四点。

（14）在示教器操作窗口单击“点 4”，然后单击“修改位置”，修改并保存当前位置。注意：前 3 个点姿态为任意，第四点位置最好为垂直姿态（图 4-3-14），方便第五点和第六点的获取，在线性运动模式下将机器人工具参考点接触 TCP 基准针上的固定参考点，如图 4-3-15 所示。

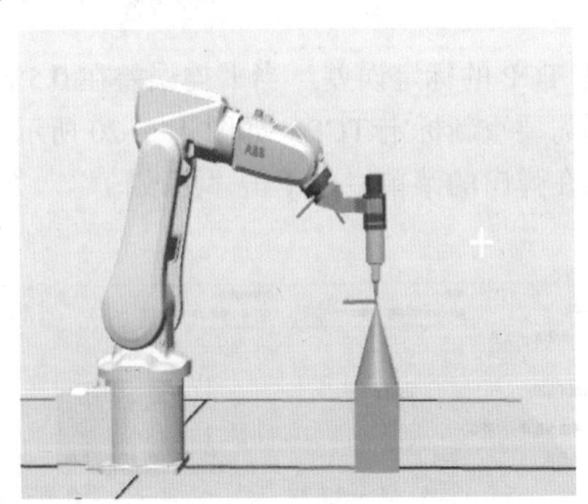

图 4-3-14　点 4 为垂直姿态

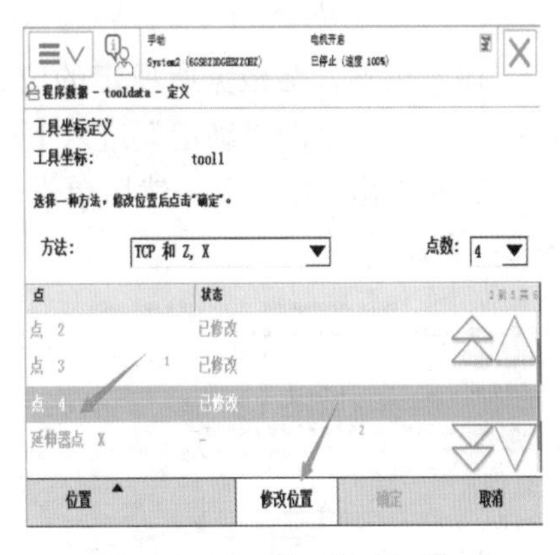

图 4-3-15　点 4 修改位置

（15）以点 4 为固定点，在线性模式下，手动操纵机器人向前移动一定距离，作为 $+X$ 方向，如图 4-3-16 所示。

（16）在示教器操作窗口单击“延伸器点 X”，然后单击“修改位置”，修改并保存当前位置（使用四点法、五点法设定 TCP 时不用设定此点），如图 4-3-17 所示。

（17）以点 4 为固定点，在线性模式下，手动操控机器人向上移动一定距离作为 $+Z$ 方向，如图 4-3-18 所示。

（18）在示教器操作窗口单击“延伸器点 Z”，然后单击“修改位置”，修改并保存当前位置（使用五点法设定 TCP 时不用设定此点），单击“确定”完成 TCP 点定义，如图 4-3-19 所示。

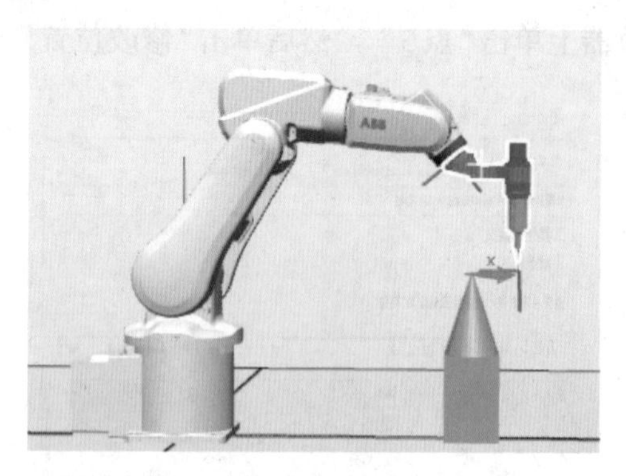

图 4-3-16　确定 +X 方向

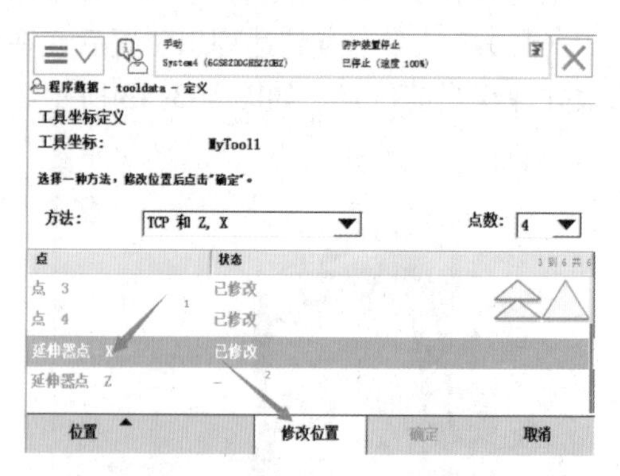

图 4-3-17　点 X 修改位置

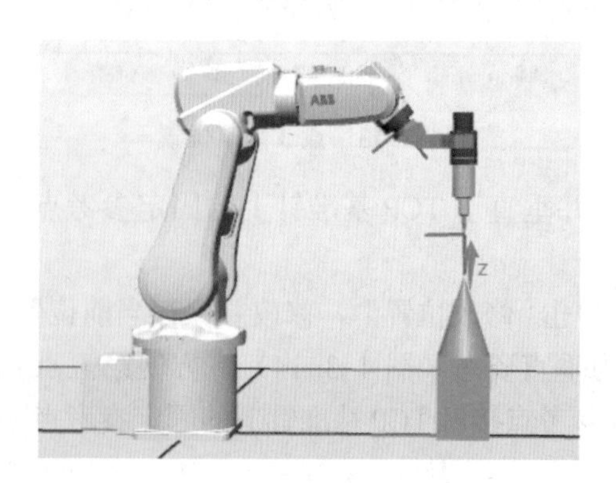

图 4-3-18　确定 +Z 方向

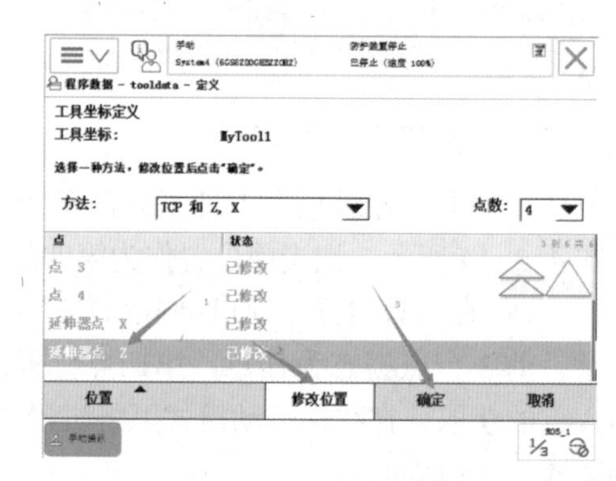

图 4-3-19　点 Z 修改位置

（19）机器人会根据所设定的位置自动计算 TCP 的标定误差，当平均误差在 0.5 mm 以内时，才可以单击“确定”进入下一步，否则需要重新标定 TCP，如图 4-3-20 所示。

（20）单击“tooll”，然后单击“编辑”，在弹出的菜单栏中单击“更改值”，如图 4-3-21 所示。

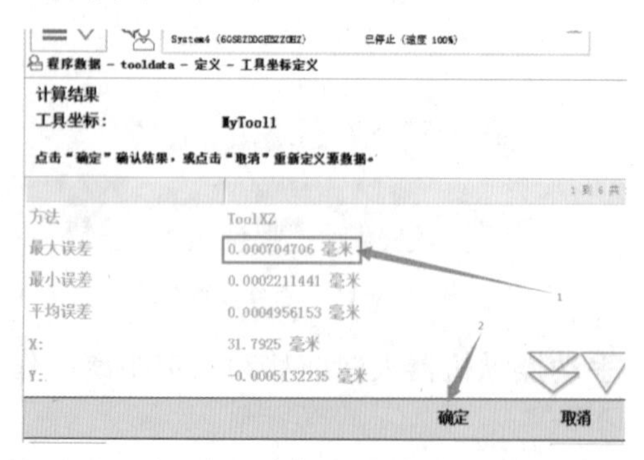

图 4-3-20　误差标定

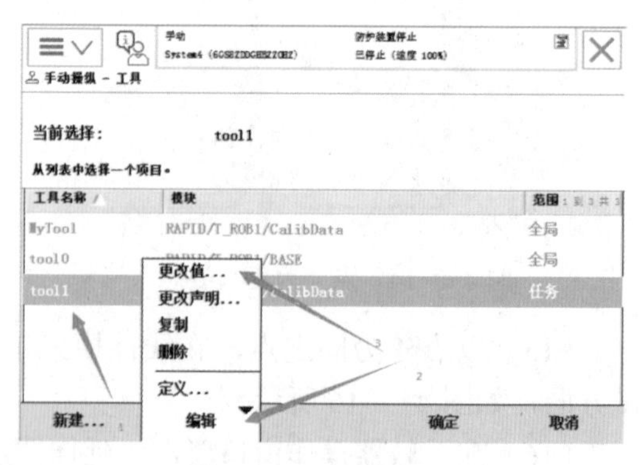

图 4-3-21　更改值

（21）单击向下翻页按钮找到“mass”，其含义为对应工具的质量，单位为 kg。本案例中将 mass 的值更改为 1.0，单击“mass”，在弹出的键盘中输入“1.0”，单击“确定”，如图 4-3-22 所示。

（22）x、y、z 为工具中心基于 tool1 的偏移量，单位为 mm，本案例中将 x 值更改为 −112，y 值不变，z 值更改为 150，然后单击“确定”返回到工具坐标系窗口，如图 4-3-23 所示。

图 4-3-22　设置工具质量

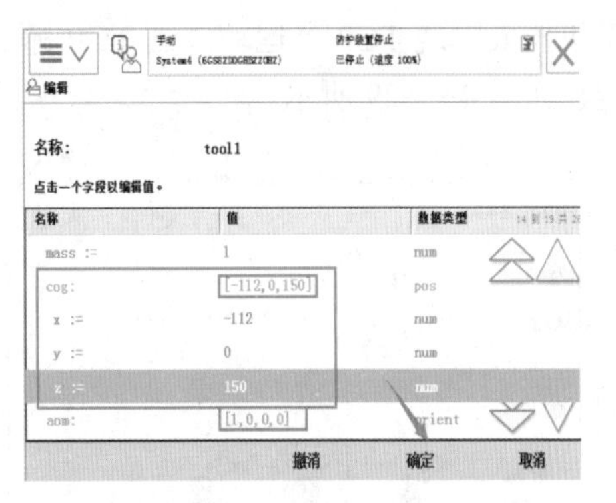

图 4-3-23　更改偏移量

（23）单击“tool1”，然后单击“确定”，无异常的提示窗口弹出，则完成 TCP 的标定，并在“tool1”选项状态下返回手动操纵窗口，如图 4-3-24 所示。

（24）在“手动操纵”窗口，单击“动作模式”，如图 4-3-25 所示。

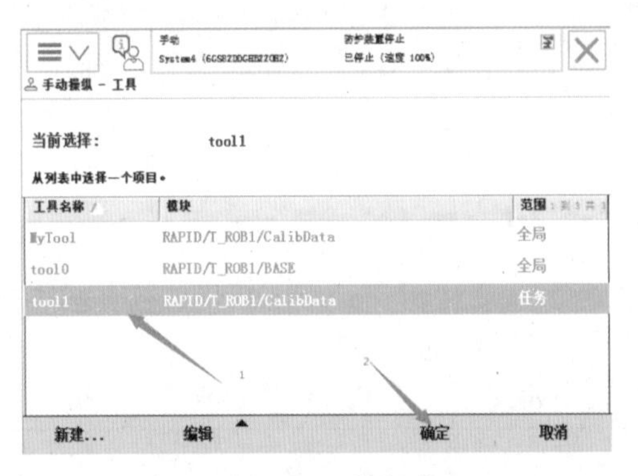

图 4-3-24　TCP 的标定

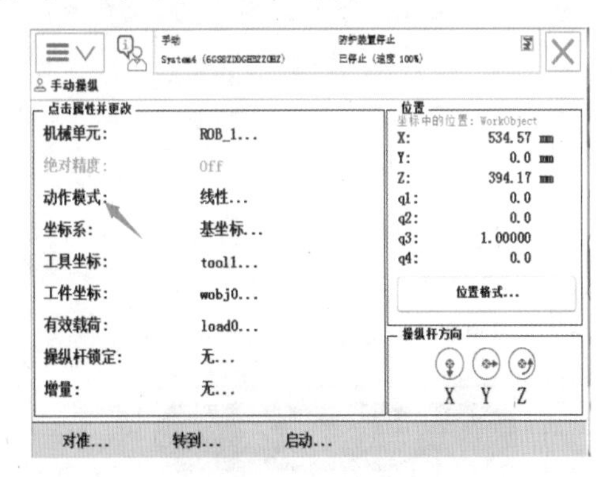

图 4-3-25　单击“动作模式”

（25）在“动作模式”中选择“重定位”，单击“确定”返回“手动操纵”窗口，如图 4-3-26 所示。

（26）单击“坐标系”进入坐标系选择窗口，如图 4-3-27 所示。

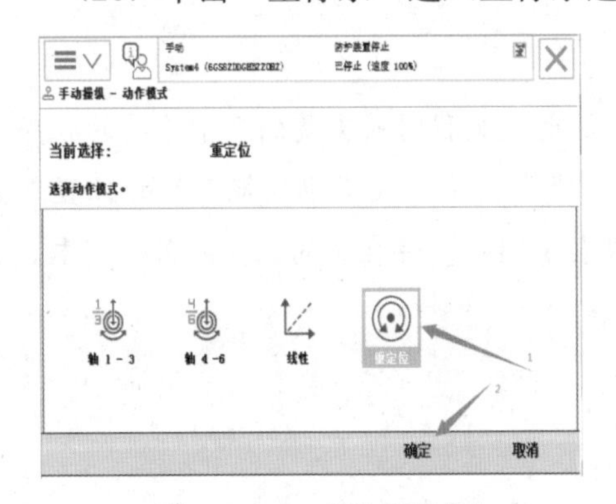

图 4-3-26　“动作模式”

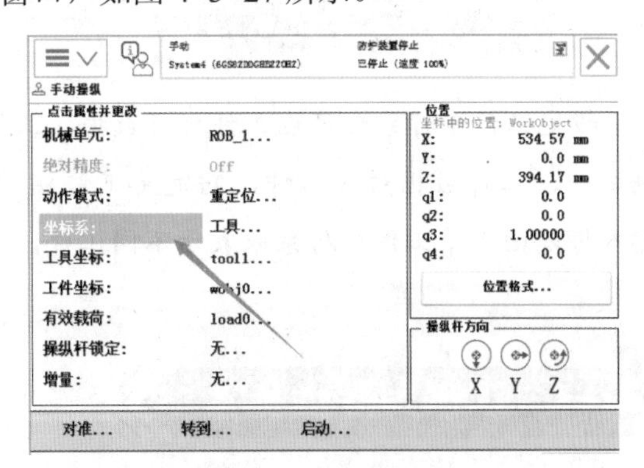

图 4-3-27　坐标系选择窗口

（27）在坐标系选项中选择“工具”，单击“确定”返回“手动操纵”窗口，如图 4-3-28 所示。

（28）按下使能键，用手拨动机器人操纵摇杆，检测机器人是否围绕 TCP 点运动。如果机器人围绕 TCP 点运动，则 TCP 标定成功；如果没有围绕 TCP 点运动，则需要重新标定，如图 4-3-29 所示。

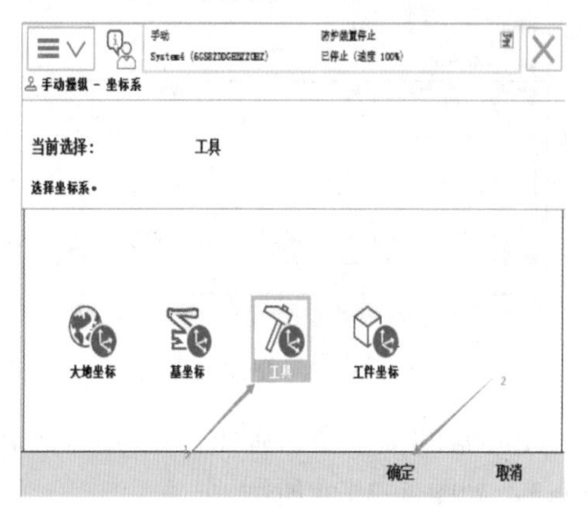

图 4-3-28　选择“工具”

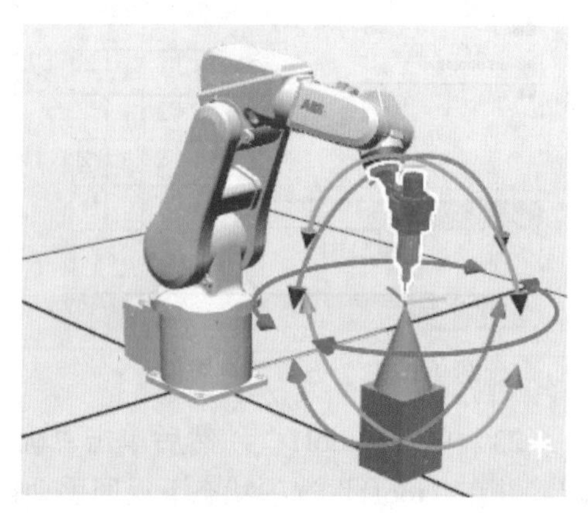

图 4-3-29　运动测试

任务四　设定工件坐标系

※ 任务描述

通过本任务的学习，认识工件坐标系设定的意义和设定步骤。

※ 知识学习

设定工件坐标系会产生工件坐标数据，工件数据也是编程时所需要的 3 个重要的程序数据之一，工件数据对应工件，它定义工件相对于大地坐标系（或其他坐标系）的位置。机器人可以由若干工件坐标系来表示不同工件，或者表示同一工件在不同位置的若干副本。

一、认识工件坐标系

工件坐标系，用一种通俗的说法就是，大家用尺子进行测量的时候，尺子上零刻度的位置作为测量对象的起点。在工业机器人中，在工作对象上进行操作时，也需要一个像尺子一样的零刻度作为起点，方便进行编程和坐标的偏移计算。

机器人进行编程时就是在工件坐标系中创建目标和路径，这带来很多优点：

（1）重新定位工作站中的工件时，只需更改工件坐标系的位置则所有路径将即刻随之更新。

（2）允许操作外部轴或传送导轨移动的工件，因为整个工件可连同其路径一起移动。

工件坐标系用来定义一个平面，机器人的 TCP 点在这个平面内做轨迹运动。在 ABB 机器人中，工件坐标系被称为“work object data”，简写为“wobjdata”。例如，在图 4–4–1 中，定义好工件坐标系 wobj1，对桌面工件的运动轨迹编程完成之后，如果桌子移动，只需要更改 wobj1 的值，之前的桌面工件运动轨迹就无须重新编程了。

工件坐标系设定时，通常采用三点法，只需在对象表面位置或工件边缘角位置上 3 个点的位置来创建一个工件坐标系，如图 4–4–2 所示。其设定原理如下：

（1）*X*1 和 *X*2 的连线确定工件坐标系 *X* 轴正方向；

（2）*Y*1 确定工件坐标系 *Y* 轴正方向；

（3）工件坐标原点是 *Y*1 在工件坐标系 *X* 轴上的投影。

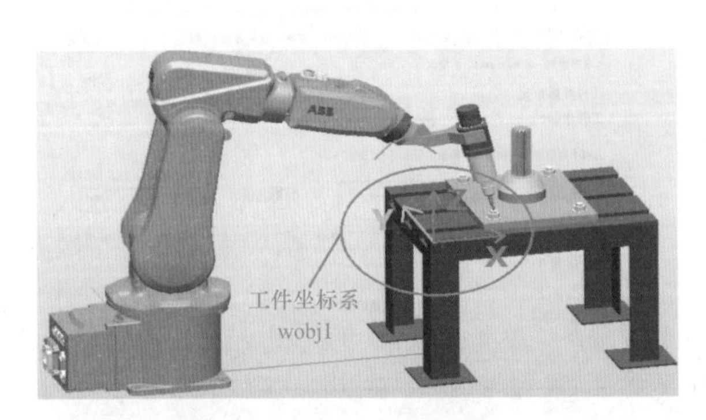

图 4–4–1　定义工件坐标系

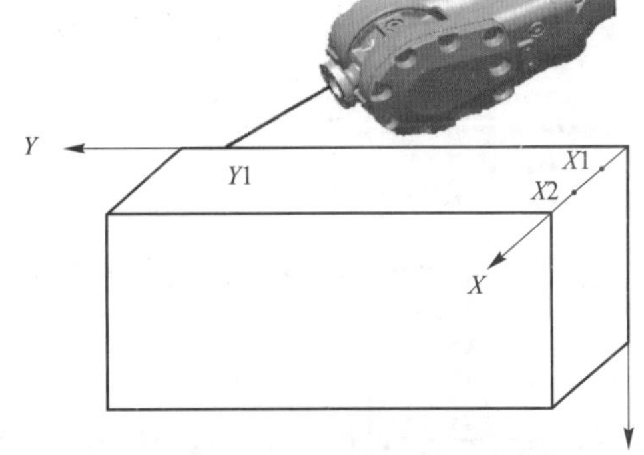

图 4–4–2　三点法创建工件坐标系

二、设定工件坐标系

1. 新建工件坐标系

（1）在“手动操纵”窗口单击“工件坐标”，如图 4–4–3 所示。

（2）单击“新建 ...”，如图 4–4–4 所示。

（3）对工件数据属性进行设定，可单击“...”对工件坐标系进行重命名，然后单击“确定”，如图 4–4–5 所示。

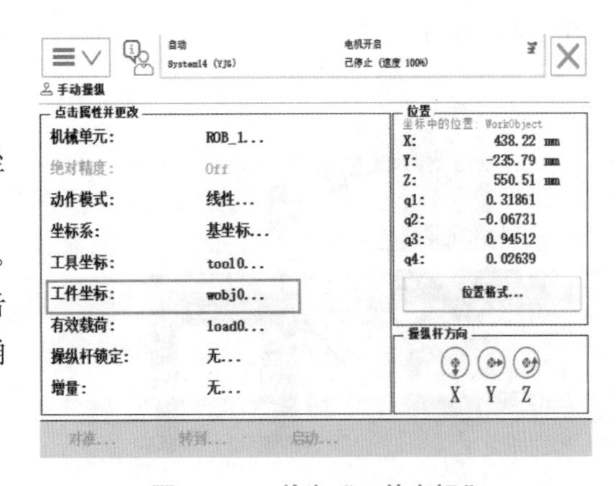

图 4–4–3　单击“工件坐标”

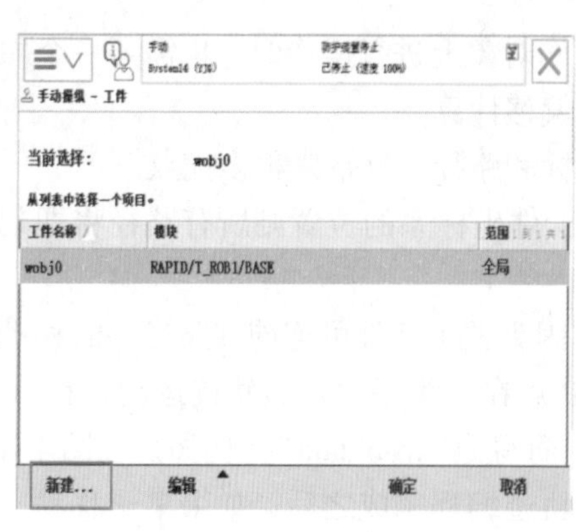

图 4-4-4　单击“新建 ...”

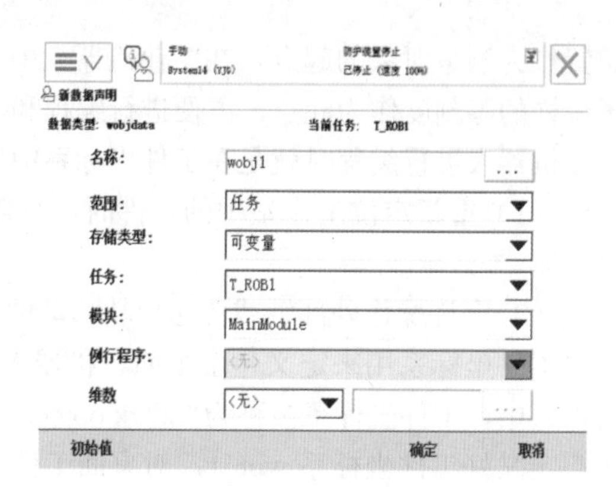

图 4-4-5　工件坐标系重命名

2. 定义工件坐标系

（1）单击选择新建的工件数据，单击“编辑”，在弹出的菜单栏中单击“定义 ...”，如图 4-4-6 所示。

（2）在“工件坐标定义”窗口，将“用户方法”设定为 3 点，如图 4-4-7 所示。

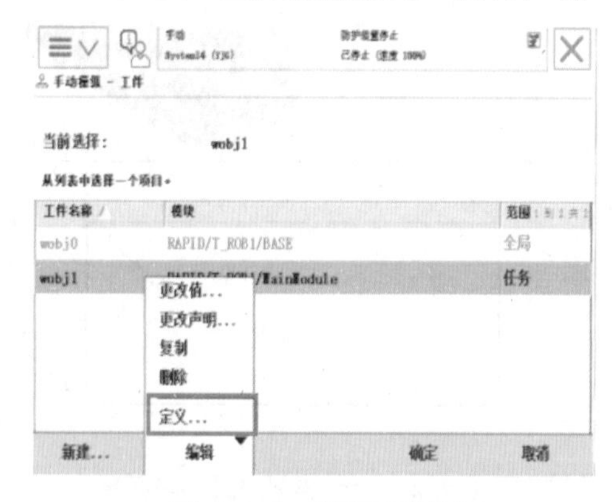

图 4-4-6　新建工件数据

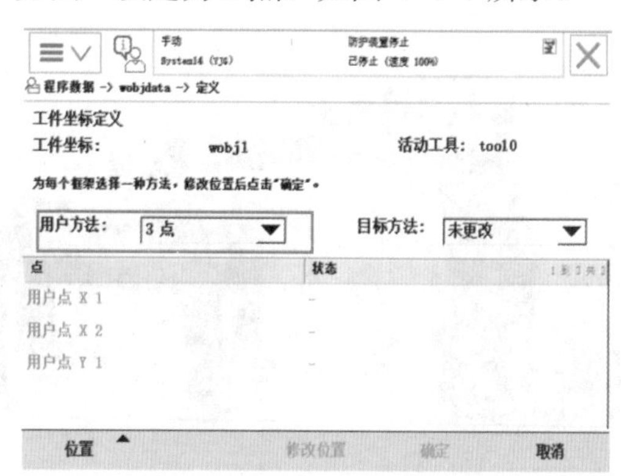

图 4-4-7　设定“用户方法”

（3）在手动模式下，手动操纵机器人的尖端使工具参考点靠近定义坐标系的 *X*1 点，如图 4-4-8 所示。

（4）在示教器窗口中单击“用户点 X1”，单击“修改位置”将 *X*1 点记录下来，如图 4-4-9 所示。

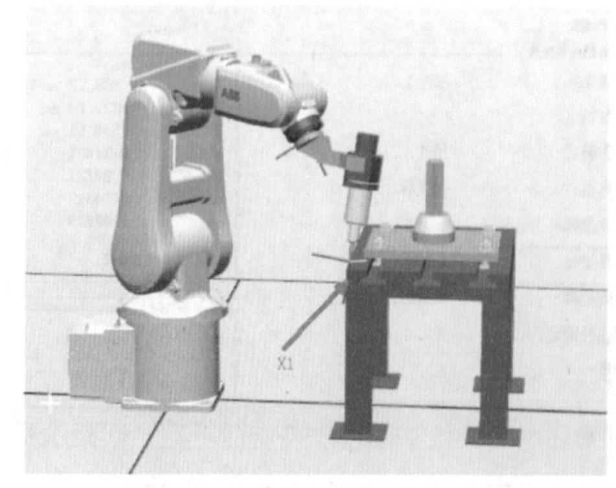

图 4-4-8　工具参考点靠近 *X*1 点

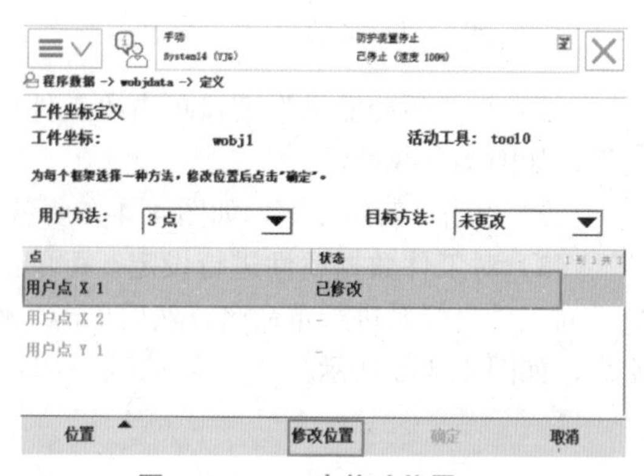

图 4-4-9　*X*1 点修改位置

（5）在手动模式下，手动操纵机器人的尖端使工具参考点靠近定义坐标系的 $X2$ 点，如图 4-4-10 所示。

（6）在示教器窗口中单击“用户点 X2”，单击“修改位置”将 $X2$ 点记录下来，如图 4-4-11 所示。

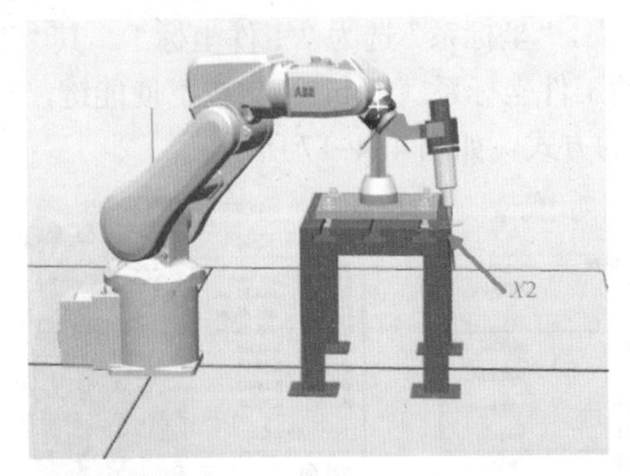

图 4-4-10　工具参考点靠近 $X2$ 点

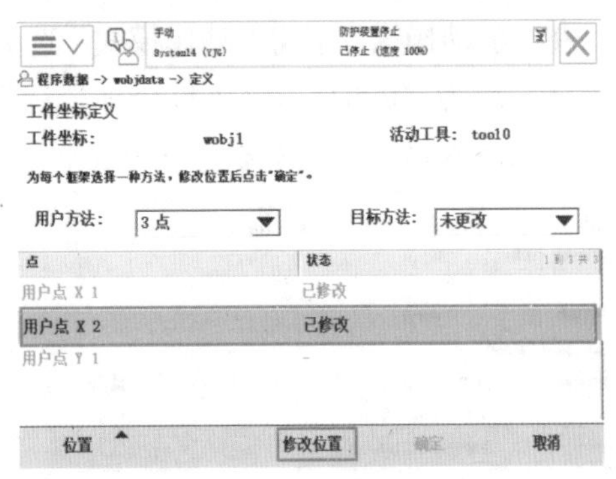

图 4-4-11　$X2$ 点修改位置

（7）在手动模式下，手动操纵机器人的尖端使工具参考点靠近定义坐标系的 $Y1$ 点，如图 4-4-12 所示。

（8）在示教器窗口中单击“用户点 Y1”，单击“修改位置”将 $Y1$ 点记录下来，如图 4-4-13 所示。

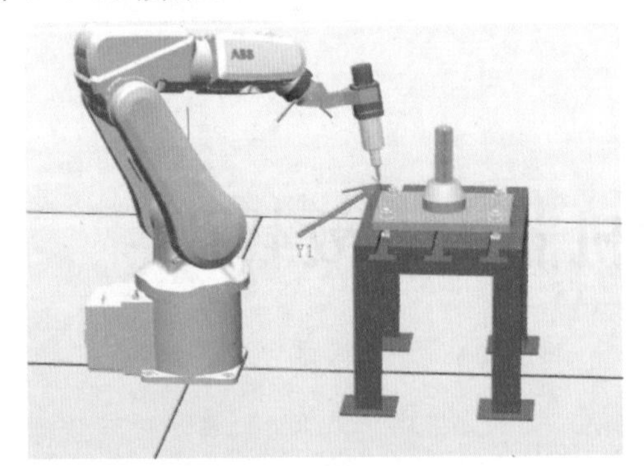

图 4-4-12　工具参考点靠近 $Y1$ 点

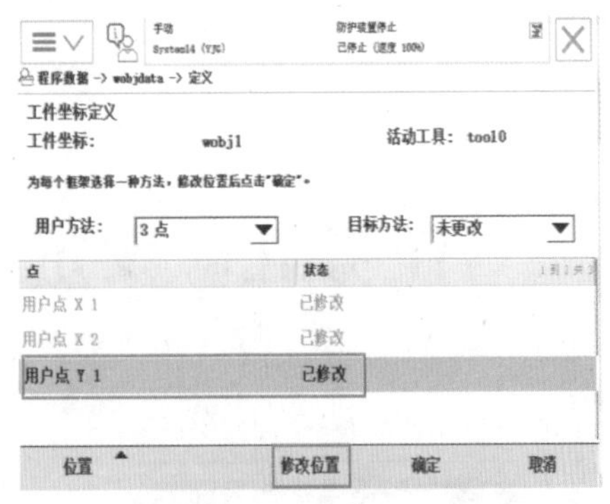

图 4-4-13　$Y1$ 点修改位置

（9）3 点位置修改完成后，在窗口中单击“确定”，如图 4-4-14 所示。

（10）对自动生成的工件坐标数据进行确认后，单击“确定”退出工件坐标系定义窗口，如图 4-4-15 所示。

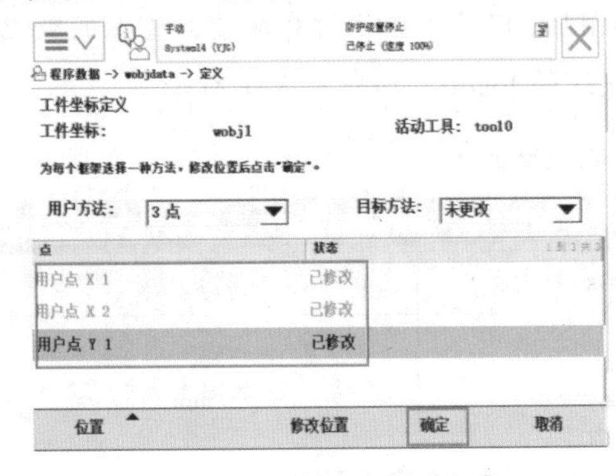

图 4-4-14　3 点位置修改完成

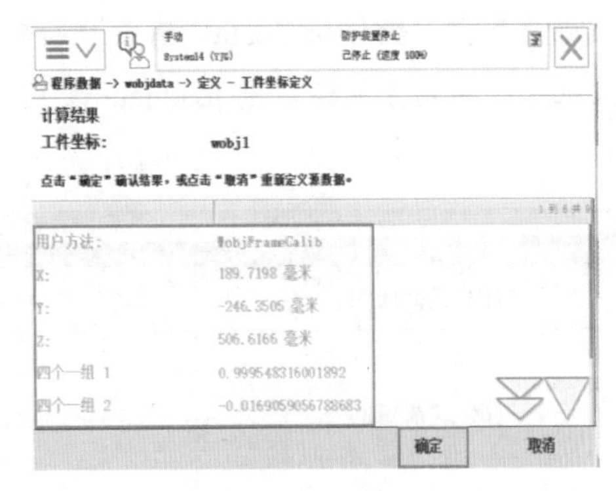

图 4-4-15　退出工件坐标系定义窗口

（11）确定后，在工件坐标系窗口选择“wobj1”，然后单击“确定”退出窗口，这样就完成了工件坐标系的标定，如图 4-4-16 所示。

3. 测试工件坐标系的准确性

在“手动操纵”下将“动作模式”选为“线性”，“坐标系”选为“工件坐标”。其“工具坐标”选为“tool1”，“工件坐标”选为新建的工件坐标系（wobj1）。按下使能键，用手拨动机器人操纵杆，观察在工件坐标系下移动的方式，如图 4-4-17 所示。

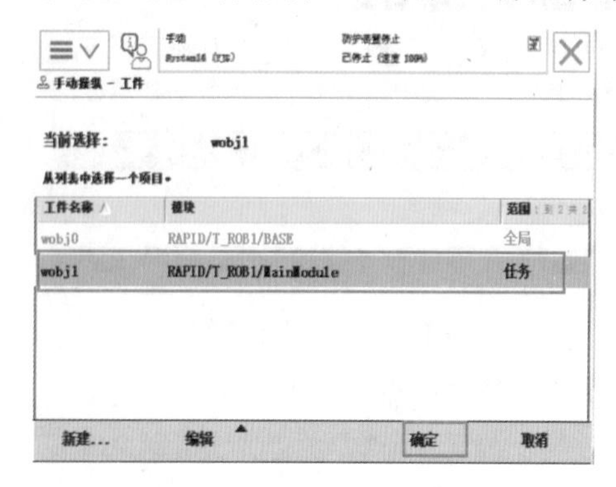

图 4-4-16　完成工件坐标系的标定

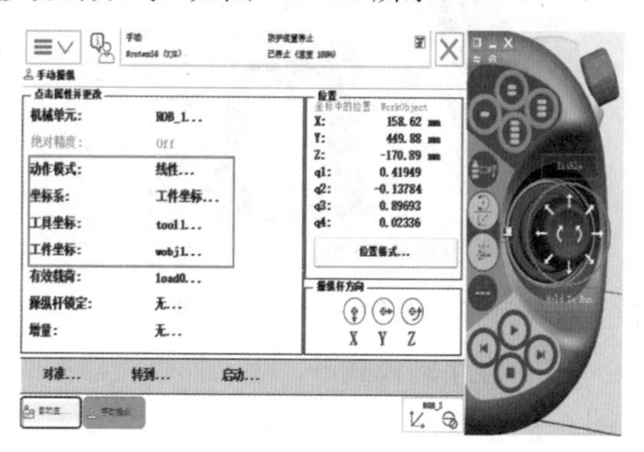

图 4-4-17　工件坐标系准确性测试

任务五　设定工业机器人有效载荷

※ 任务描述

如果机器人是用于搬运，就需要设置有效载荷 loaddata，因为对于搬运机器人，手臂的质量是不断变化的，所以不仅要正确设定夹具的质量和重心数据 loaddata，还要设置对象的质量和重心数据 loaddata。有效载荷数据 loaddata 记录了搬运对象质量、重心的数据，如果机器人不用于搬运，则 loaddata 设置就是默认的 load0，如表 4-5-1 所示。

表 4-5-1　有效载荷参数含义

名称	参数	单位
有效载荷质量	Load.mass	kg
有效载荷重心	Load.cog.x Load.cog.y Load.cog.z	mm

续表

名称	参数	单位
力矩轴方向	Load.aom.q1 Load.aom.q2 Load.aom.q3 Load.aom.q4	
有效载荷的转动惯性	Ix Iy	kg · m^2

操作步骤如下：

（1）在手动操作窗口，单击“有效载荷”，如图 4–5–1 所示。

（2）单击“新建 ...”，如图 4–5–2 所示。

（3）对有效载荷数据属性进行设定，设定“名称”等属性，设定好后单击左下角“初始值”进入设定窗口，如图 4–5–3 所示。

（4）有效载荷的数据根据实际情况进行设定，各参数代表的含义请参考上面的有效载荷参数表，然后单击“确定”退出设定窗口，如图 4–5–4 所示。

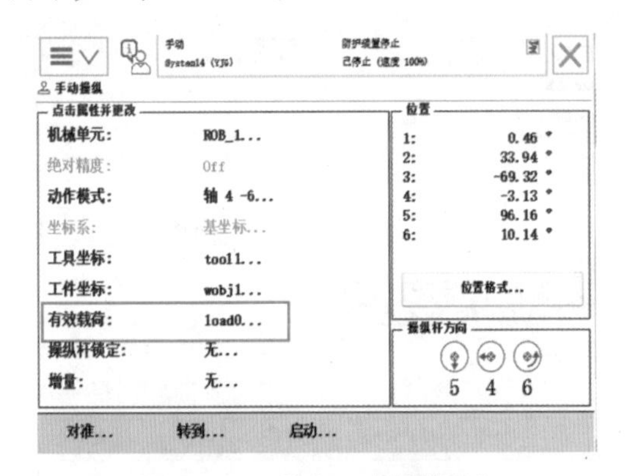

图 4–5–1　单击“有效载荷”

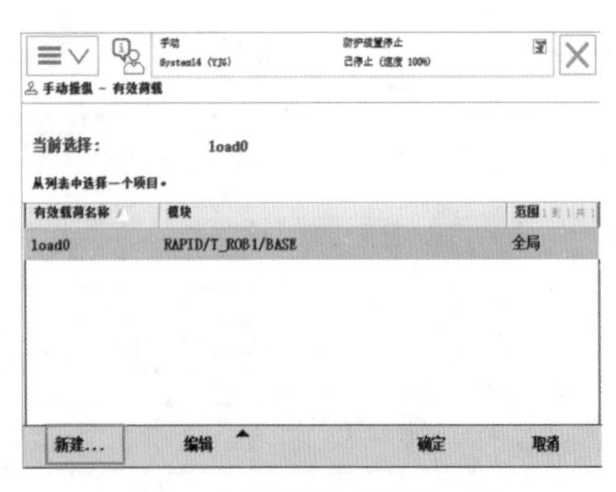

图 4–5–2　单击“新建 ...”

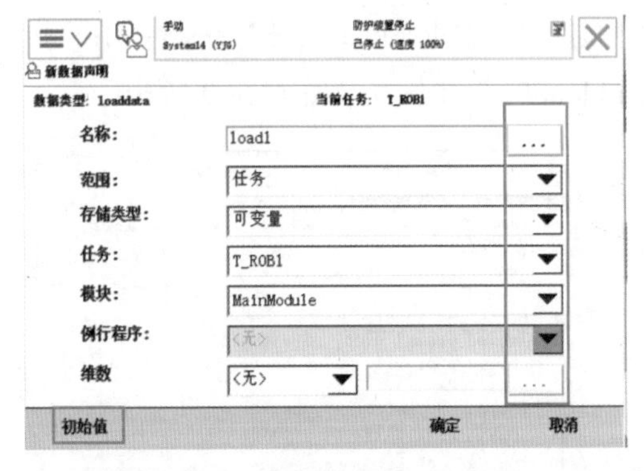

图 4–5–3　载荷数据属性设定

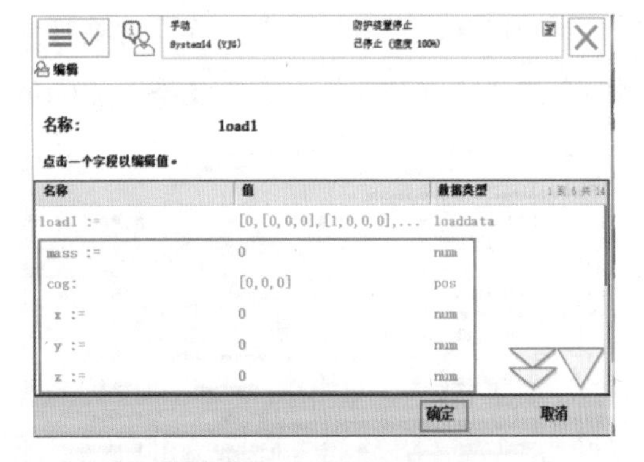

图 4–5–4　单击“确定”

（5）返回到“新数据声明”窗口，然后单击“确定”完成有效载荷的新建设定，如图 4–5–5 所示。

（6）有效载荷设定完成后，需要在 RAPID 程序中根据实际情况进行实时调整，以实

际搬运应用为例，do1 为夹具控制信号，如图 4-5-6 所示。

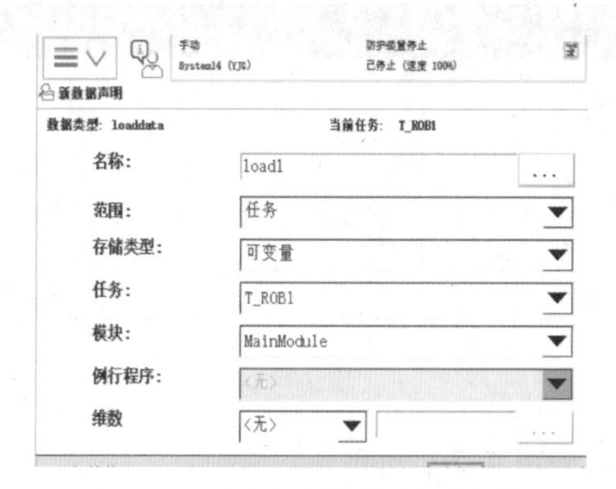

图 4-5-5　完成有效载荷的新建设定

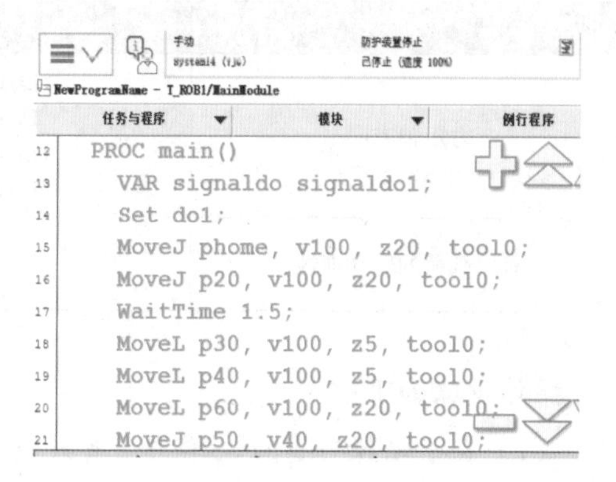

图 4-5-6　进行实时调整

（7）单击打开指令列表，在“Set dol;”下方添加“GripLoad load0;”指令，如图 4-5-7 所示。

（8）单击“load0”指令，选择新载荷数据“load1”，然后单击“确定”，如图 4-5-8 所示。

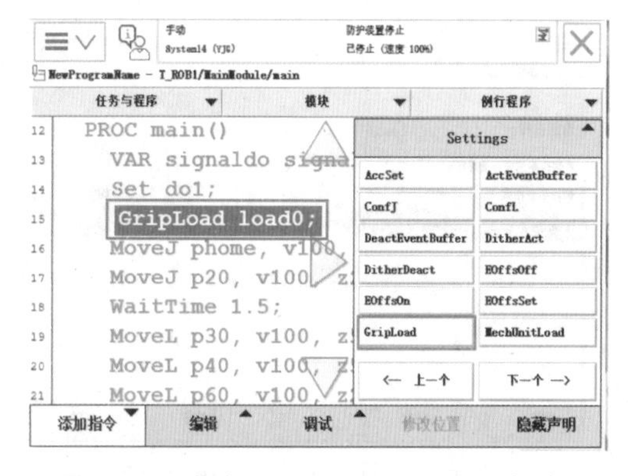

图 4-5-7　添加“GripLoad load0;”指令

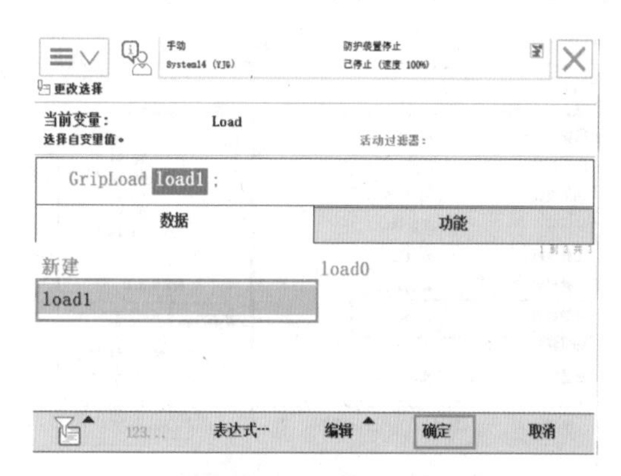

图 4-5-8　选择新载荷数据“load1”

（9）同样，在搬运完成之后，需要将搬运对象清除为“load0”；选中“Reset do1; ”指令，然后单击“添加指令”，在下方添加“GripLoad load0; ”指令，如图 4-5-9 所示。

(a)

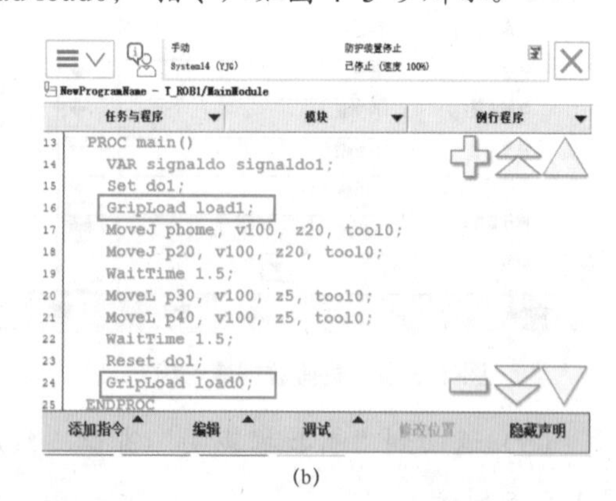

(b)

图 4-5-9　添加指令

（a）选中“Reset do1;”；（b）添加“GripLoad load0;”指令

任务六　工业机器人转数计数器更新

※ 任务描述

机器人的转数计数器由独立的电池供电，用来记录每各个轴的数据。如果示教器提示电池没电，或者在断电情况下机器人手臂位移发生变化，这时需要对转数计数器进行更新，否则机器人运行位置是不准的。

※ 知识学习

转数计数器的更新也就是将机器人各个轴停到机械原点，把各轴上的刻度线和对应的机械原点缺口对齐，然后用示教器进行校准更新。

一、转数计数器

1. 转数计数器的原理

转数计数器的原理基于绝对型旋转光电编码器，因其每一个位置绝对唯一、抗干扰、无须掉电记忆，已经越来越广泛地应用于各种工业系统中的角度、长度测量和定位控制。绝对量编码器光码盘上有许多道刻线，如图 4-6-1 所示。每道刻线依次以 2 线、4 线、8 线、16 线等编排，这样，在编码器的每一个位置，通过读取每道刻线的通、暗，获得一组 $2^0 \sim 2^{n-1}$ 次方的唯一的二进制编码（格雷码），这就称为 n 位绝对量编码器。这样的编码器是由码盘的机械位置决定的，它不受停电、干扰的影响。绝对量编码器由机械位置决定每个位置的唯一性，无须记忆，无须找参考点，而且不用一直计数，什么时候需要知道位置，什么时候就去读取它的位置。这样，编码器的抗干扰特性、数据的可靠性就大大提高了。

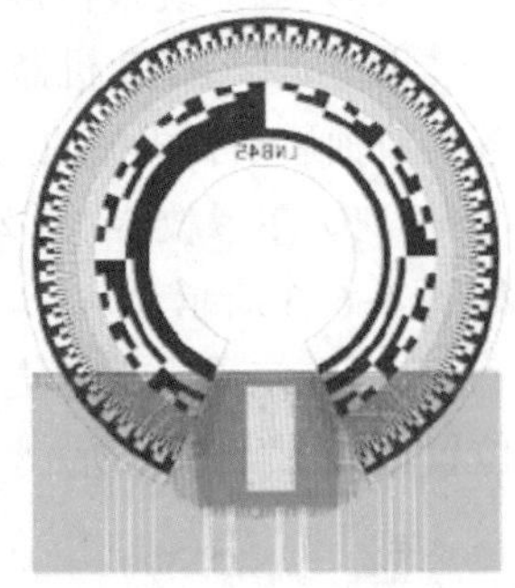

图 4-6-1　绝对量编码器

由于绝对量编码器在定位方面明显地优于增量式编码器，已经越来越多地应用于工控定位中。绝对量编码器因其高精度，输出位数较多，如仍用并行输出，其每一位输出信号必须确保连接很好，对于较复杂工况还要隔离，连接电缆芯数多，由此带来诸多不便和降低可靠性，因此，绝对量编码器在多位数输出时一般均选用串行输出或总线型输出。

2. 转数计数器的作用

大多数机器人转数计数器的编码器都是绝对量编码器，绝对量编码器的特点就是可以知道当前圈的位置，但对于之前累加的圈数（当前的点位值是很多圈加上当前圈的值的和）就需要转数计数器来保存了，如图 4-6-2 所示。而电池就是给这个器件供电的，如果转数计数器断电则造成忘记转了几圈，丢失了当前的位置，也就需要更新转数计数器。

图 4-6-2　转数计数器

二．更新转数计数器的条件

ABB 机器人 6 个关节轴都有一个机械原点。在下列情况下，需要对机械原点的位置转数计数器进行更新操作：

（1）更换伺服电动机转数计数器电池后；

（2）当转数计数器发生故障修复后；

（3）转数计数器与测量板之间断开并重新连接以后；

（4）断电后，机器人关节轴发生了移动；

（5）当系统报警提示“100036 转数计数器未更新”时。

以下是以 ABB 机器人 IRB1200 为例的转数计数器更新的操作，使用手动操纵让机器人各关节轴运动到机械原点刻度位置的顺序是 4–5–6–1–2–3，其具体步骤如下：

（1）在示教器“手动操纵”界面，将机器人动作模式选择“轴 4–6”，单击“确定”，如图 4-6-3 所示。

（2）使用示教器上的手动操纵杆分别将关节轴 4、5、6 三轴运动到机械原点的刻度位置，如图 4-6-4 所示。

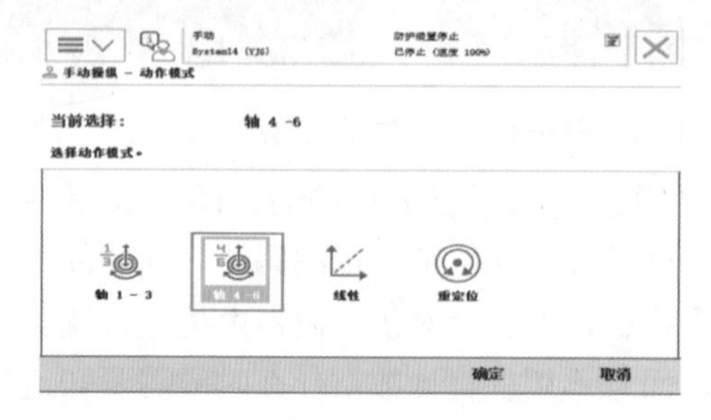

图 4-6-3　动作模式选择“轴 4–6”

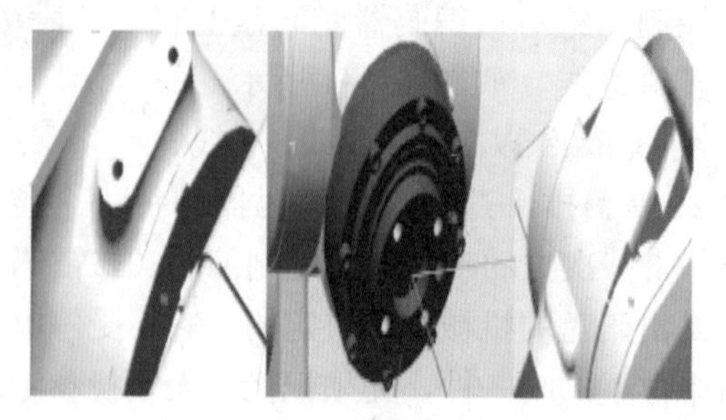

图 4-6-4　轴 4–6 机械原点的刻度位置

（3）在示教器“手动操纵”界面，将机器人动作模式选择为“轴 1–3”，单击“确定”，如图 4–6–5 所示。

（4）使用示教器上的手动操纵杆分别将关节轴 1、2、3 三轴运动到机械原点的刻度位置，如图 4–6–6 所示。

图 4–6–5　动作模式选择“轴 1–3”

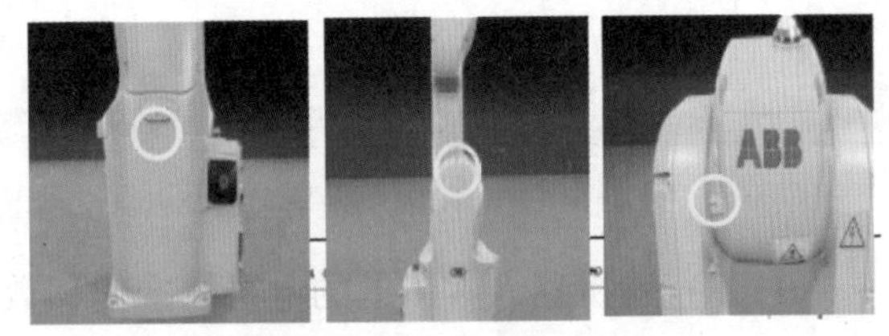

图 4–6–6　轴 1–3 机械原点的刻度位置

（5）单击“ABB 菜单”，然后单击“校准”，如图 4–6–7 所示。

（6）单击“ROB_1”，如图 4–6–8 所示。

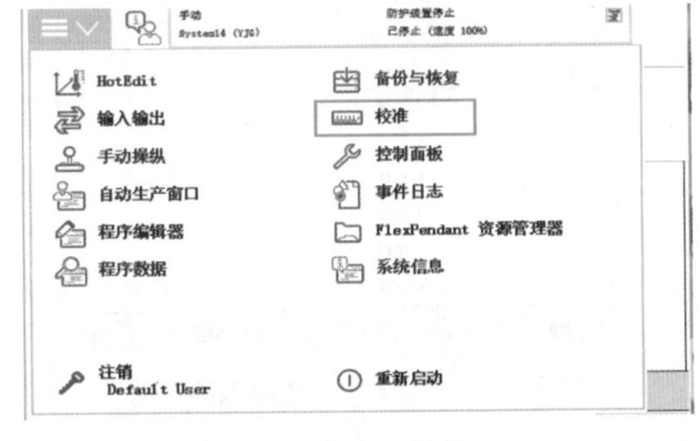

图 4–6–7　单击“校准”

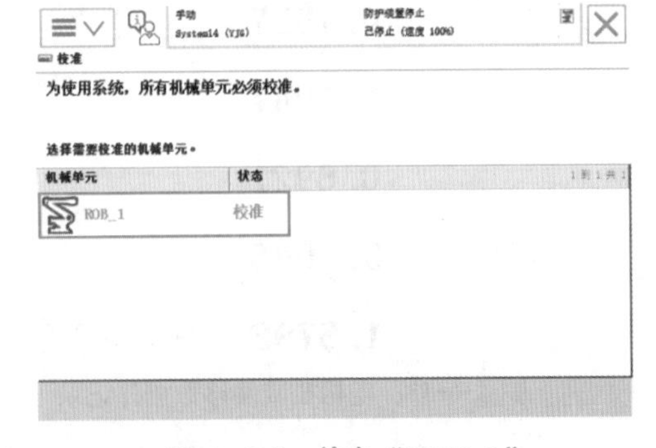

图 4–6–8　单击“ROB_1”

（7）单击“手动方法（高级）”，如图 4–6–9 所示。

（8）单击“校准参数”，然后单击“编辑电机校准偏移 ...”，如图 4–6–10 所示。

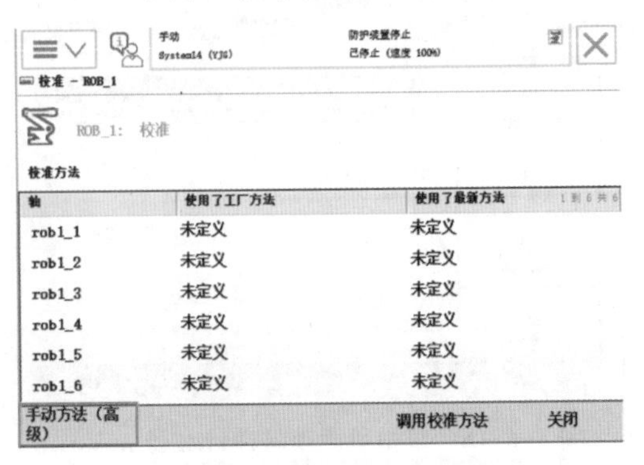

图 4–6–9　单击“手动方法（高级）”

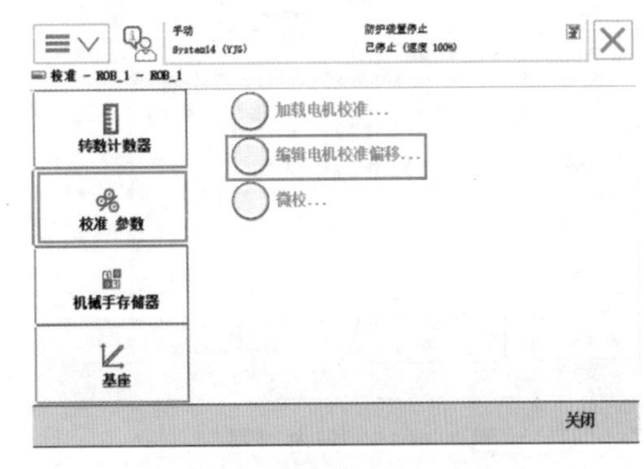

图 4–6–10　单击“编辑电机校准偏移 ...”

（9）在“警告”界面单击“是”，如图 4–6–11 所示。

（10）弹出“编辑电机校准偏移”界面，并对6个轴的偏移参数进行修改，如图 4–6–12 所示。

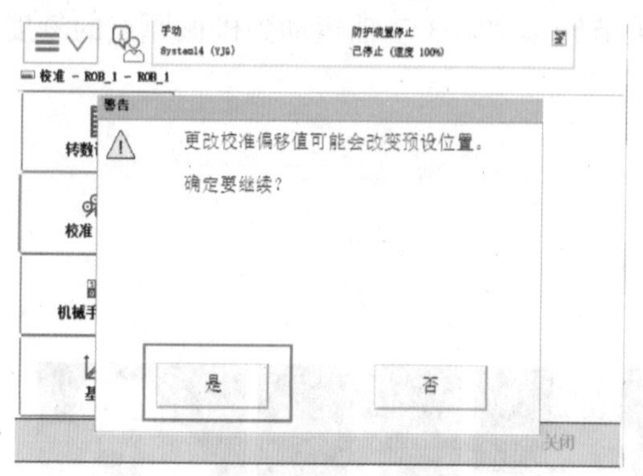

图 4–6–11　单击“是”

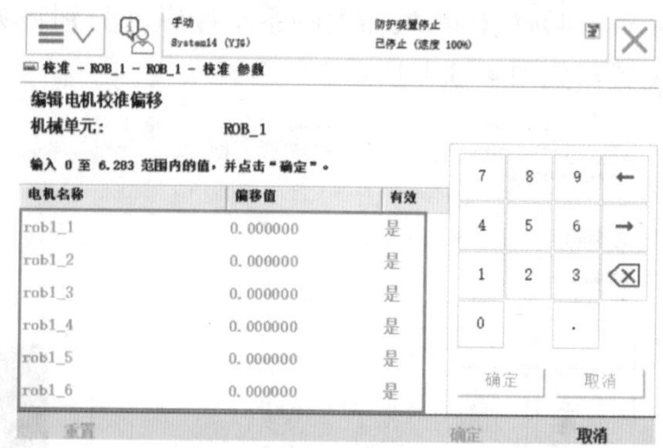

图 4–6–12　对 6 个轴的偏移参数进行修改

（11）查看机器人本体上的电机校准偏移数据并记录，如图 4–6–13 所示。

（12）输入机器人本体上的电机校准偏移数据，然后单击“确定”，如图 4–6–14 所示。

2.7678

0.1557

1.1247

0.6921

3.1046

1.5792

图 4–6–13　电机校准偏移数据并记录

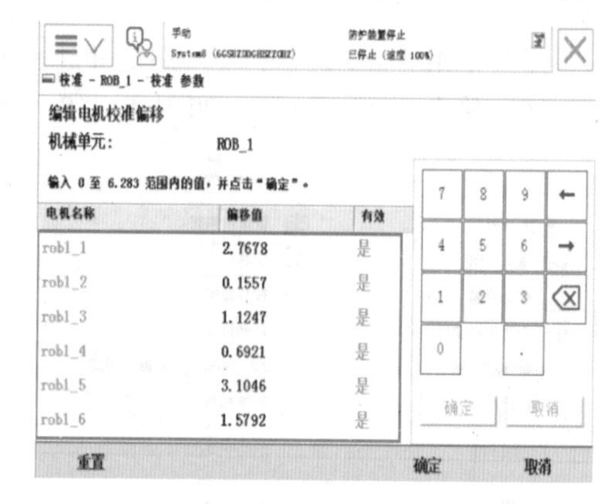

图 4–6–14　输入电机校准偏移数据

（13）在弹出的窗口中单击“是”，等待控制器重启，如图 4–6–15 所示。

（14）控制器重启后，单击菜单选择“校准”，单击“rob_1 校准”，单击“转数计数器”，单击“更新转数计数器 ...”，如图 4–6–16 所示。

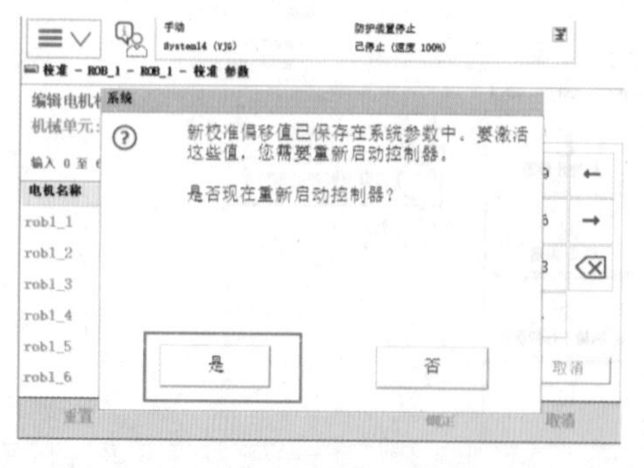

图 4–6–15　单击“是”

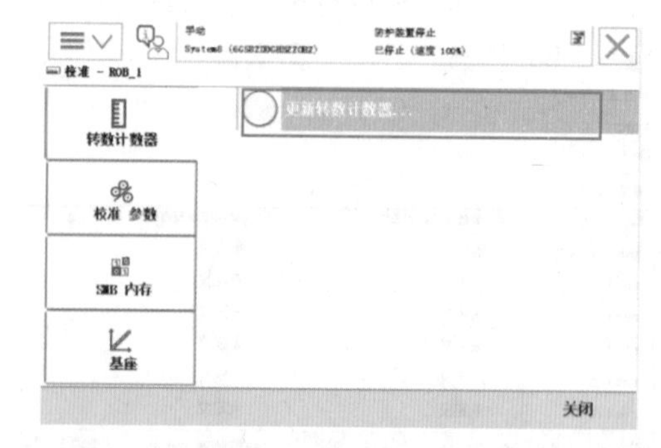

图 4–6–16　单击“更新转速计数器 ...”

（15）在弹出的“警告”窗口单击“是”，如图 4–6–17 所示。

（16）单击“确定”，如图 4-6-18 所示。

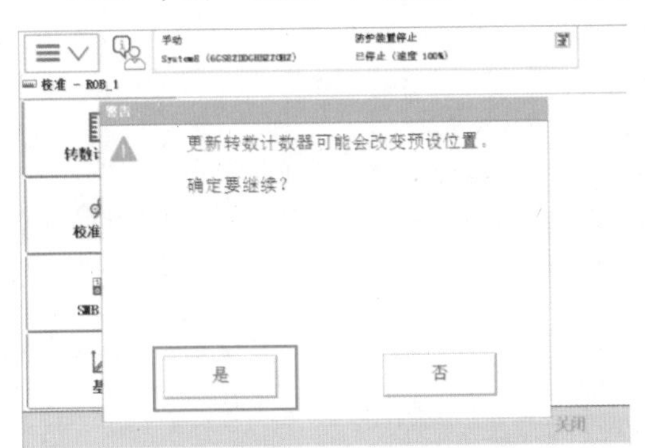

图 4-6-17　确定继续

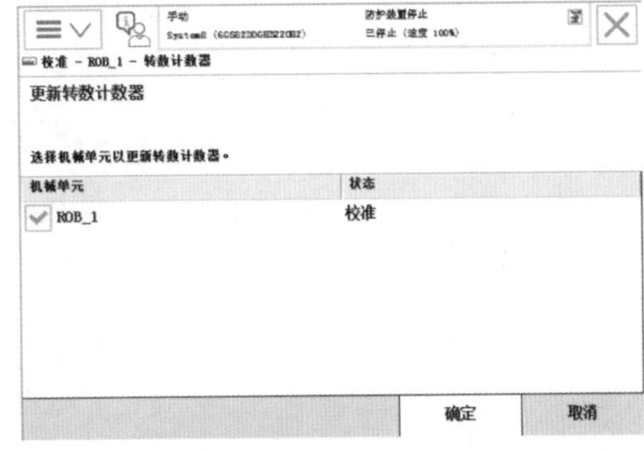

图 4-6-18　单击“确定”

（17）在弹出要更新的轴界面中单击“全选”，然后单击“更新”，如图 4-6-19 所示。

（18）在弹出的对话框中单击“更新”，如图 4-6-20 所示。

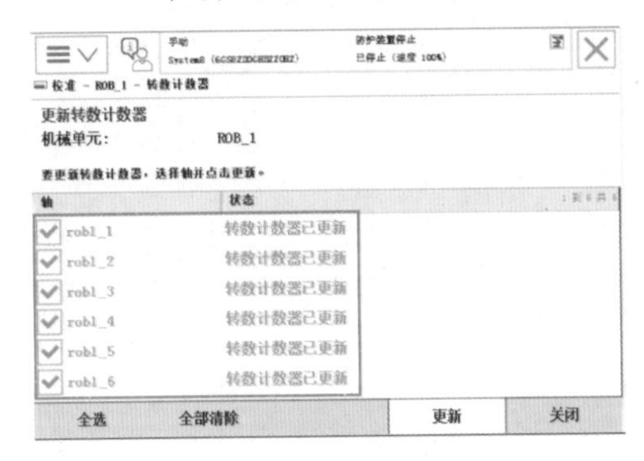

图 4-6-19　要更新的轴界面

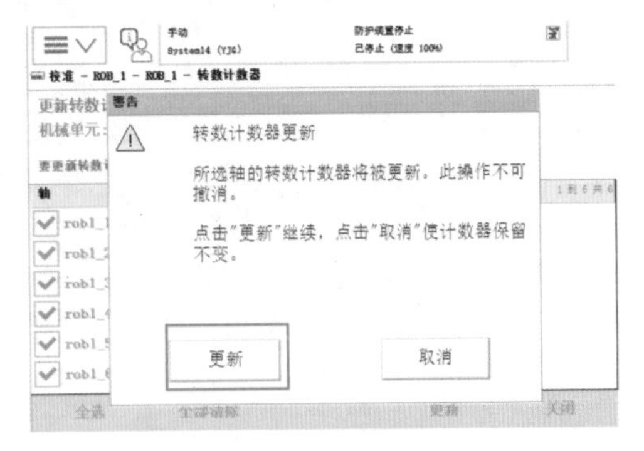

图 4-6-20　单击“更新”

（19）等待转数计数器更新完成，如图 4-6-21 所示。

（20）转数计数器更新完成，单击“确定”，单击右上角关闭“校准”窗口，更新完成，如图 4-6-22 所示。

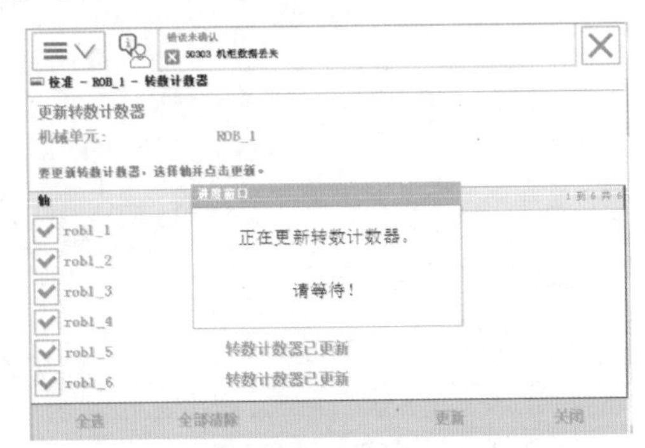

图 4-6-21　等待转数计数器更新完成

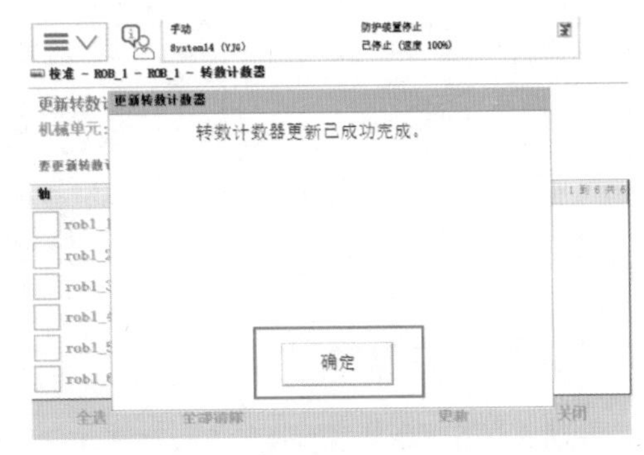

图 4-6-22　关闭“校准”窗口

项目五 ABB 工业机器人离线编程与应用

项目目标

了解 ABB 工业机器人的仿真软件；
掌握 ABB 工业机器人仿真软件系统搭建方法；
掌握 ABB 工业机器人常用编程指令；
掌握 ABB 工业机器人离线编程软件的编程与调试。

工作任务

离线编程是扩大机器人系统投资回报的最佳途径。RobotStudio 以 VirtualController 为基础开发，与机器人在实际生产中运行的软件完全一致。因此 RobotStudio 可执行十分逼真的模拟，所编制的机器人程序和配置文件均可直接用于生产现场。

RobotStudio 是目前市场上较为常用的工业机器人仿真软件，是 ABB 公司开发的一款针对 ABB 工业机器人的离线编程软件，利用 RobotStudio 提供的各种工具，可在不影响生产的前提下执行培训、编程和优化等任务，不仅提升机器人系统的盈利能力，还能降低生产风险、加快投产进度、缩短换线时间、提高生产效率，有效地降低了用户购买和实施机器人解决方案的总成本。

RobotStudio 以操作简单、界面友好和功能强大而得到广大机器人工程师的一致好评。借助ABB模拟与离线编程软件RobotStudio，可在办公室PC机上完成机器人编程，无须中断生产。

同时，使用RobotStudio可以进行ABB工业机器人基础指令的学习，比如MoveC、MoveL、MoveJ、MoveAbs等指令，一方面确保初学者的安全，另一方面提高学习效率，如图5-1所示。

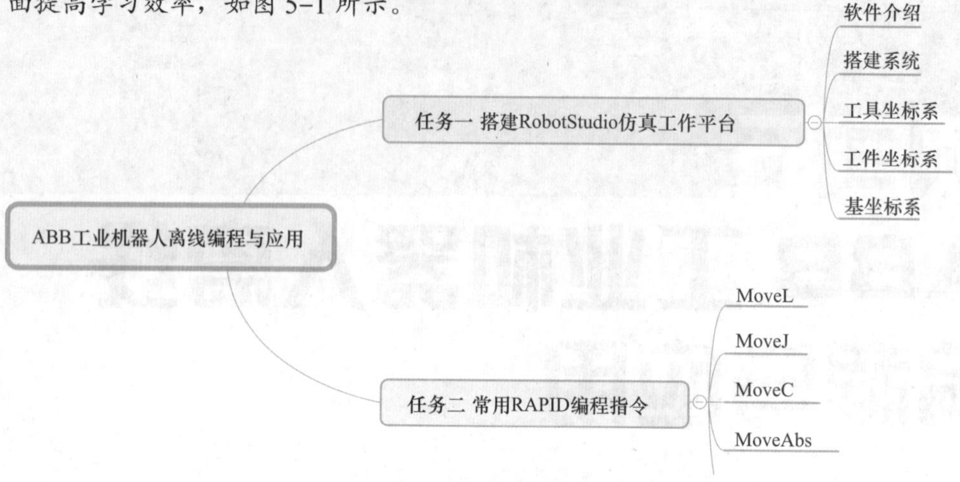

图5-1 ABB工业机器人离线编程与应用结构图

任务一 搭建RobotStudio仿真工作平台

※ 任务描述

了解RobotStudio软件和RobotWare；

掌握RobotStudio软件的组成部分；

掌握搭建基础RobotStudio工作站的步骤。

※ 知识学习

一、RobotStudio仿真软件介绍

RobotWare是功能强大的控制器套装软件，用于控制机器人和外围设备。在

RobotStudio 5.15 以及之前的版本中，RobotWare 是独立的一部分，在安装好 RobotWare 后，再安装 RobotStudio。不过在 RobotStudio 6.02 版本之后 RobotWare 集成在 RobotStudio 之中，无须单独安装 RobotWare，只需要按照指示步骤直接安装即可。

使用 RobotStudio 软件，用户可以安装、配置及编程控制全系列 ABB 机器人，RobotStudio 可以使用虚拟机器人脱机与在线（连接到真实机器人）两种方式进行工作。

RobotStudio 用于 ABB 机器人单元的建模、离线创建和仿真。安装完毕后，需要授权许可证激活。

二、初识 RobotStudio 软件

RobotStudio 软件界面如图 5-1-1 所示。

如图 5-1-1 所示，RobotStudio 的界面可以分为四个区域：①菜单栏、②资源管理器、③视图窗口以及④状态栏。

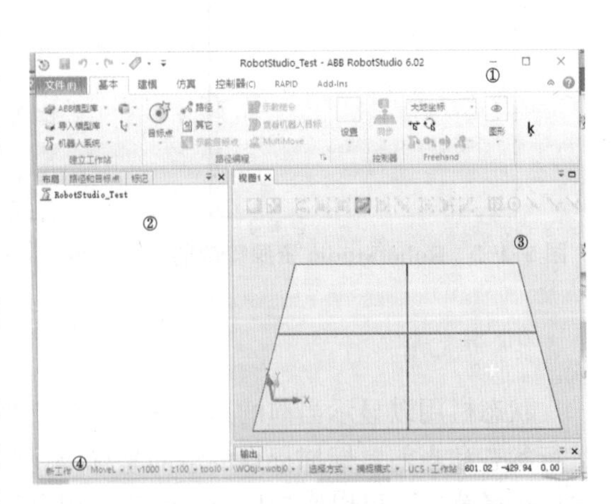

图 5-1-1　RobotStudio 软件界面

1. 菜单栏

菜单栏共有基本、建模、仿真、控制器、RAPID 和 Add-Ins 六个菜单选项卡。

（1）其中基本选项卡包含常用的基本功能，包括添加 ABB 机器人、导入已有模型或用户自定义模型、建立机器人控制系统、路径编程以及手动移动机器人等。

（2）建模选项卡包含简单的建模功能，可以实现对 CAD 模型的简单操作或在 RobotStudio 软件中建立简单的 3D 模型。

（3）仿真选项卡用于设置 RobotStudio 软件的仿真条件，控制仿真程序的启停以及对仿真过程进行录像等。

（4）控制器选项卡中包含示教器菜单，可以打开虚拟示教器，也可以实现机器人控制系统的重启、关机以及权限管理。

（5）RAPID 程序是 ABB 的编程语言，在该选项卡中可以对 ABB 程序进行设置和修改，实现机器人程序的仿真、同步、调试等。

（6）Add-Ins 是 RobotStudio 的可选插件。

2. 资源管理器

资源管理器是当前项目的导航窗口，在窗口中可以看到当前系统已经添加的设备或模型，如图 5-1-2 所示。

从图 5-1-2 中可以看到，资源管理器所显示的项目中包含 IRB120 机器人、MyTool 工具和 Curve_thing 工件。通过在资源管理器中任意部件上双击，即可在视图窗口中定位并居中显示。

3. 视图窗口

视图窗口是用于显示机器人及其应用系统 3D 模型的观察窗口，可以显示机器人、系统模型的位置、组成以及机器人的运动过程，通过改变观察视角可以实现对模型的多角度观察，更加具有真实性。按住 Ctrl 键可以实现移动视角，按住 Ctrl+Shift 组合键可以进行视角的旋转，其视图窗口中显示的模型如图 5–1–3 所示。

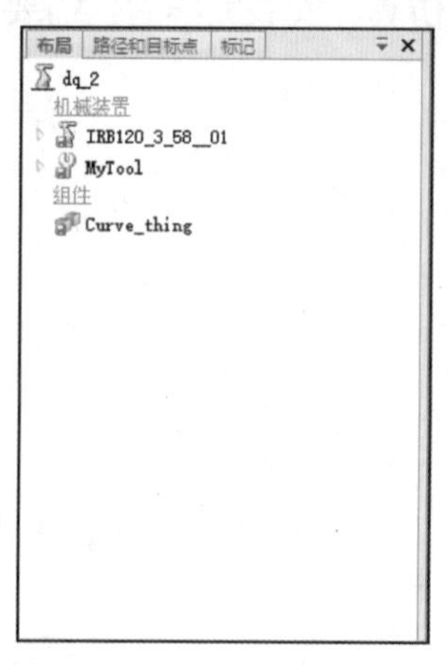

图 5–1–2　RobotStudio 资源管理器

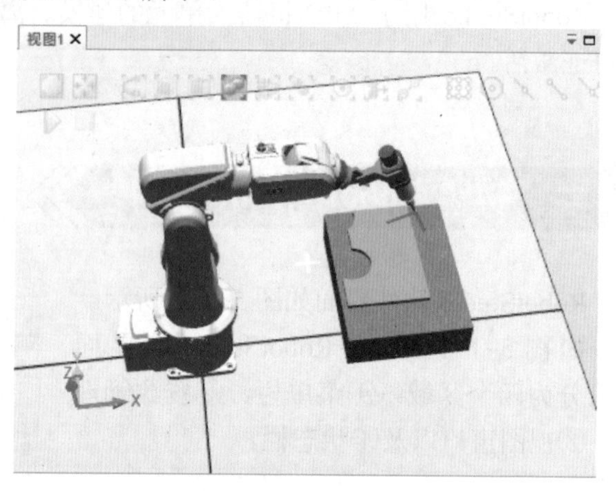

图 5–1–3　视图窗口显示的模型

4. 状态栏

状态栏用以显示当前的运行状态，包括当前的选择模式、捕捉模式、机器人控制系统运行状态和当前鼠标捕捉点的空间坐标等。除此之外，状态栏还有路径编程时常用指令的快速选择菜单，可以实现快速的编程和程序修改。

三、搭建 RobotStudio 仿真工作平台

1. 添加机器人、工具、工件

1）新建工业机器人解决方案

文件默认的保存位置为 C：\Users\（计算机名称）\Documents\RobotStudio\Solutions，可以通过右侧“浏览”按钮修改存放位置。默认的解决方案名称为 Solution*，* 代表数字，每次打开时依次增加。本次实验我们设置名称为 RobotPratice。单击“新建”按钮建立一个新的解决方案，如图 5–1–4 所示。

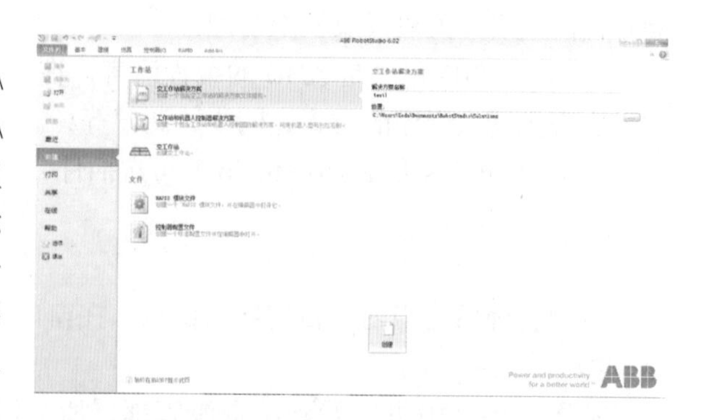

图 5–1–4　新建工业机器人解决方案

2）添加机器人的本体

我们选择的是 ABB 公司的 IRB120 型本体。通过选择“ABB 模型库”添加“IRB120”，如

图 5-1-5 所示。

3）添加工具

为机器人本体添加 MyTool 工具，选择“导入模型库”→“设备”→“MyTool”进行添加，加入工程后将 MyTool 工具拖拽到工业机器人 IRB120 上，将其安装到机器人本体末端，如图 5-1-6 所示。

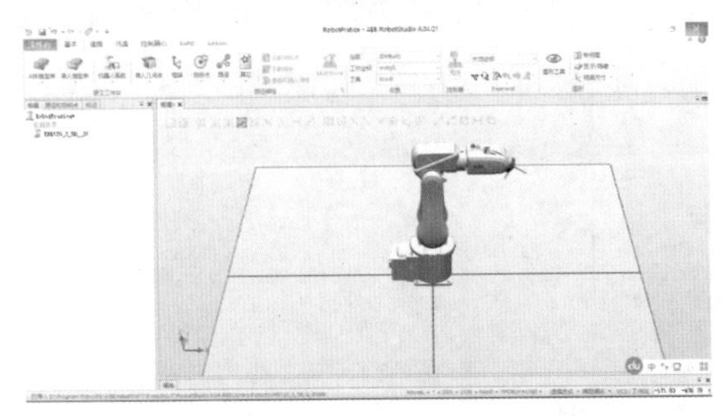

图 5-1-5　添加 IRB120 机器人本体

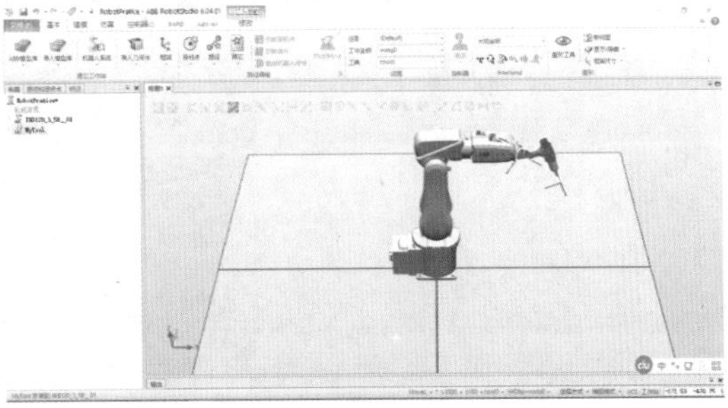

图 5-1-6　安装工具到机器人本体末端

4）添加工件

通过“基本”→“导入模型库”→“设备”添加待加工工件 Curve_thing，设置工件位置为 X=350，Y=−200，Z=0，方向为 0，0，0°，如图 5-1-7 所示。

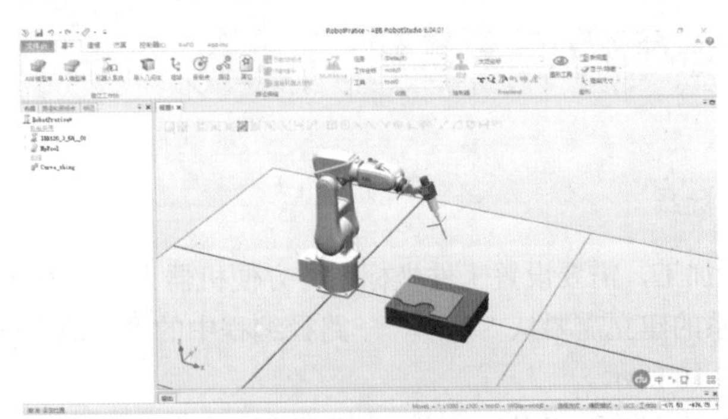

图 5-1-7　添加工件

2. 设置工业机器人控制系统

（1）选择“机器人系统”→“从布局”，按步骤建立机器人的控制系统，修改名称为 test1_System，实现机器人的动作控制，如图 5-1-8 所示。

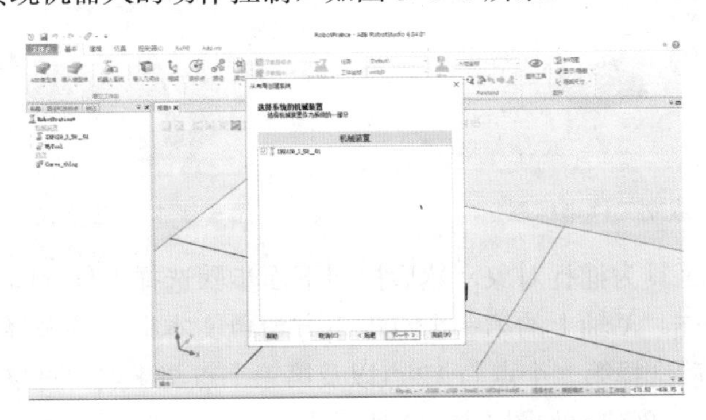

图 5-1-8　开始设置工业机器人控制系统

（2）单击“选项 ...”，设置 Default Language 为 Chinese，设置 Industrial Networks 为 709-1 DeviceNet Master/Slave，设置 Anybus Adapters 为 840-2 PROFIBUS Anybus Device，如图 5-1-9 所示。

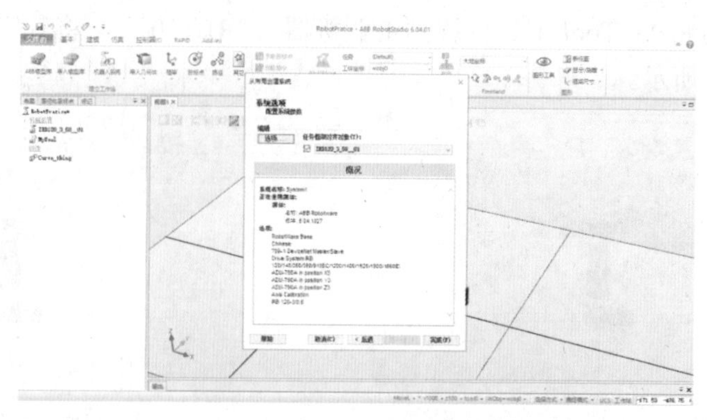

图 5-1-9 设置语言、通信协议

（3）单击“完成”，完成机器人控制系统的配置。

系统建立完成后，可以看到右下角“控制器状态”为绿色。

四、RobotStudio 工作平台示教编程

1. 建立工件坐标系

为了工件能批量加工，需要设置工件坐标系，方便机器人的计算和执行动作。

（1）工件坐标系的建立需要从“基本”→路径编程中的“其他”→“创建工件坐标”进行设置，如图 5-1-10 所示。

（2）工件坐标系建立需要使用三点法，首先选择“其他”，单击“创建工件坐标”，在用户坐标框架“取点创建框架”中选择三点，如图 5-1-11 所示。

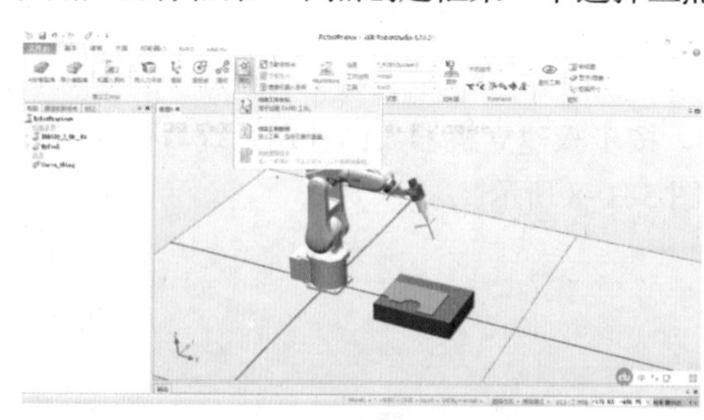

图 5-1-10 建立工件坐标系

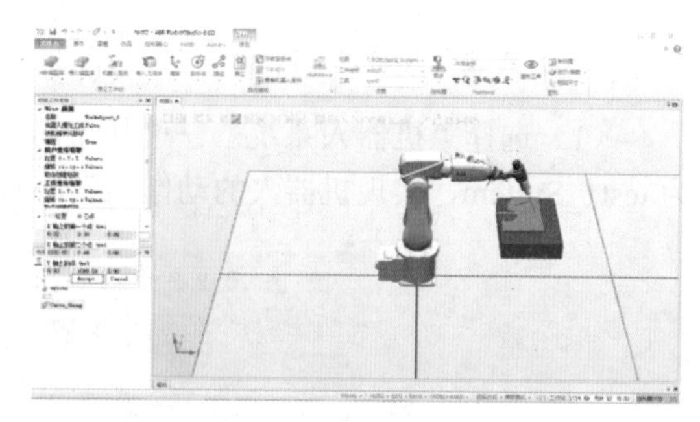

图 5-1-11 三点法创建工件坐标系

（3）选择捕捉工具为捕捉对象，然后按照下面步骤选择工件 *X*1、*X*2、*Y* 三个点，如图 5-1-12 所示。单击“*X* 轴上的第一个点”下方粉色文本框，并选择“捕捉端点”，选择工件的 *X*1 点，随后选择第二个点与 *X*2 点以及第三个点与 *Y* 点，再单击“Accept”和“创建”，完成工件坐标系创建，如图 5-1-13 所示。

（4）单击“基本”，查看位置选项卡中的工件坐标系变为 Workobject_1。在“路径和目标点”标签中可以查看和重命名工件坐标系，如图 5-1-14 所示。

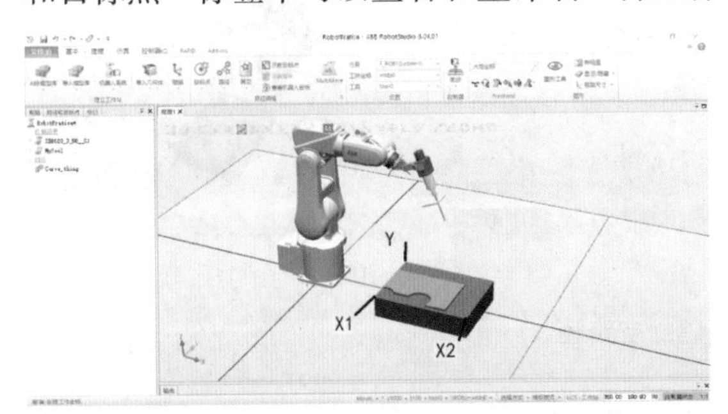

图 5-1-12　选择工件三个点

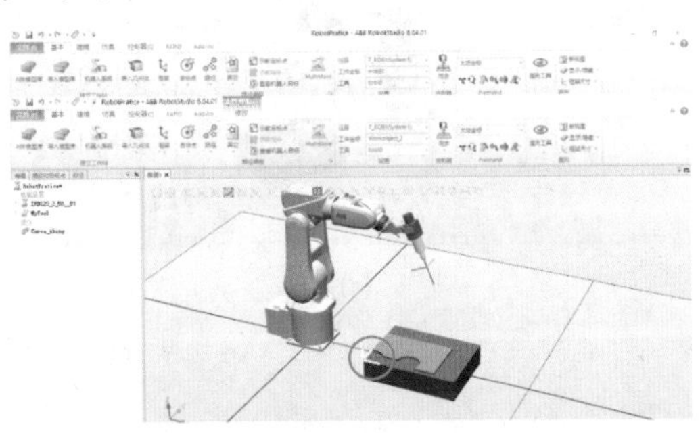

图 5-1-13　完成工件坐标系创建

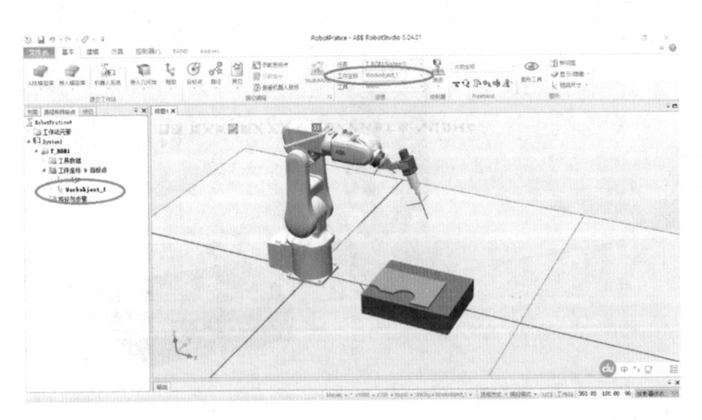

图 5-1-14　查看“工件坐标”

2. 建立路径

建立机器人的任务路径：

（1）单击“基本”选项卡，设置选项卡中的工具由 tool0 改为 MyTool，如图 5-1-15 所示。

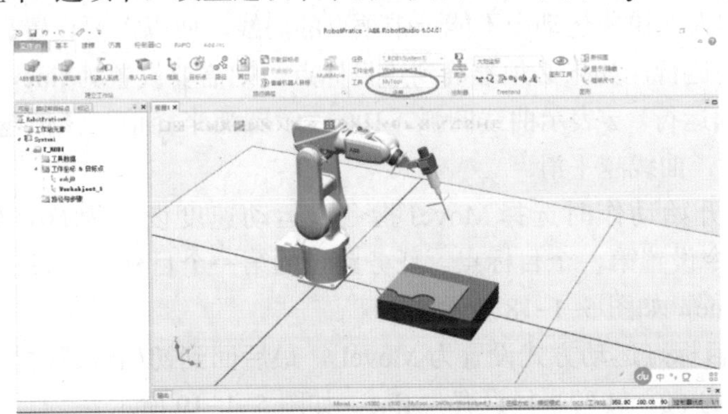

图 5-1-15　更改工具

（2）建立空路径，用以存放路径点。空路径名称为 Path10，可以通过右击“重命名”修改，将路径名称更改为 zhixian，如图 5-1-16 所示。

（3）目标路径设置为工件的“直线”，首先通过手动线性操纵机器人到达第一个目标点。注意开启捕捉端点，由机器人自动捕捉目标点，如图 5-1-17 所示。

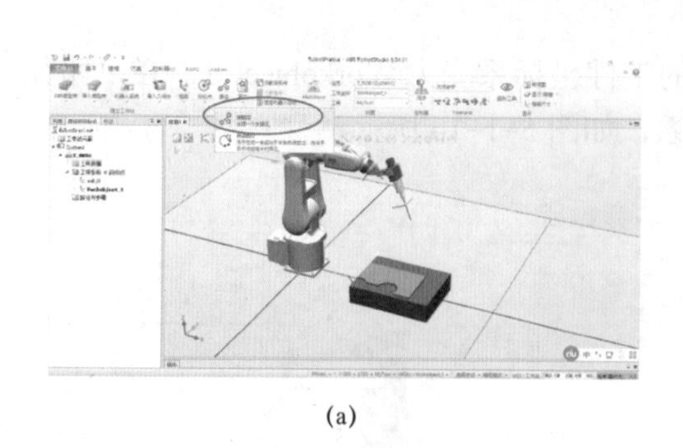

(a)

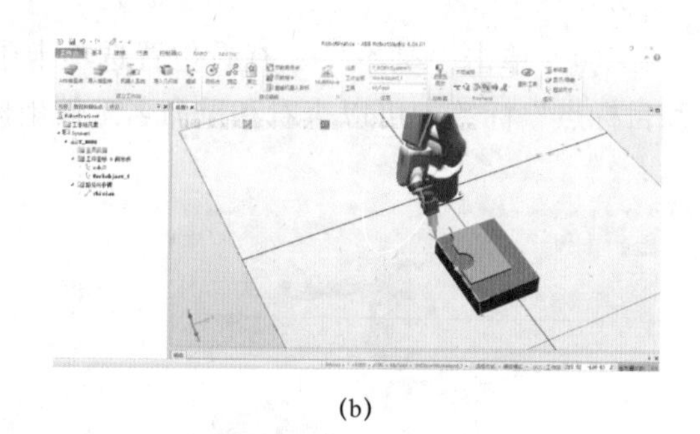

(b)

图 5-1-16　建立空路径

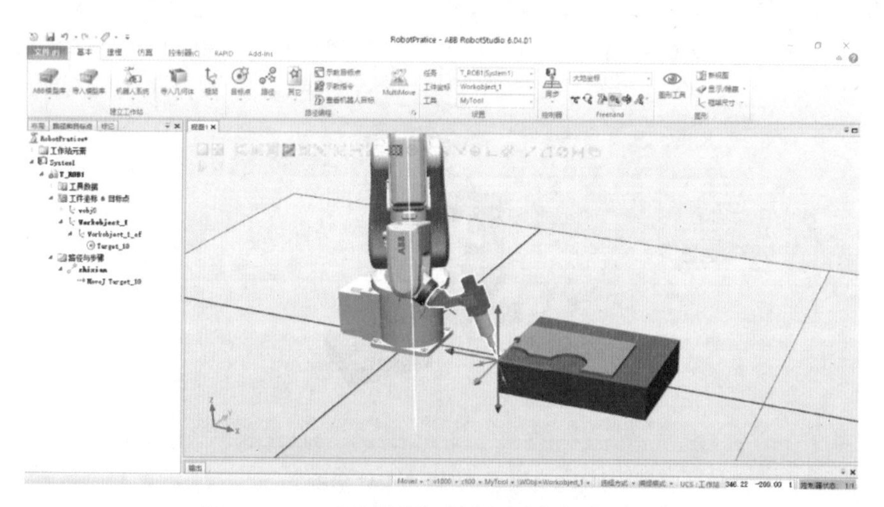

图 5-1-17　手动操纵机器人到达第一个目标点

设置界面底端运动参数，MoveL 为线性运动，在两点之间走直线由前一目标点运动到下一目标点；MoveJ 表示在两点之间走最简路线，注意最简路线在机器人系统中非直线，而是关节运动最简单的路线。v1000 中 v 表示速度，1000 表示速度快慢值。z100 表示转弯半径，由于机器人在快速运动中不能走带顶点的曲线，所以需要设置靠近目标点的距离保证机器人的顺利运行，如果必须准确到达目标点，则需要设置为 fine，表示在目标点需要稍做停顿再继续运行。z 表示曲线圆弧，100 表示圆弧半径值，该值越大表示可以偏离目标点的距离越大，曲线越平滑。

（4）机器人开始动作时选择 MoveJ 指令，运动速度设置为 60，转弯半径设置为 fine，单击示教指令设置第一个目标点。任务路径的第一个目标点和最后回初始位置需要设置转弯半径为 fine，如图 5-1-18 所示。

（5）另一个目标点运动方式设置为 MoveL，最后回到初始位置时的运动方式设置为 MoveJ，运动速度为 60，转弯半径设置为 fine，如图 5-1-19 所示。

最后让机器人回到初始位置，通过在布局标签中右击 IRB120，选择回到机械原点实现，如图 5-1-20 所示。

最后回到原点路径运动方式设置为 MoveJ，速度设置为 60，转弯半径设置为 fine，如图 5-1-21 所示。

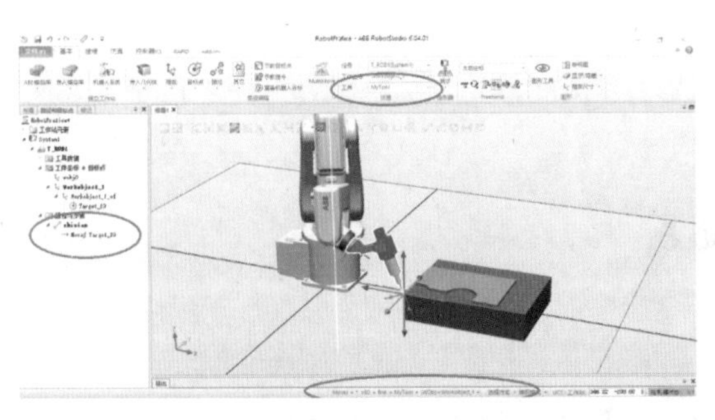

图 5-1-18 设置第一个目标点

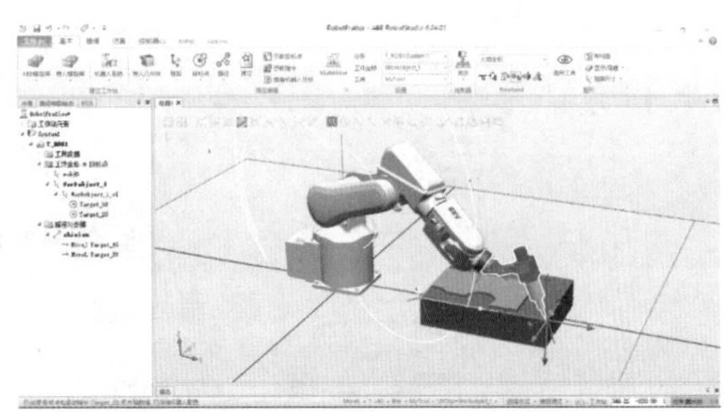

图 5-1-19 设置路径目标点

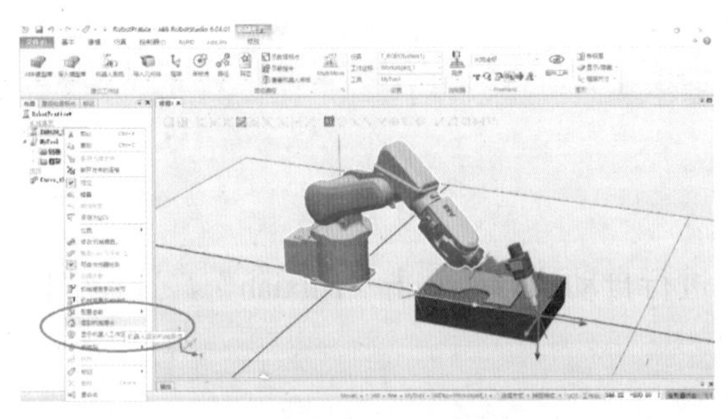

图 5-1-20 回到初始位置

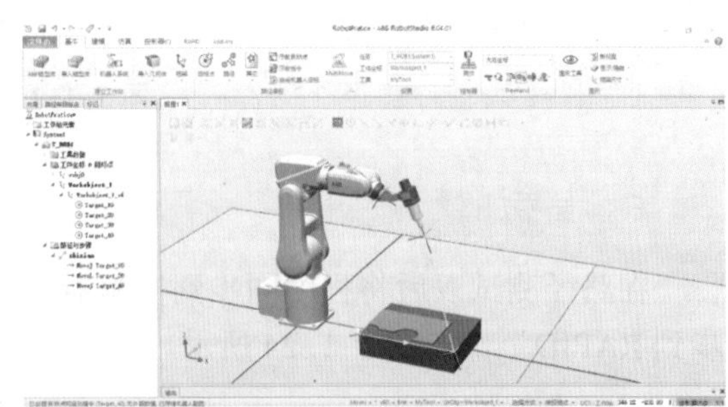

图 5-1-21 设置机器人回到原点

3. 检测目标点的可到达性

在运行之前进行目标点的可到达性检测，保证每个目标点均在机器人可达工作空间内。右击“zhixian”，选择“到达能力”进行检测，如图 5-1-22 所示。

如图 5-1-22 所示，目标点检测结果均为绿色，表示都在机器人的工作范围内。

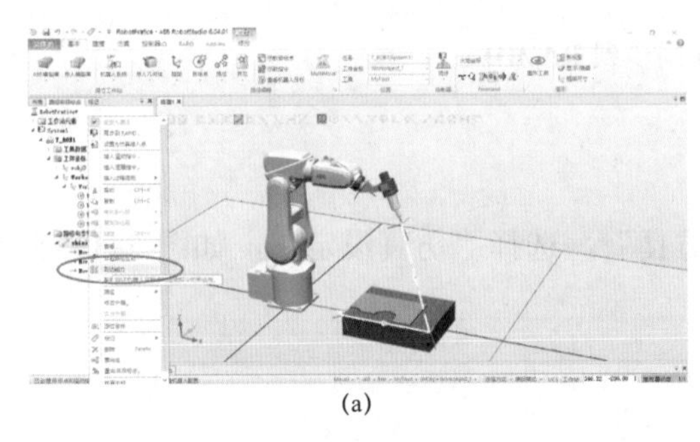

(a)

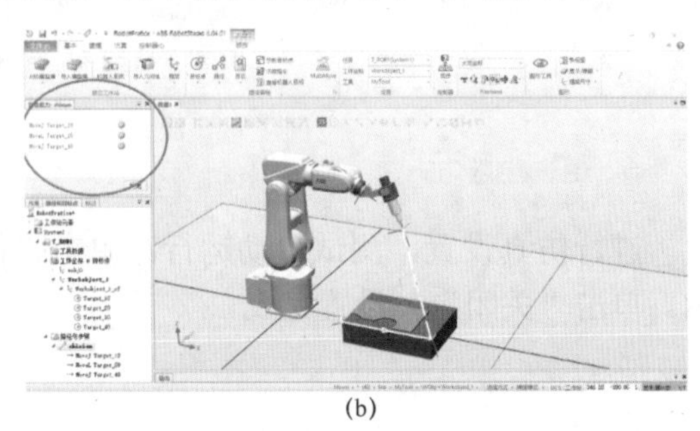

(b)

图 5-1-22 目标点的可到达性检测

4. 路径测试

目标点检测后需要进行路径执行结果的测试。同样右击“zhixian”，选择“沿着路径运动”进行测试，如图 5-1-23 所示。

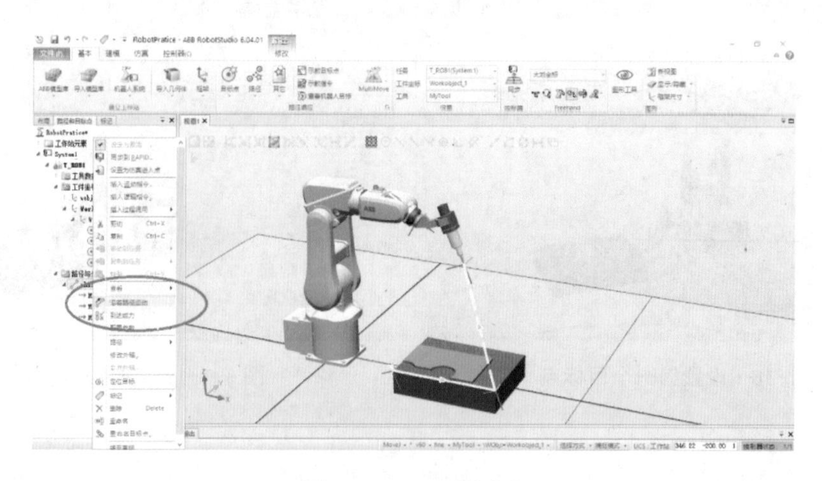

图 5-1-23　路径测试

5. 程序加载

在路径测试以后将程序同步到控制器中，进行自动执行。右击“zhixian”，选择“同步到 RAPID”，如图 5-1-24 所示。

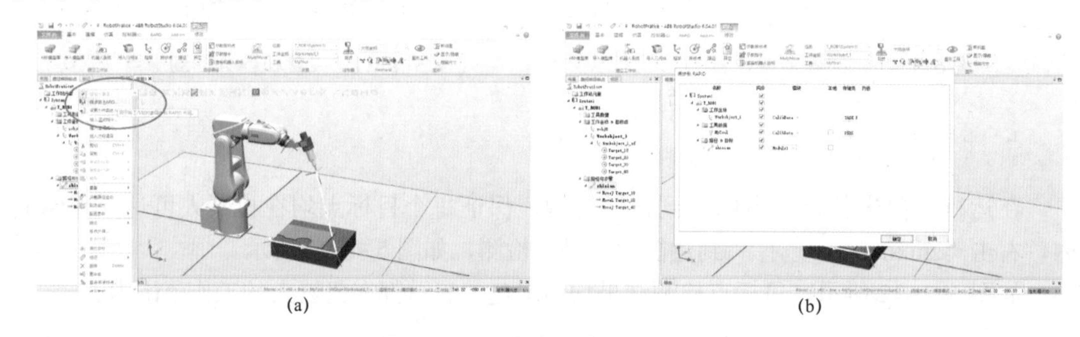

(a)　(b)

图 5-1-24　程序同步到 RAPID

6. 自动运行

进行仿真设置，测试自动运行。单击“仿真”，选择“仿真设定”，如图 5-1-25 所示。单击“关闭”，设置完成。

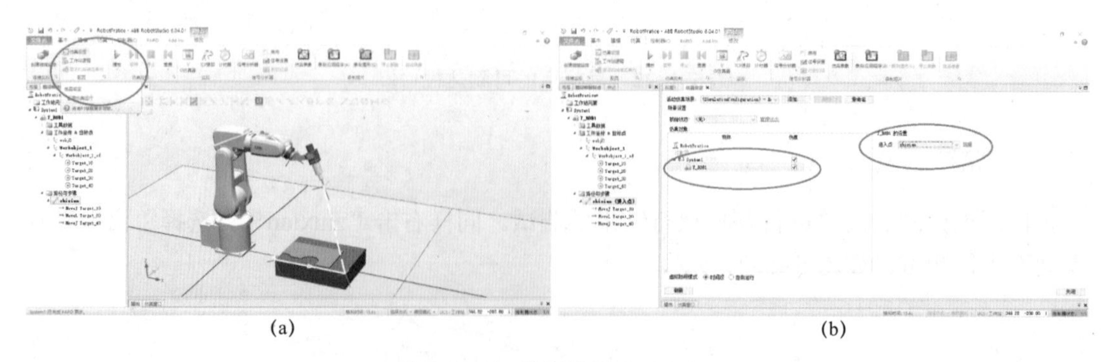

(a)　(b)

图 5-1-25　仿真设置为 zhixian

7. 仿真与录像

（1）RobotStudio 在仿真中可以录像，在运行之前单击“仿真录像”，开启录像功能，如图 5-1-26 所示。

（2）单击“播放”，进行仿真和录像，如图 5-1-27 所示。

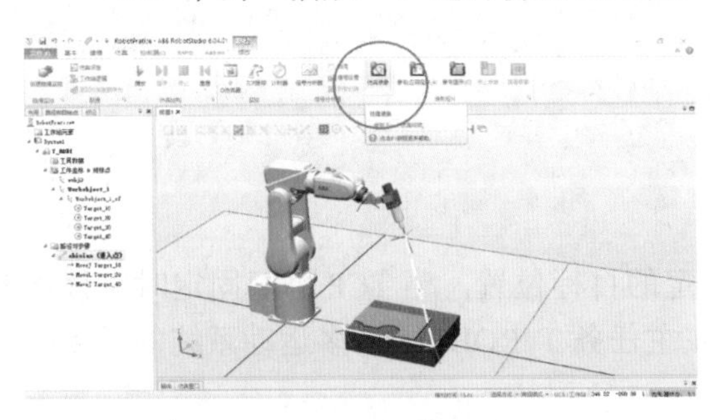

图 5-1-26 开启录像功能

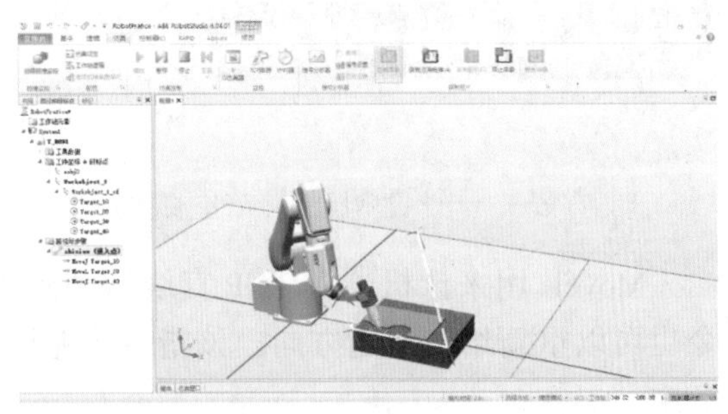

图 5-1-27 进行仿真和录像

8. 路径点的修改

如果在目标点设置中速度等设置错误需要修改，需要右击目标点，选择“编辑指令”，如图 5-1-28 所示。

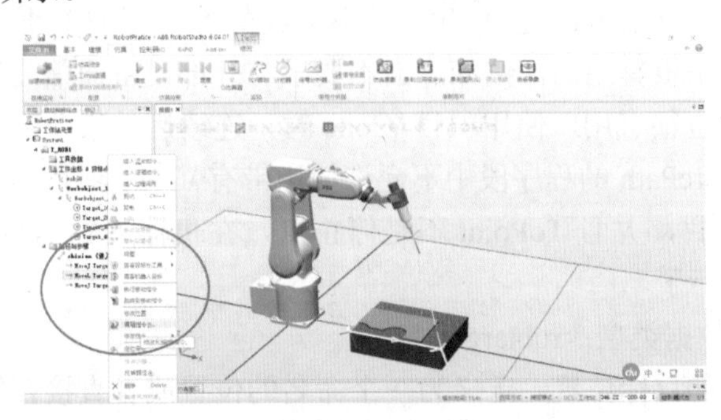

图 5-1-28 指令修改方法

任务二 常用 RAPID 编程指令

※ 任务描述

* 了解 RAPID 常用指令；
* 掌握 RobotStudio 的编程方法；
* 使用 RAPID 常用指令完成基础轨迹仿真。

※ 知识学习

一、直线运动控制

1. MoveL——让机器人做直线运动

MoveL 用来让机器人 TCP 直线运动到给定的目标位置，当 TCP 仍旧固定时，该指令也可以重新给工具定方向。该指令只能用在主任务 T_ROB1 或者多运动系统的运动任务中。

指令书写格式为

MoveL [\Conc] ToPoint [\ID] Speed [\V] | [\T] Zone [\Z] [\Inpos] Tool [\Wobj] [\Corr]

参数解释：

（1）[\Conc]：并发事件，数据类型：switch。

当机器人运动的同时，后续的指令开始执行。该项目通常不使用，但是当使用飞点（flyby points）时，可以用来避免由 CPU 过载引起的不希望的停止。当使用高速度并且编程点相距较近时这是很有用的。例如，当不要求与外部设备通信或外部设备和机器人通信同步时，这个项目也很有用。使用项目 \Conc 时，连续运动指令的数量限制为 5 个。在包括 StorePath—RestorePath 的程序段中不允许使用带有 \Conc 项目的运动指令。

如果不使用该项目，并且 ToPoint 不是停止点，在机器人到达程序 Zone 之前一段时间后续指令就开始执行了。

（2）ToPoint：数据类型：robtarget。

机器人和外部轴的目标位置。定义为一个命名的位置或者直接存储在指令中（在指令中用 * 标记）。

（3）[\ID]：同步 ID，数据类型：identno。

该项目必须使用在多运动系统中，如果并列了同步运动，则不允许在其他任何情况下使用。指定的 ID 号在所有协同的程序任务中必须相同。该 ID 号保证在 routine 中运动不会混乱。

（4）Speed：数据类型：speeddata。

应用到运动中的速度数据。速度数据定义 TCP、工具重新定向或者外部轴的速度。

（5）[\V]：速度，数据类型：num。

该项目用来在指令中直接指定 TCP 的速度，单位是 mm/s。它用来代替速度数据中相应的速度。

（6）[\T]：时间，数据类型：num。

该项目用来指定外部轴运动的总时间，单位是 s。它代替相应的速度数据。

（7）Zone：数据类型：zonedata。

运动的 zone 数据。它描述产生的转角路径的大小。

（8）[\Z]：Zone，数据类型：num。

该项目用来直接指定机器人 TCP 的位置精度。转角路径的长度单位是 mm，它代替 zone 数据中相应的 zone。

（9）[\Inpos]：到位，数据类型：stoppointdata（停止点数据）。

该项目用来指定机器人 TCP 在停止点位置的收敛性判别标准。该停止点数据代替在 zone 参数中指定的 zone。

（10）Tool：数据类型：tooldata。

当机器人运动时使用的工具。TCP 是移动到指定的目标点的那个点。

（11）[\Wobj]：工作对象，数据类型为 wobjdata。

指令中机器人位置相关到的工作对象（坐标系）。该项目可以忽略，如果忽略，位置相关到世界坐标系。另外，如果使用了静态 TCP 或者并列了外部轴，该项目必须指定。

（12）[\Corr]：改正，数据类型：switch。

如果使用该项目，通过 CorrWrite 指令写到改正入口的改正数据将被添加到路径和目标位置。

机器人和外部单元按照下列步骤运动：

工具的 TCP 按照程序中的速度匀速直线运动，工具沿着路径以相等的间隔重新定向；为了和机器人轴在同一时间到达目标位置，非并列的外部轴按照匀速度执行、重新定向，或者外部轴如果不能达到程序中的速度，TCP 的速度将减小。

当运动路径转到下一段时，通常会产生转角路径。如果在 zone 数据中指定了停止点，只有当机器人和外部轴到达合适的位置时，程序执行才会继续，具体示例如下：

MoveL p1，v1000，z30，tool2;

tool2 的 TCP 沿直线运动到位置 p1，速度数据（mm/s）为 v1000，zone 数据（转弯半径 mm）为 z30。

2. MoveJ——通过关节移动移动机器人

当运动不必是直线时，MoveJ 用来快速将机器人从一个点运动到另一个点，机器人和外部轴沿着一个非直线的路径移动到目标点，所有轴同时到达目标点。该指令只能用在主任务 T_ROB1 中，或者在多运动系统的运动任务中。

参数解释：

MoveJ [\Conc] ToPoint [\ID] Speed [\V] | [\T] Zone [\Z] [\Inpos] Tool [\Wobj]

[\Conc]：并发事件，数据类型：switch。

当机器人运动的同时，后续的指令开始执行。该项目通常不使用，但是当使用飞点（flyby points）时，可以用来避免由 CPU 过载引起的不希望的停止。当使用高速度并且编程点相距较近时这是很有用的。例如，当不要求与外部设备通信或外部设备和机器人通信同步的时候，这个命令也很有用。

使用项目 \Conc 时，连续运动指令的数量限制为 5 个。在包括 StorePath—RestorePath 的程序段中不允许使用带有 \Conc 项目的运动指令。

如果不使用该项目，并且 ToPoint 不是停止点，在机器人到达程序 Zone 之前一段时间后续指令就开始执行了，具体示例如下：

MoveJ p1，vmax，z30，tool2;

工具 tool2 的 TCP 沿着一个非线性路径到位置 p1，速度数据是 vmax，zone 数据是 z30。

二、直线运动示例

1. 搭建工业机器人工作站

（1）搭建 test3 工作站，包括 IRB120 机器人、MyTool 工具、Curve_thing 工件，并设置位置为（350，150，250，0，0，−90），建立 test3_System 机器人控制系统，通过示教器将系统设置为手动控制。

（2）通过示教器实现重定位操作。

机器人在安装工具后，需要设置工具坐标系，以让机器人准确掌握工具的位置和工具末端的位置，方便后续执行动作。在未建立工具坐标系之前，先手动操纵机器人进行重定位运动，观察机器人工具末端的运动情况，如图 5−2−1 所示。

在示教器中选择手动操纵，将动作模式改为重定位，按下 Enable 按钮将其变为绿色，开启电动机，通过控制方向箭头操纵机器人动作，如图 5−2−2 所示。

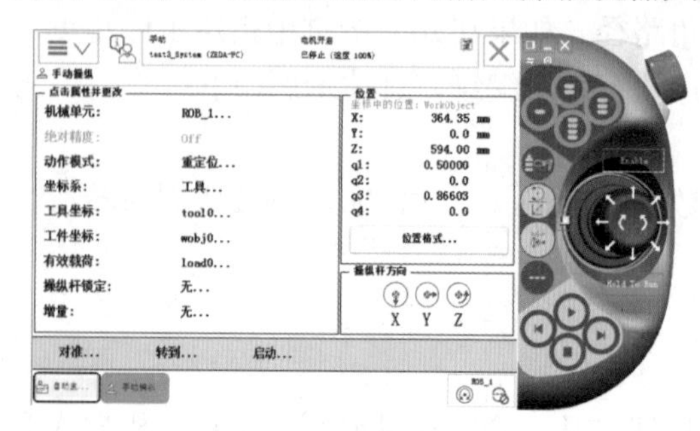

图 5−2−1　示教器手动操纵页面

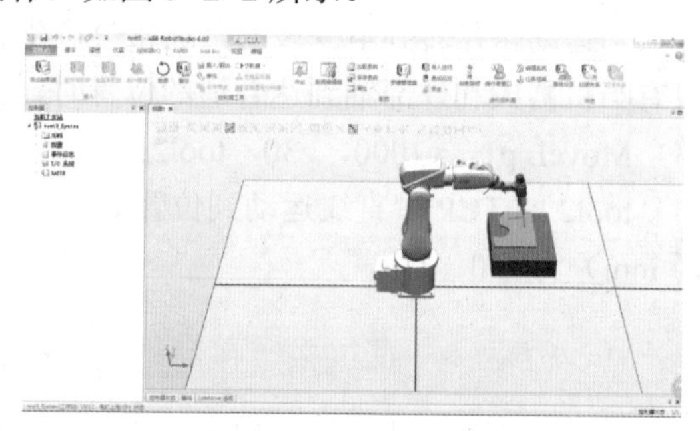

图 5−2−2　重定位操作

2. 建立工具坐标系

通过重定位操作可以发现动作过程中工具是旋转移动的，而机器人末端法兰的中心点保持不变，说明现在的重定位动作是控制机器人法兰位置不变，而不是工具的末端，因此需要建立工具坐标系。

（1）建立工具坐标系。

首先通过示教器建立工具坐标系框架，通过定义坐标系的方式建立工具坐标系，如图 5−2−3 所示。

（2）右击机器人名称，将其回到机械原点。

在示教器的手动操纵界面单击“工具坐标”，选择“新建 ...”，建立工具坐标系，名称为 tool1。也可以自定义坐标系名称，在命名完成后单击“确定”按钮建立工具坐标系，如图 5−2−4 所示。

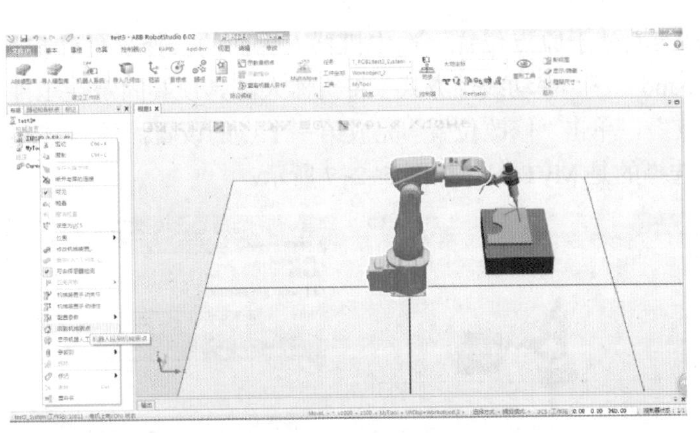

图 5-2-3　建立工具坐标系

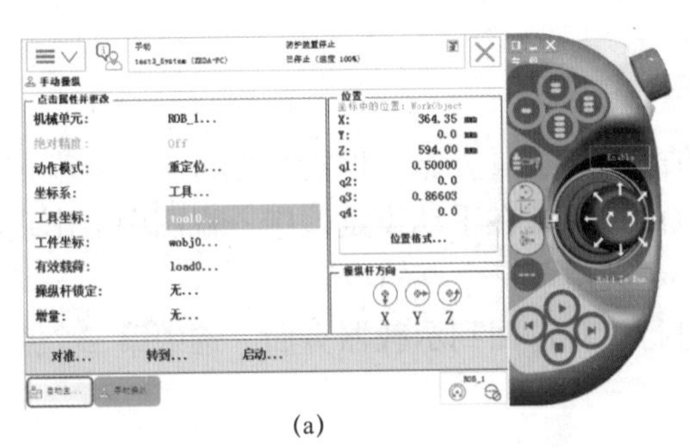

(a)

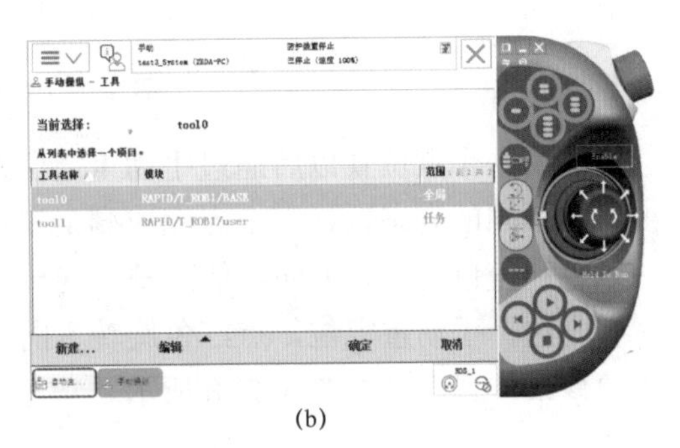

(b)

图 5-2-4　建立工具坐标系

（3）工具坐标系建立完成以后，需要对新的工具坐标系进行定义。首先选中新建的工具坐标系，单击“编辑”→“更改值”，设置其中的 mass（质量）和 mass 下面紧随的 x，y，z，设置工具重心。设置参数为 mass=2，x=50，y=0，z=40，如图 5-2-5 所示。

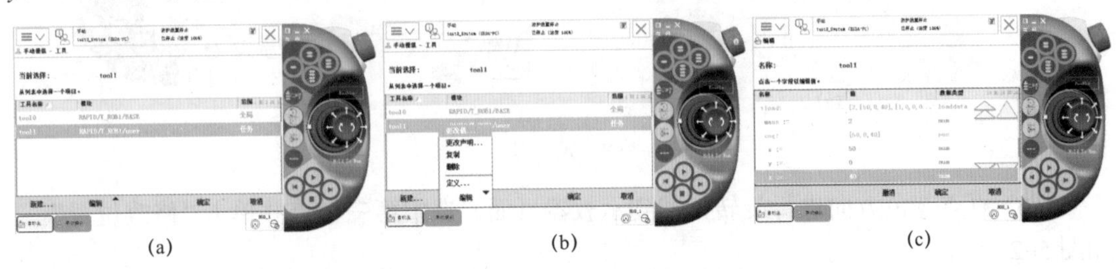

(a)　(b)　(c)

图 5-2-5　更改工具坐标系中工具参数值

（4）对工具坐标系进行位置定义。首先单击“编辑”→“定义”，打开“工具坐标定义”界面，选择“TCP 和 Z，X”方法进行定义，如图 5-2-6 所示。

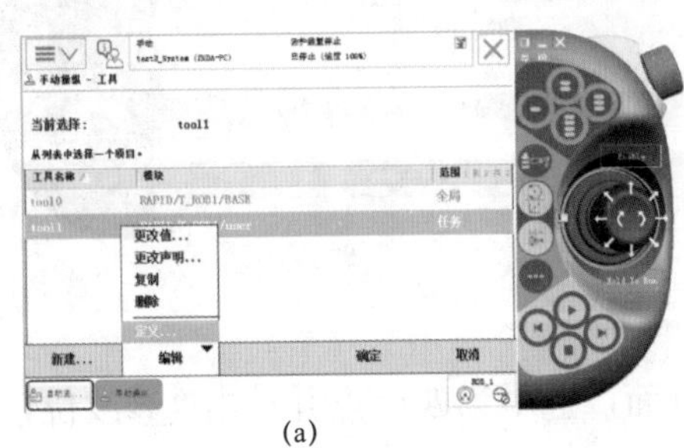

(a)

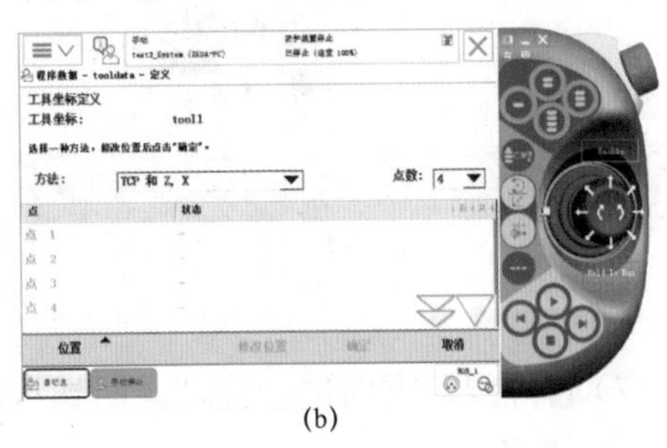

(b)

图 5-2-6　打开“工具坐标定义”界面

（5）当前机器人处于原点位置，选中机器人界面的选择部件和捕捉端点图标，通过“基本”→“Freehand”→“手动线性方式”将机器人工具顶端固定在工件上平面的左下角，并选中“第一个点”，单击“修改位置”完成第一个点的设置。注意移动时“基本”→“设置”→“工具”选择的是 MyTool，如图 5-2-7 所示。

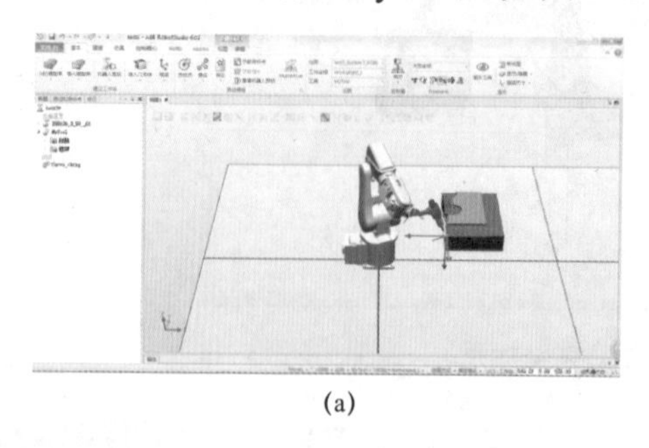
(a)

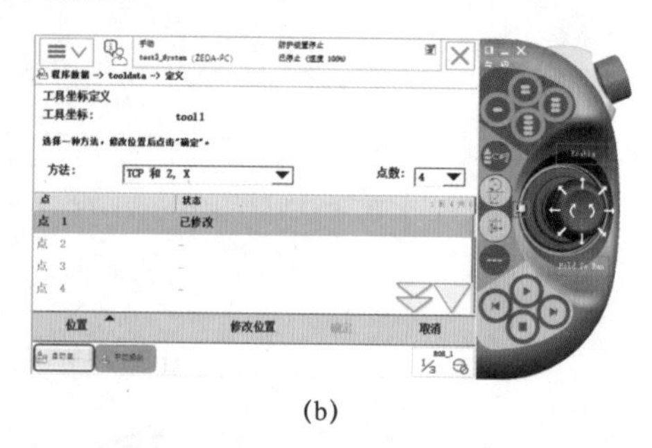

(b)

图 5-2-7　定义第一个点

定义第一个点位置以后通过手动重定位方式改变工具姿态，但需要保持工具末端位置不变，在不同的姿态选择三个点完成剩余三点的定义。在手动重定位中，视图中会出现红色、绿色和蓝色的旋转方向，依次进行旋转，定义剩余三个点的位置。

首先选择手动重定位，点红色旋转方向进行旋转，回到示教器页面，选中第二个点并单击“修改位置”，如图 5-2-8 所示。

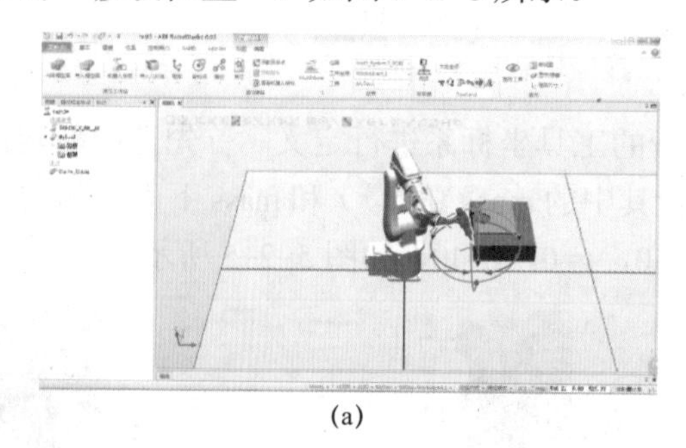
(a)

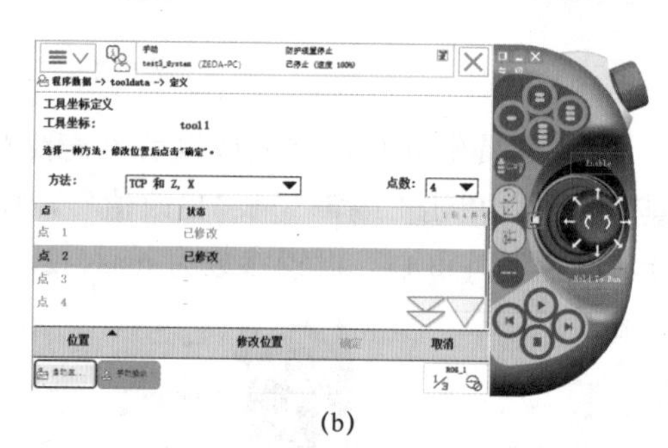

(b)

图 5-2-8　定义第二个点

（6）再点蓝色方向进行旋转，回到示教器页面，选中第三个点并单击“修改位置”，如图 5-2-9 所示。

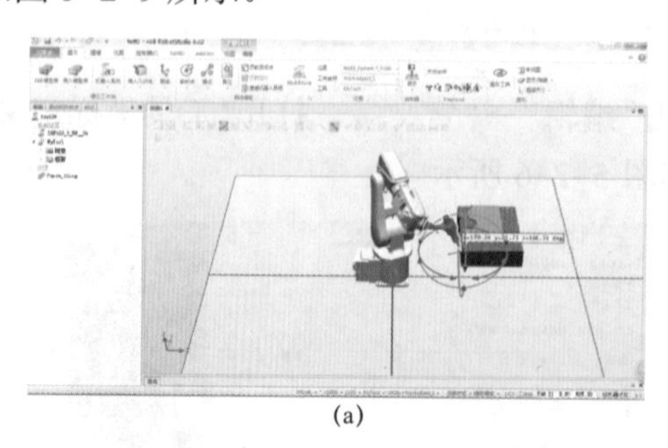
(a)

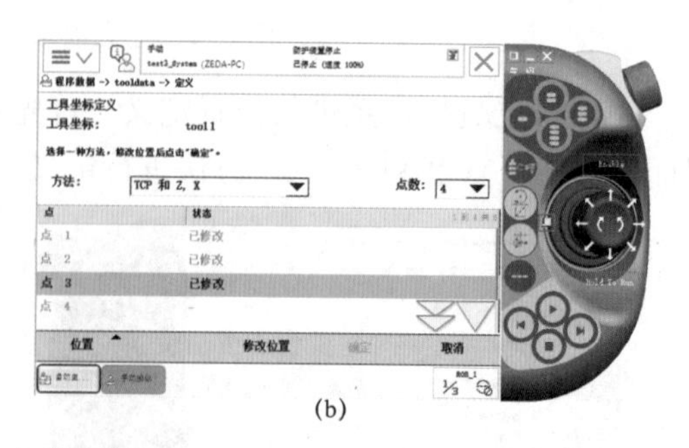

(b)

图 5-2-9　定义第三个点

（7）再点绿色方向进行旋转，回到示教器页面，选中第四个点并单击“修改位置”，如图 5-2-10 所示。

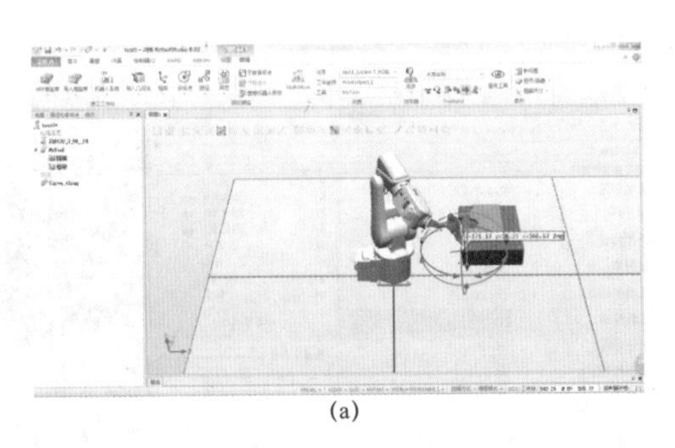

(a)

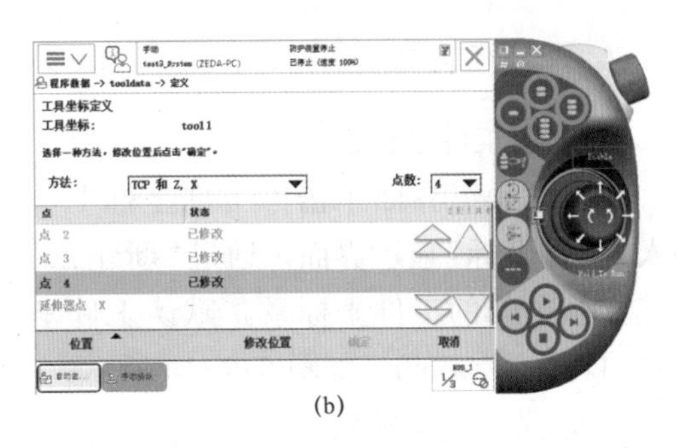

(b)

图 5-2-10 定义第四个点

通过以上四个点的确定，可以构建出工具坐标系的原点，也就是让机器人知道工具末端工作点的位置。延伸器点 X 和 Z 用来确定工具坐标系 X 轴的方向和 Z 轴的方向，进而可以确定工具坐标系的姿态。

（8）通过操作确定延伸器点 X 的位置。在经过四个点的定义后，机器人工具的末端点还是固定在工件上平面左下角的位置，此时取消捕捉末端的选中按钮，不让机器人自动捕捉端点，然后选择 Freehand 中的“手动线性”，单击红色箭头向右拖动，再回到示教器，单击“修改位置”，完成延伸器点 X 的定义，如图 5-2-11 所示。

（9）在定义延伸器点 X 的位置后可以定义延伸器点 Z 的位置。此时需要机器人的工具末端回到工件上平面的左下角，因此重新选中捕捉末端，手动线性方式拖动机器人回到工件的左下角，再取消捕捉末端，拖动蓝色箭头向上提高一点距离，回到示教器单击“修改位置”，完成延伸器点 Z 的定义，如图 5-2-12 所示。

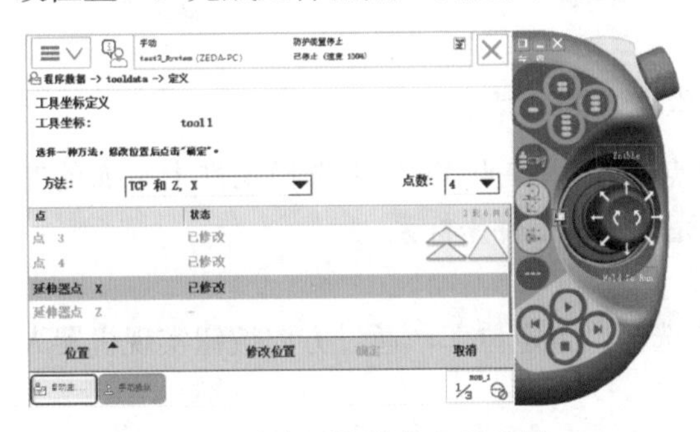

图 5-2-11 定义延伸器点 X 的位置

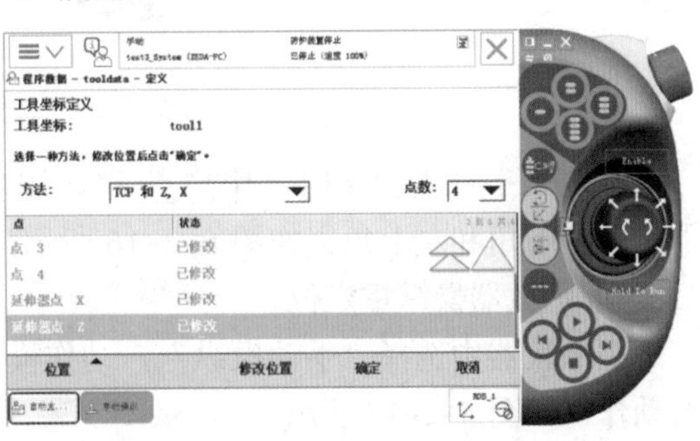

图 5-2-12 定义延伸器点 Z 的位置

（10）在定义完成四个工具点和两个工具方向后，工具坐标系的定义完成，在示教器中单击“确定”，生成新的工具坐标系。在“提示修改的点未保存，是否保存修改的点以便稍后再次使用这些点”时，选择“否”。选中新建的工具坐标系 tool1，单击“确定”，则将手动操纵中的工具坐标系更改为新建的工具坐标系，如图 5-2-13 所示。

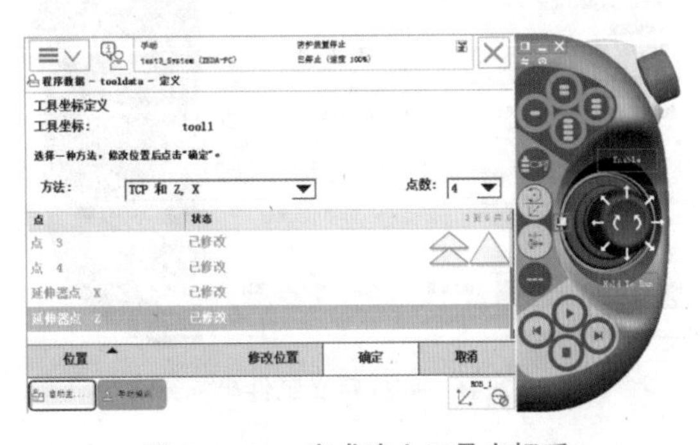

图 5-2-13 完成建立工具坐标系

3. 建立工件坐标系

1）创建工件坐标系

在手动操纵界面单击“工件坐标”，进入“工件坐标”显示界面，通过“新建...”来建立一个新的工件坐标系。默认工件坐标系的名称为 wobj0，如图 5-2-14 所示。

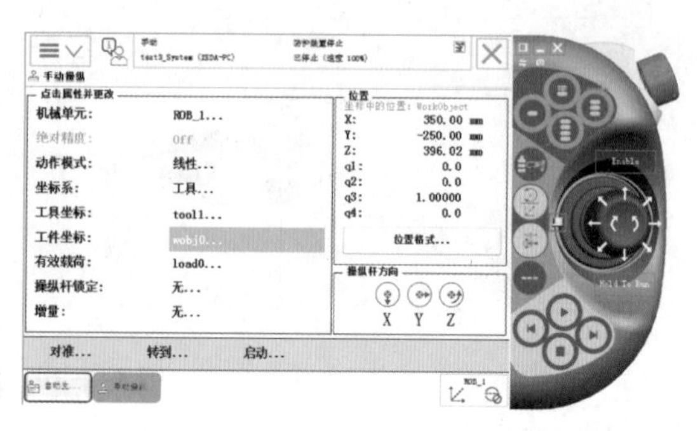

图 5-2-14 新建工件坐标系

2）定义工件坐标系

在建立工件坐标系后，需要对工件坐标系进行定义，即确定工件坐标系的原点位置、X 轴方向和 Y 轴方向。首先选中新建的工件坐标系并选择“定义”，进入“定义”界面。用户方法选择 3 点，其余不做修改，如图 5-2-15 所示。

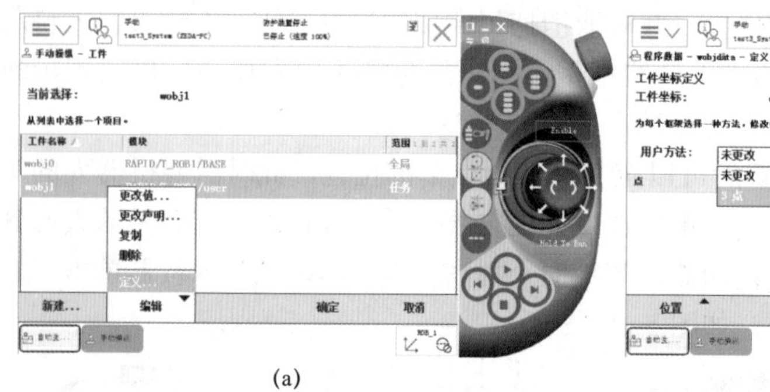

(a)

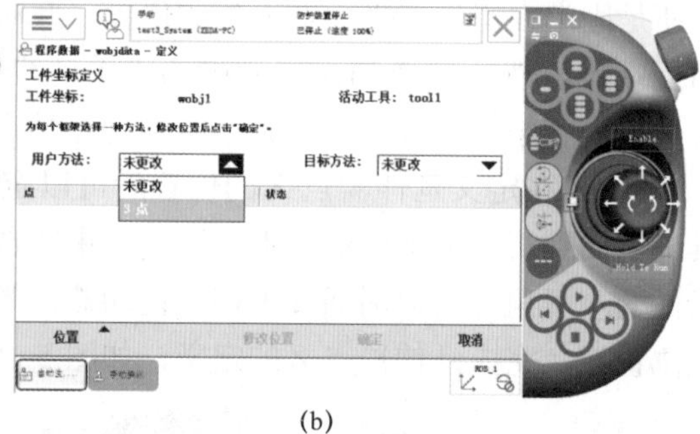

(b)

图 5-2-15 工件坐标系定义方法

在定义工件坐标系时，用户点 $X1$、用户点 $X2$、用户点 $Y1$ 分别选择工件上平面的左下角、右下角和左上角。如图 5-2-16 所示，完成定义工件坐标系。

3）示教器操纵重定位

在示教器中选择“手动操纵”，动作模式选择“重定位”，通过方向按钮实现机器人的动作，如图 5-2-17 所示。

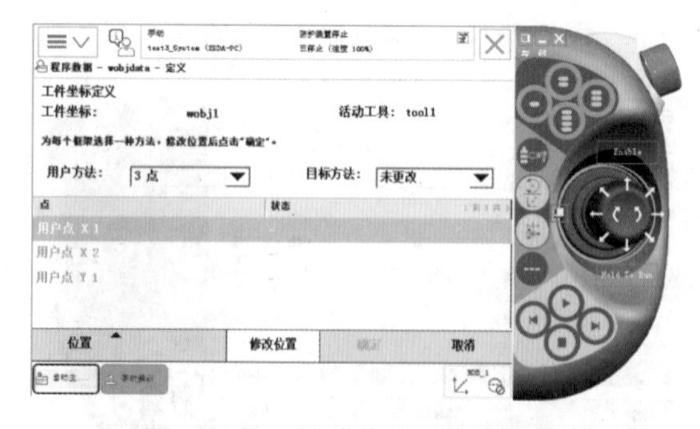

图 5-2-16 完成定义工件坐标系

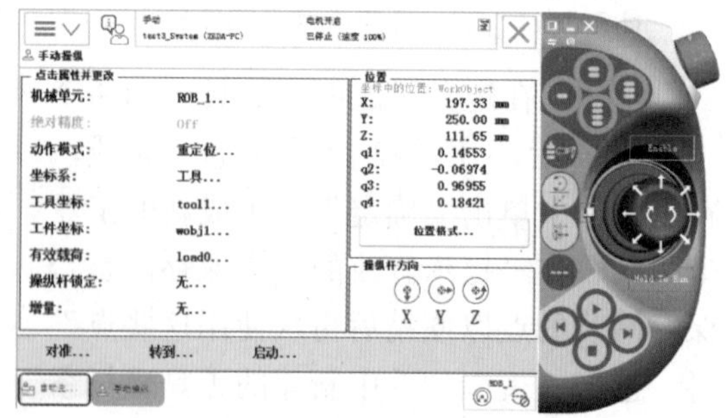

图 5-2-17 示教器控制重定位动作

从重定位动作的操纵中可以看到，在新建的工具坐标系下机器人可以控制工具的末端保持不变，仅改变工具的姿态，达到了工具末端重定位的目的。

4. 建立程序模块

1）新建用户程序模块

在编写用户程序时，需要建立用户程序模块。在示教器中打开程序编辑器，在出现无程序的提示时，选择“取消”，进入“程序编辑器”界面，如图 5-2-18 所示。其中列出 BASE 和 user 两个系统模块，是必需的模块，用户在使用中需要建立用户自己的程序模块。新建程序模块的过程为单击“文件”→“新建模块 ...”，建立新的模块，模块名称可以自定义，如图 5-2-19 所示。出现在丢失指针的提示时，选择“是”。

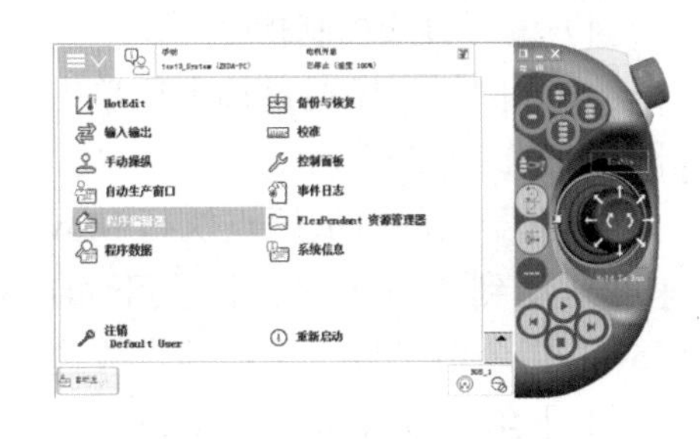

图 5-2-18 程序编辑器界面

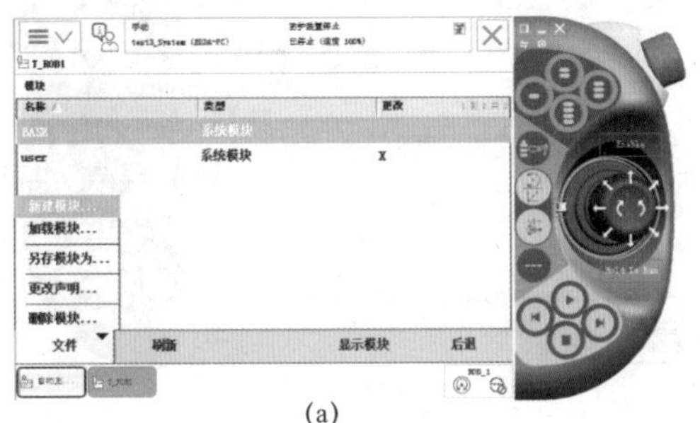

(a)

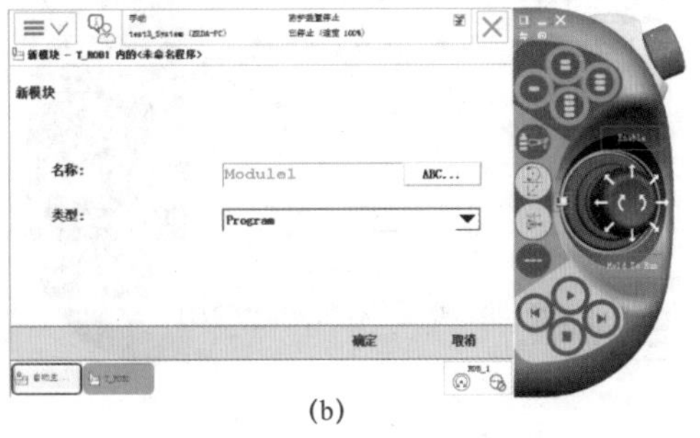

(b)

图 5-2-19 新建用户自己的程序模块

2）新建 Moduel 程序模块

程序模块的内容可以通过选中对应的程序名称并单击显示模块实现。用户新建的 Modulel 程序模块当前为空模块，如图 5-2-20 所示。

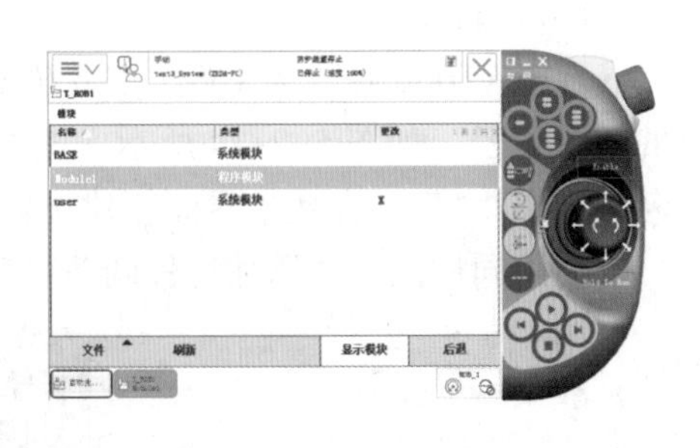

图 5-2-20 新建程序模块内容

新建程序模块为空，没有动作指令，ABB 机器人系统中的动作指令放在子程序中，子程序又称例行程序。对于一般的程序来说，程序的入口也就是程序开始执行的位置，在 main 函数中，所有程序模块中必须有一个名字为 main 的例行程序，其他例行程序名称可以自定义，但是 main 函数必须保留。

3）建立 main 例行程序

建立 main 例行程序的方法，如图 5-2-21 所示。

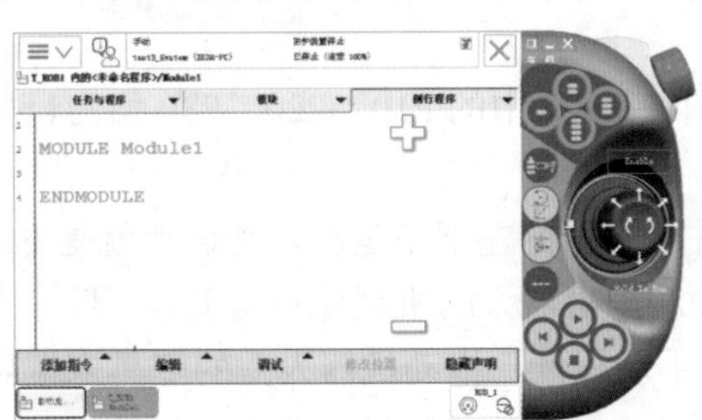

图 5-2-21 建立 main 例行程序

4）编写直线控制指令

main 例行程序通过选中后单击显示例行程序打开，如图 5-2-22 所示。

从机器人的机械原点执行 MoveJ 指令以 v60 的速度运动到工件上平面的左下角，随后工具通过 MoveL 指令沿工件上平面的直线边运动到工件上平面的右下角，最后执行 MoveJ 指令回到机械原点。

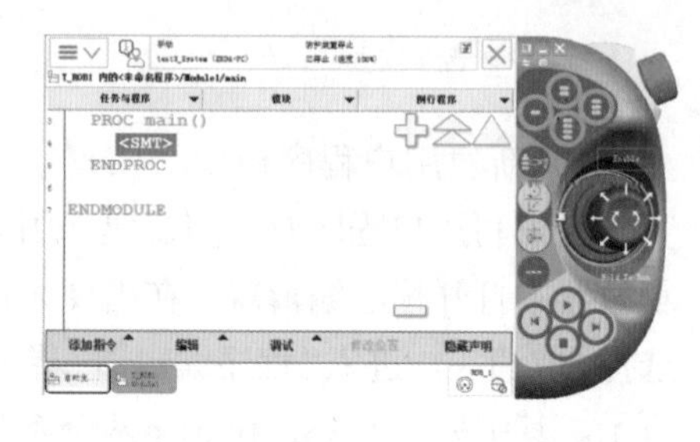

图 5-2-22　打开 main 例行程序

5）添加指令

图 5-2-23（a）中的 <SMT> 表示占位符，是添加指令的位置。指令的添加通过单击“添加指令”实现，实施过程如图 5-2-23 所示。

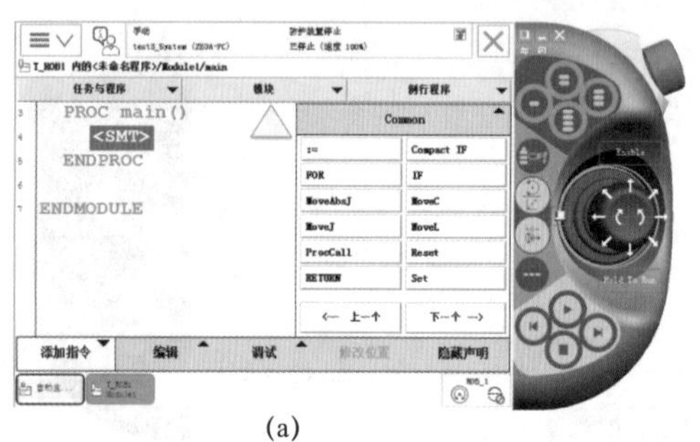

(a)

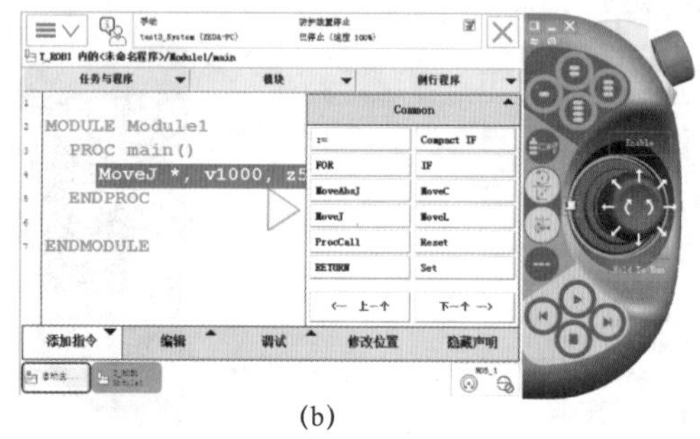

(b)

图 5-2-23　添加运动指令

6）设置第一个位置点

双击 v1000 修改为 v60，改变机器人的运动速度，双击 z50 修改为 fine，改变机器人的转弯半径，如图 5-2-24 所示。图 5-2-23（b）中“*”号表示该位置需要放置位置变量名，双击“*”，在变量界面新建位置点，按照默认名称设置为 P10，如图 5-2-25 所示。

使用同样的方法添加另外两条指令，如图 5-2-25 所示。

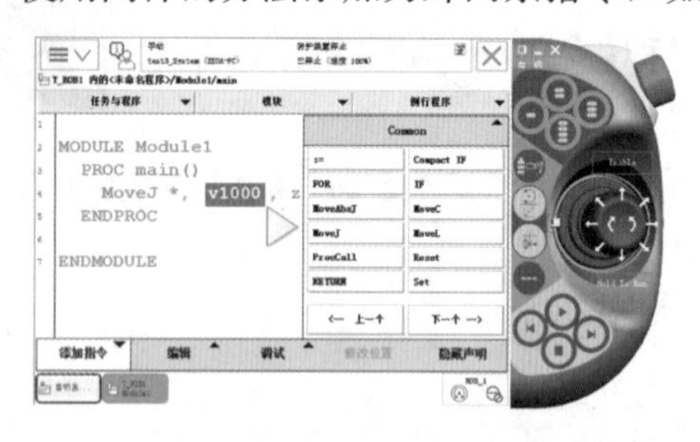

图 5-2-24　添加和修改指令

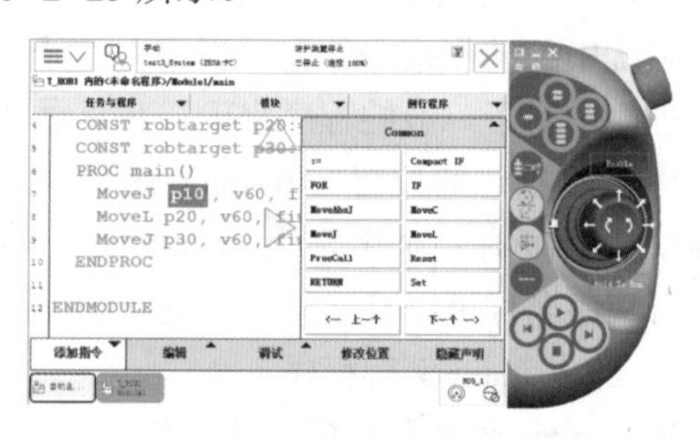

图 5-2-25　完成添加指令

在程序指令中用到了位置点的变量名，图 5-2-25 中的 P10、P20、P30 均为目标点的变量名称，但还没有对其进行定义。

根据目标要求，机器人由机械原点向工件上平面的左下角运动，则该点就是 P10，根据设定的运动顺序，工件上平面的右下角为 P20，机器人的机械原点为 P30。目标点的定义过程为先通过“基本”→“Freehand”→“手动线性”拖动机器人上的工具末端到达指定位置，然后在示教器中“程序编辑器”界面选中要修改的目标点名称，再单击“修改位置”完成目标点的定义，如图 5-2-26 所示。

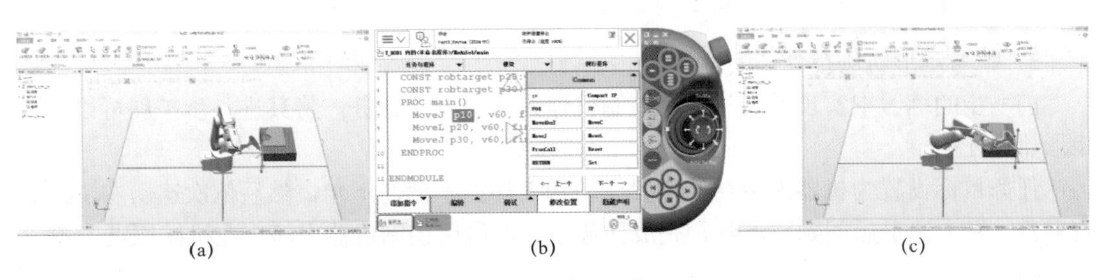

(a)　(b)　(c)

图 5-2-26　定义目标点

5. 指令调试

完成定义目标点，程序指令设置成功，可以进行程序调试对功能进行验证。

1）调试准备

调试开始时，按下 Enable 按钮，解锁机器人保护装置，机器人电动机动作使能。

图 5-2-27 中的程序调试按钮分别为上一指令、开始、停止和下一指令。上一指令和下一指令控制程序的单步执行，“开始”按钮控制程序全速运行，“停止”按钮可以随时停止机器人的运行并保持当前位置。

调试时单击“调试”，选择“将 PP 移至例行程序 ...”，表示将程序指针移至选择的例行程序，可以执行程序中的指令，如图 5-2-28 所示。

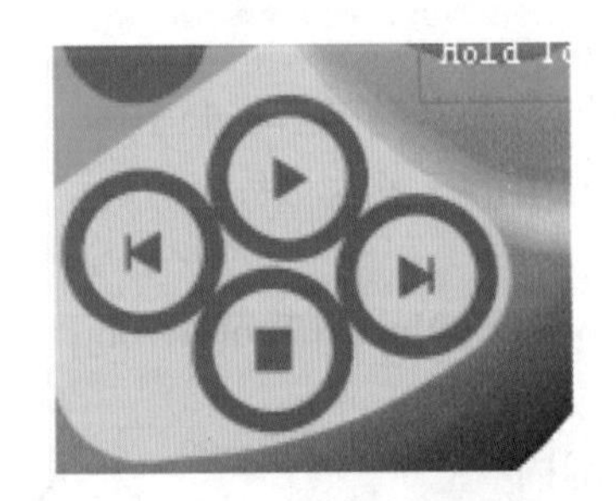

图 5-2-27　程序调试按钮

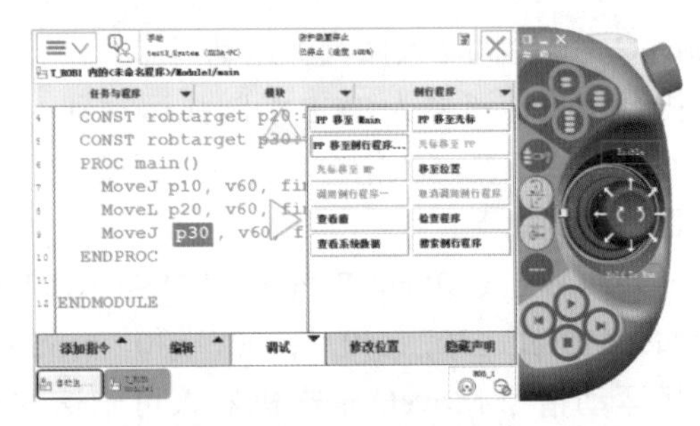

图 5-2-28　程序调试设置

图 5-2-28 中第 7 行黑色的箭头表示程序当前指向的是第一条指令 MoveJ，当单击下一指令时会执行当前指令并停留在第 8 行的下一条指令 MoveL 处，如图 5-2-29 所示。

2）调试到 main 程序执行

在将程序 PP 移至 main 函数的第一条指令位置时，单击“开始”，程序自动运行，此时程序处于循环执行之中，修改运行模式可以将循环执行改为单周执行。目前在运行中会出现工具和工件碰撞的情况，后续通过添加碰撞检测来避免，如图 5-2-30 所示。

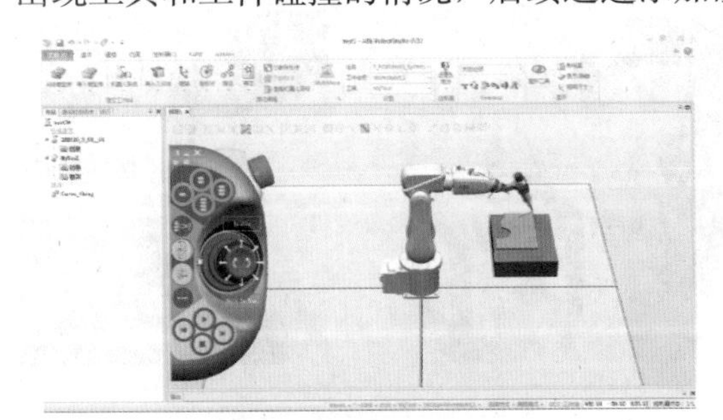

图 5-2-29　单步调试过程

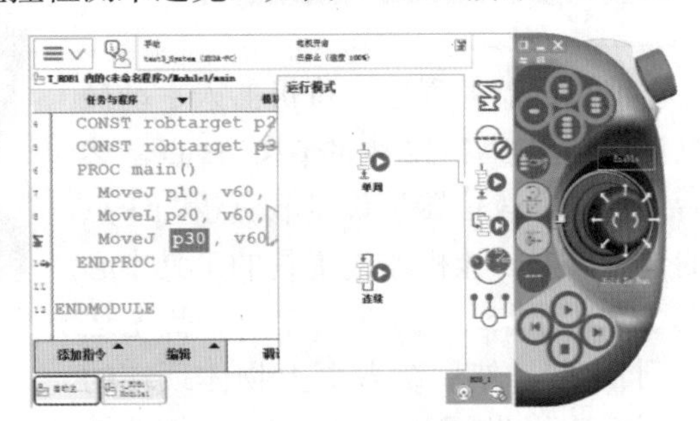

图 5-2-30　单周和连续模式修改

3）编写矩形轨迹指令

前一步的练习中实现了通过指令控制机器人完成直线任务，将其进一步扩展可以完成矩形轨迹任务。

任务目标设置为机器人由初始位置运动到工件上平面左下角，然后依次遍历右下角、右上角、左上角最后回到左下角，完成任务路径，最后控制机器人停止在机械原点位置。

拓展：

Offs 偏移功能。

以当前选定的点为基准点，在当前工件坐标系下，按照选定的基点，沿着选定工件坐标系的 *X* 轴、*Y* 轴、*Z* 轴方向偏移一定的距离。

例如：

MoveL Offs（p20，10，0，0），v500，z100，tool0 \Wobj：=wobj1；

将机器人 TCP 运动到以 p20 为基准点，沿着工件坐标系 wobj1 的 *X* 轴正方向偏移 10 mm 的位置，运动速度为 500 mm/s，转弯数据为 100。

三、圆弧运动

MoveC——让机器人做圆弧运动。

该指令用来让机器人 TCP 沿圆弧运动到一个给定的目标点，在运动过程中，相对圆的方向通常保持不变。该指令只能在主任务 T_ROB1 中使用，在多运动系统的运动任务中使用，具体示例如下：

MoveC [\Conc] CirPoint ToPoint [\ID] Speed [\V] | [\T] Zone [\z] [\Inpos] Tool [\Wobj] [\Corr]

例如：MoveC p30，p40，v500，z30，tool2；

圆弧运动指令 MoveC 是在机器人可到达的空间范围内定义三个位置点，第一个点是圆弧的起点，第二个点用于定义圆弧的曲率，第三个点是圆弧的终点。圆弧运动示意图如图 5-2-31 所示，p10 是圆弧的第一个点，p30 是圆弧的第二个点，p40 是圆弧的第三个点。

图 5-2-31　圆弧运动示意图

四、圆弧运动示例

编写机器人程序，将机器人手动操纵运动到图 5-2-32 中的 p2、p3 点，然后通过“修改位置”设定 p2 点和 p3 点的位置数据，让机器人工具的工具中心点 TCP 从图 5-2-32 所示的 p0 点先运动到 p4 点，然后绕着桌上物体顶端的小圆面边缘做圆弧运动，最后回到 p0

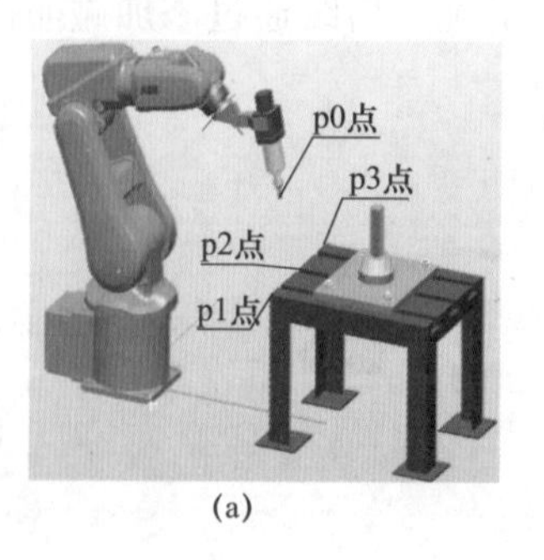

(a)

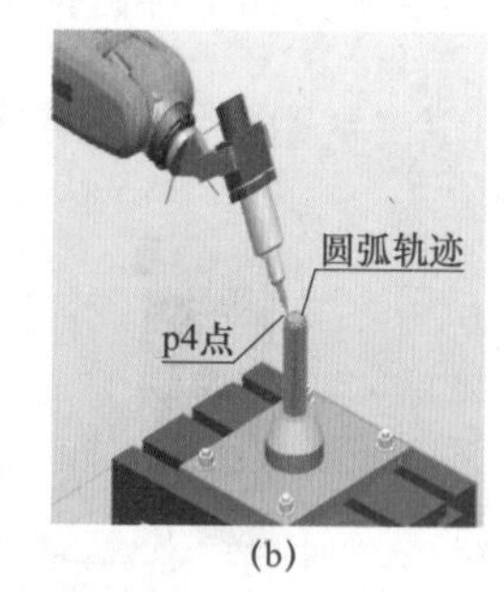

(b)

图 5-2-32　圆弧运动

点，如图 5-2-32 所示。

（1）完成前期工业机器人系统搭建和机械零点、p0、p1、p2、p3 的轨迹编程。

（2）插入指令使机器人运动到 p4 点，它运动到 p4 点的过程中，我们对机器人的轨迹不做特殊要求，可以选择关节运动指令 MoveJ，让机器人以比较舒服的姿态运动到 p4 点，p4 为新建的机器人运动目标位置数据。

（3）采用示教方法设定 p4 位置数据，手动操纵机器人到图示 p4 点位置，修改位置，p4 点设定完毕。

（4）根据任务描述，接下来机器人工具中心点要绕着桌面物体上表面的圆面做圆弧运动，我们选择圆弧运动指令 MoveC，上一步新建的 p4 点作为圆弧路径的第一个点，在程序中插入指令，如图 5-2-33 所示，指令中的 p14 和 p24 两个目标点分别作为圆弧上的第二和第三个点，通过手动示教的方法改变它们的位置数据。

（5）手动操纵机器人运动到图 5-2-34 所示位置，单击指令中的 p14，通过“修改位置”设定好 p14 点的位置数据。

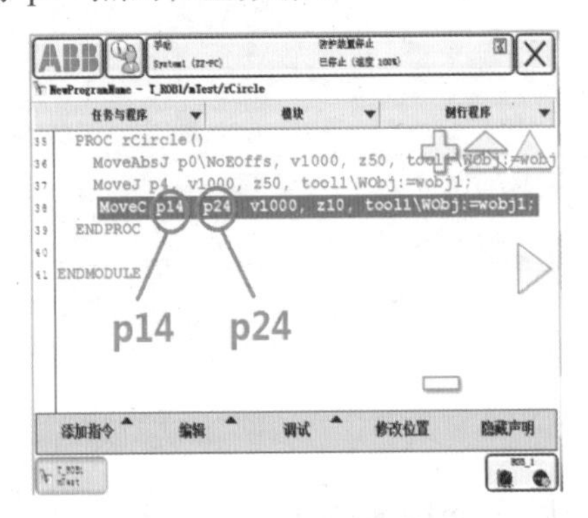

图 5-2-33　插入指令

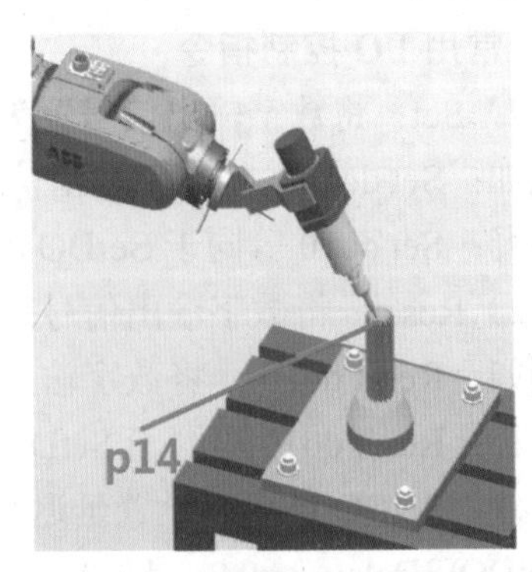

图 5-2-34　设定 p14 点的位置数据

（6）手动操纵机器人运动到图 5-2-35 所示位置，单击指令中的 p24，通过“修改位置”设定好 p24 点的位置数据。

完成第一条圆弧指令，机器人的轨迹只能走半圆，要绕着整圆一圈必须再新添一条圆弧指令，如图 5-2-36 所示。

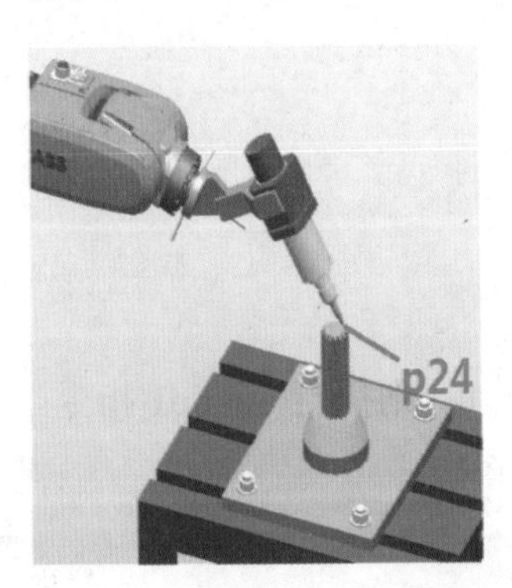

图 5-2-35　设定 p24 点的位置数据

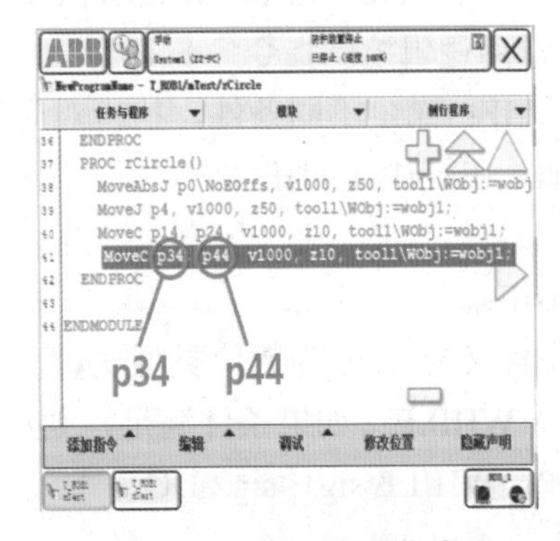

图 5-2-36　添加圆弧指令

（7）手动操纵机器人运动到图 5-2-37（a）所示位置，单击指令中的 p34，通过“修改位置”，设定好 p34 点的位置数据。p44 点的位置如图 5-2-37（b）所示。

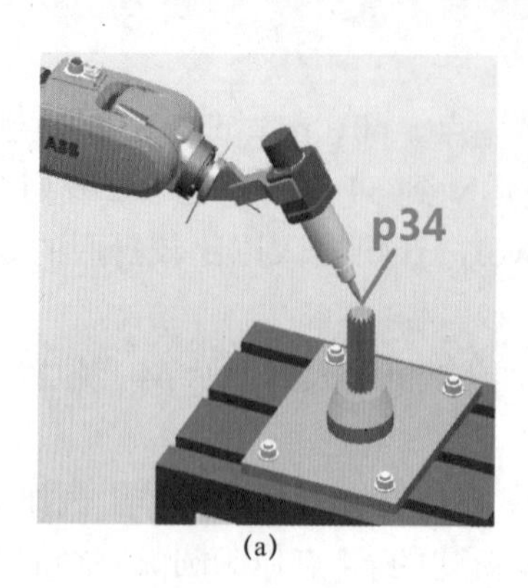

(a)

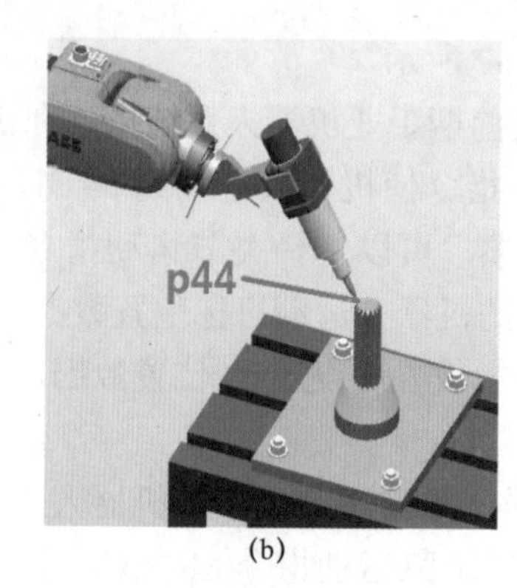

(b)

图 5-2-37　设定 p34 和 p44 点的位置数据

（8）后续的轨迹自行完成。

拓展：

RAPID 常用指令。

1．常用 I/O 控制指令

（1）Set：将数字输出信号置为 1。

例如：Set do10；将数字输出信号 do10 置为 1。

注释：Set do10 等同于 SetDO do10，1；

（2）Reset：将数字输出信号置为 0。

例如：Reset do10； 将数字输出信号 do10 置为 0。

注释：Reset do10 等同于 SetDO do10，0。

另外，SetDO 还可以设置延迟时间：

SetDO\SDelay：=0.2，do10，1；则延迟 0.2 s 后将 do10 置为 1。

（3）WaitDI：等待一个输入信号状态为设定值。

例如：WaitDI do10，1；等待数字输入信号 di10 为 1，之后才执行下面的指令。

注释：WaitDi do10，1 等同于 WaitUntil di10=1。

另外，Wait Until 应用更为广泛，等待的是后面条件为 TRUE 才继续执行，如：

WaitUntil abord=False；WaitUntil num1=1；

2．常用逻辑控制指令

（1）IF：满足不同条件，执行对应程序。

例如：IF sig1>1 THEN

Set do1；

ENDIF；

程序含义为：sig 为数值类型变量，其数值如果大于 1，则执行 Set do1 指令。

（2）WHILE：如果条件满足，则重复执行对应程序。

例如：WHILE sig1<sig2 DO

sig1：=sig1 + 1；

ENDWHILE；

程序含义为：如果变量 sig1<sig2 条件一直成立，则重复执行 sig1 加 1，直至 sig1<sig2 条件不成立时跳出 WHILE 语句。

（3）FOR：根据指定的次数，重复执行对应程序。

例如：FOR I FROM 1 TO 10 DO

Routine1；

ENDFOR；

程序含义为重复执行 10 次 Routine1 中的程序。FOR 指令后面跟的是循环计数值，其不用在程序数据中定义，每次运行一遍 FOR 循环中的指令后会自动执行加 1 操作。

（4）TEST：根据指定变量的判断结果，执行对应程序。

例如：

TEST reg1

CASE 1：Routine1；

CASE 2：Routine2；

DEFAULT：

Stop；

ENDTEST；

判断 reg1 数值，若为 1，则执行 Routine1；若为 2，则执行 Routine2，否则执行 Stop。

3．运动控制指令

1）RelTool

RelTool 对工具的位置和姿态进行偏移，也可实现角度偏移。

语法：RelTool（Point，Dx，Dy，Dz，[\Rx] [\Ry] [\Rz]）

例如：

MoveL RelTool（p10，0，0，100，\Rz：=25），v100，fine，tool1\Wobj：=wobj1；

以 p10 为基准点，向 *Z* 轴正方向偏移 100 mm，角度偏转 25°。

2）CRobT 功能

其功能是读取当前工业机器人目标位置点的信息。

例如：

PERS robtarget p10；

p10：= CRobT（\Tool：= tool1 \Wobj：= wobj1）；

读取当前机器人目标点位置数据，指定工具数据为 tool1，工件坐标系数据为 wobj1。若不写括号中的坐标系数据信息，则默认工具数据为 tool0，默认工件坐标系数据为 wobj0。之后将读取的目标点数据赋值给 p10。

3）CJontT 功能

其功能是读取当前机器人各关节轴旋转角度。

例如：

PRES jointtarget joint10；

MoveL *，v500，fine，tool1；

Joint10：=CJontT（ ）；

4）写屏指令

其功能是在屏幕上显示需要显示的内容。

TPRease；！屏幕擦除

TPWrite “Attention! The Robot is running! ”；

TPWrite “The First Running CycleTime is：” \num：=nCycleTime；

假设上一次循环时间 nCycleTime 为 100 s，则示教器上显示内容为“Attention! The Robot is running! The First Running CycleTime is：100”。

项目六 工业机器人控制器维护与故障诊断

项目目标

了解 ABB 工业机器人 IRC5C 控制器的工作原理及主要组成；
掌握电源部分维护与故障诊断；
掌握计算机部分维护与故障诊断；
掌握驱动部分维护与故障诊断；
掌握安全面板部分维护与故障诊断；
掌握 I/O 板部分维护与故障诊断。

工作任务

工业机器人控制器是工业机器人的控制核心，负责程序运算、指令发送和接收、外围设备连接等功能。因此，了解工业机器人控制器的工作原理不仅有助于理解工业机器人的编程和调试，而且有利于后期工业机器人控制器的维护与故障诊断。

工业机器人控制器一般由主电源、计算机供电单元、计算机控制模块（计算机主体部分）、输入和输出板（I/O 板）、用户连接接口、示教器接线端

（FlexPendant）接口、各轴计算机板、各轴伺服电动机的驱动单元等组成。一个工业机器人控制系统最多包含36个驱动单元，那么一个驱动模块最多包含9个驱动单元，可处理6个内部轴和2个普通轴或者附加轴，这要根据机器人的型号来确定。

本项目以ABB工业机器人控制器IRC5C 2nd为例来了解其内部工作原理和主要器件的接口介绍、故障诊断方法。其主要组成部分及各部分之间的关系分别如图6-1、图6-2所示。

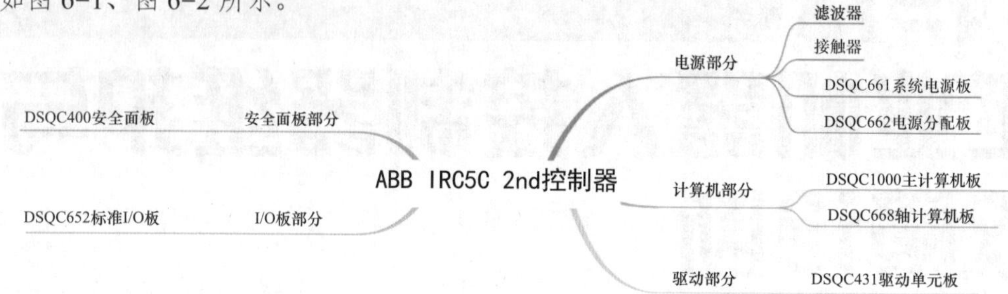

图 6-1　ABB IRC5C 2nd 组成

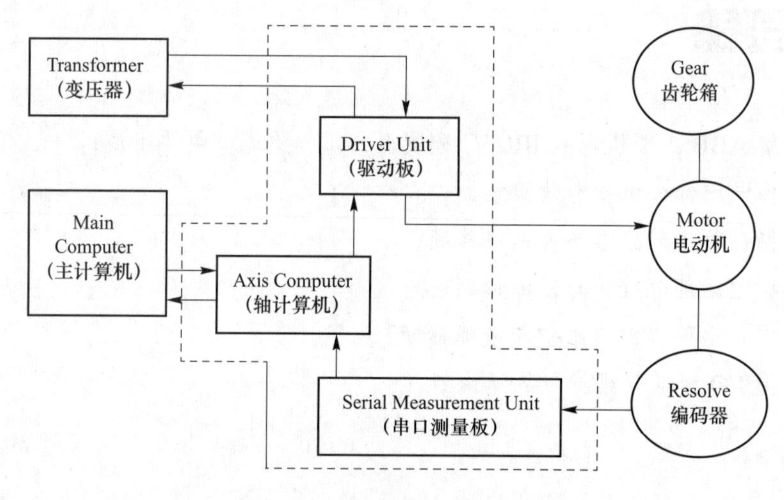

图 6-2　各组成部分之间的关系

ABB工业机器人控制器IRC5C 2nd的内部包括以下主要部分。

（1）电源部分：Q1—空气开关、Z1—滤波器、K42和K43—接触器部分、G1—DSQC661系统电源板、G2—DSQC662电源分配板。

（2）计算机部分：A31—DSQC1000主计算机板（Main Computer）、A42—DSQC668轴计算机板（Axis Computer）。

（3）A41—DSQC431驱动单元（Drive unit）。

（4）A21—DSQC400 安全面板（Safety board）。

（5）A35—DSQC652 标准 I/O 板（Digital I/O）。

（6）超级电容（G3-Ultra cap）。

（7）TPU，也称教导器单元或者示教器（FlexPendant 设备）。

ABB 工业机器人控制器 IRC5C 2nd 的原理框图如图 6-3 所示，根据原理框图能够看出电源供给、分配，主计算机和轴计算机的协作通信以及控制面板、示教器的协作关系。

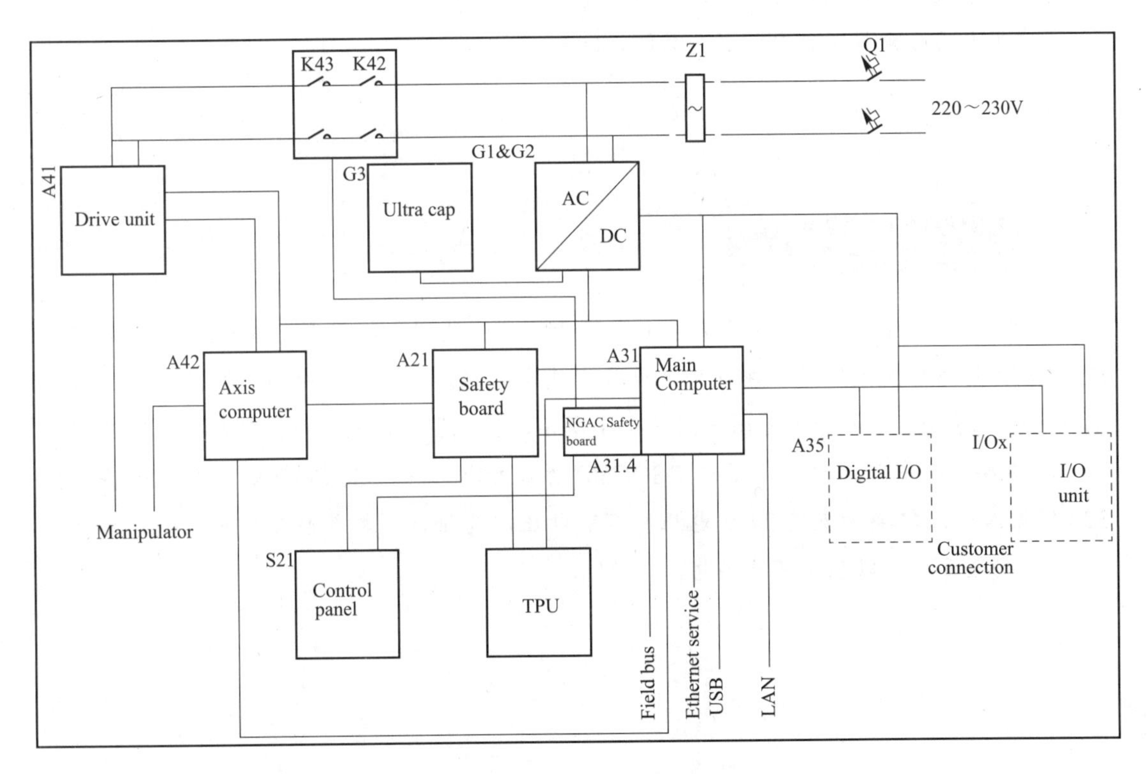

图 6-3　ABB IRC5C 2nd 的原理框图

任务一　电源部分维护与故障诊断

※ 任务描述

* 了解滤波器部分维护与故障诊断；
* 了解接触器部分维护与故障诊断；
* 掌握系统电源模块部分维护与故障诊断；
* 掌握电源分配模块部分维护与故障诊断。

※ 知识学习

ABB IRC5C 2nd 控制器电源部分由空气开关、滤波器、接触器、DSQC661 电源板、DSQC662 电源分配板组成，该部分主要是实现交流滤波、交直流转换、直流分配、接触器通电保护等功能，其原理框图如图 6-1-1 所示，接线图如图 6-1-2、图 6-1-3 所示。

从图 6-1-2 中可以看出，通过 DSQC661 系统电源板和 DSQC662 电源分配板将交流 220 V 输入电压转换为直流 24 V 电压和 5 V 电压，为轴计算机、驱动单元、制动单元、PC 端、安全面板、风扇等部件供电。

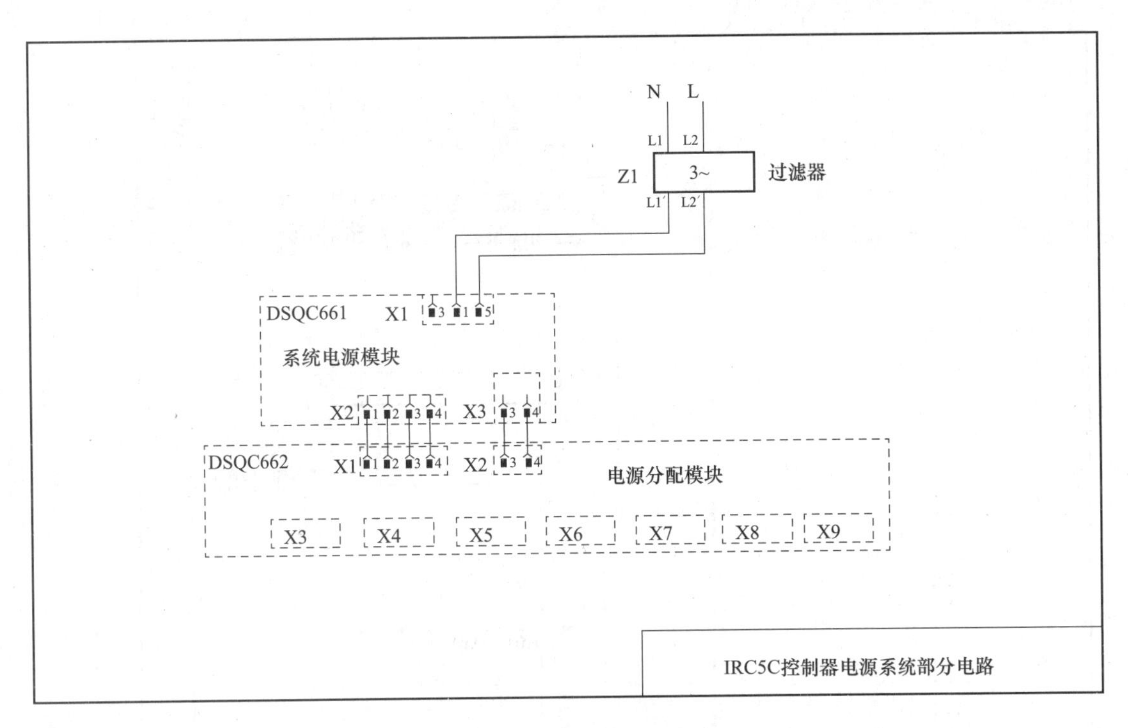

图 6-1-1 电源系统原理框图

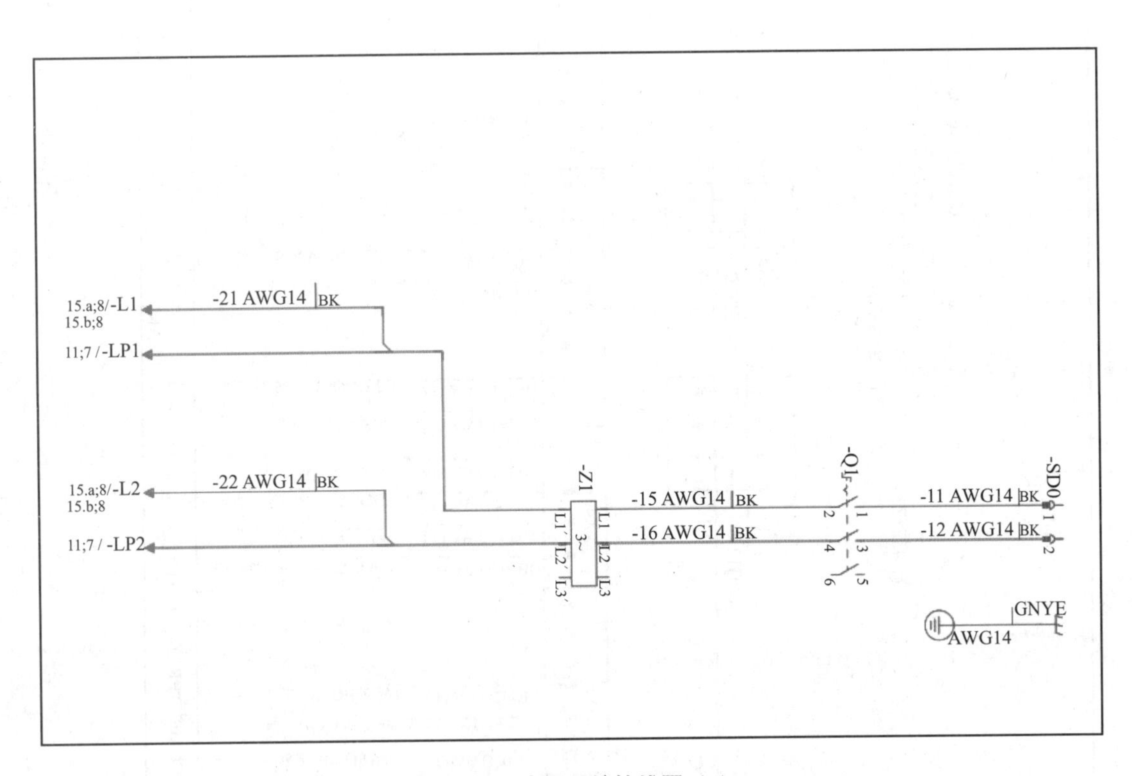

图 6-1-2 电源系统接线图（1）

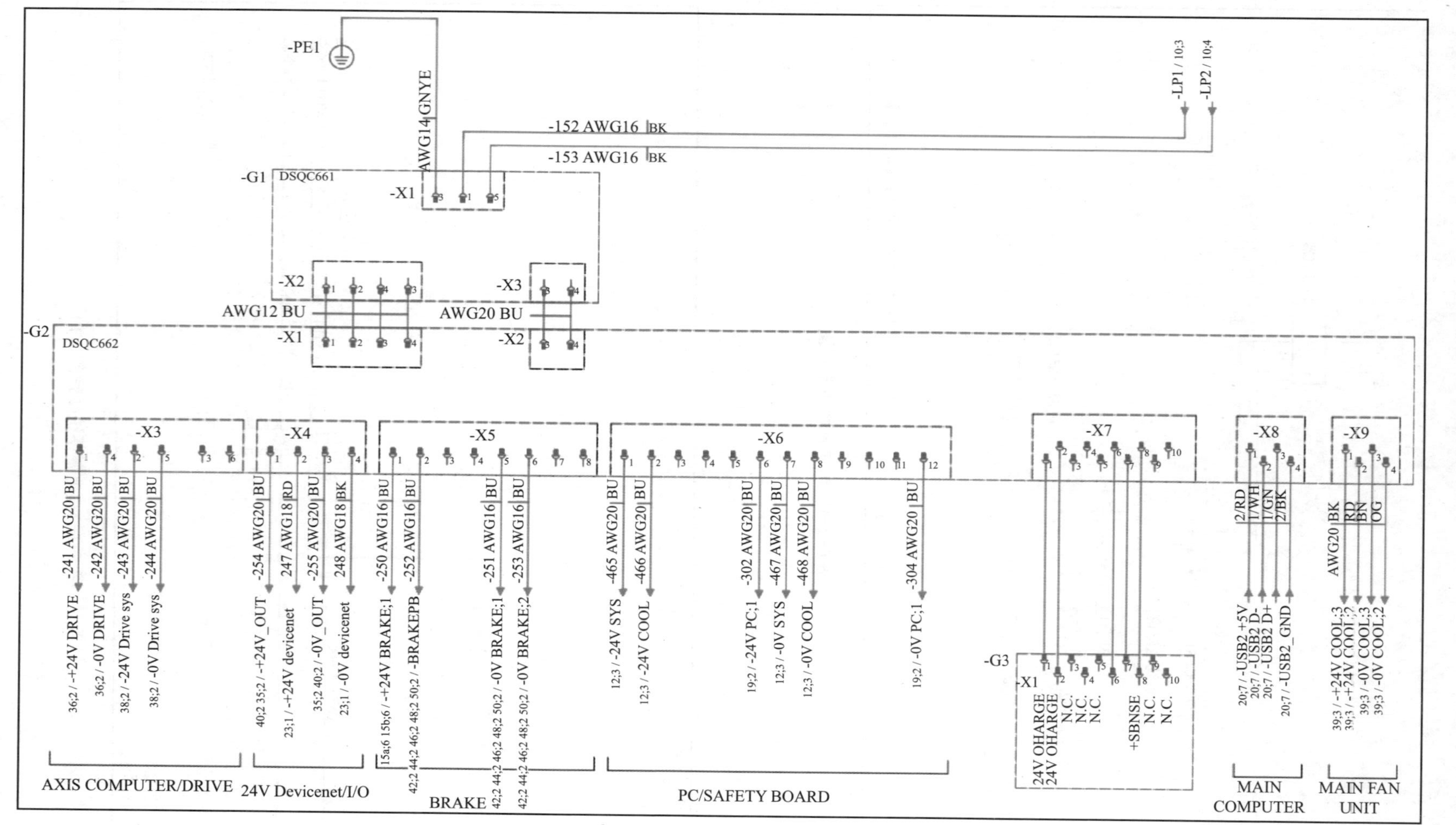

图 6-1-3　电源系统接线图（2）

一、滤波器

1. 电源滤波器定义

电源滤波器是由电容、电感和电阻组成的滤波电路，又名“电源 EMI 滤波器”或“EMI 电源滤波器”，在原理图中的符号为 Z1。一种无源双向网络，它的一端是电源，另一端是负载。电源滤波器如图 6-1-4 所示。

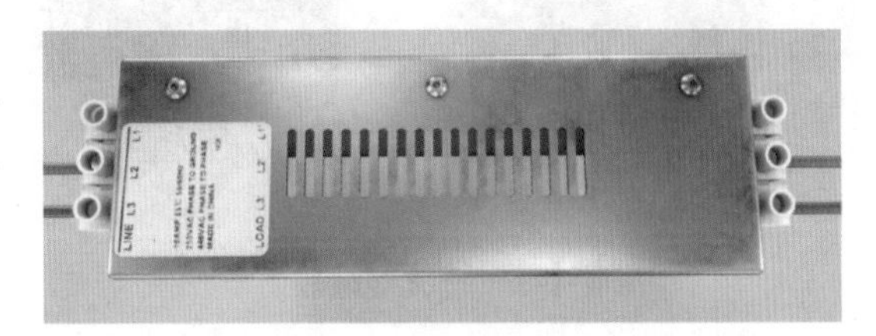

图 6-1-4　电源滤波器

2. 电源滤波器的原理

电源滤波器的原理就是一种阻抗适配网络：电源滤波器输入、输出侧与电源和负载侧的阻抗适配越大，对电磁干扰的衰减就越有效。滤波器可以对电源线中特定频率的频点或该频点以外的频率进行有效滤除，得到一个特定频率的电源信号，或消除一个特定频率后的电源信号。

3. 电源滤波器的技术参数及使用方法

额定输入单相电压 220 V、三相电压 380 V，此处 L2、L3 供电电压为交流 220 V，额定电流 16 A，工作环境低于 65℃，工作频率 50 Hz。

左侧 L1、L2、L3 为进线端，右侧 L1′、L2′、L3′为出线端（LOAD 端）。

二、接触器

1. 定义及工作原理

接触器单元（Contactor Unit）分为交流接触器（电压 AC）和直流接触器（电压 DC），它应用于电力、配电与用电场合。接触器广义上是指工业电中利用线圈流过电流产生磁场，使触头闭合，以达到控制负载的电器。

2. 主要组成部分

接触器主要由电磁系统、触头系统、灭弧系统、辅助装置构成。

3. 使用方法

此控制器中使用的是直流接触器，电源部分 K42、K43 供电电压均为 24 V，如图 6-1-5 所示，控制器中的 K42、K43 的实物接线图如图 6-1-6 所示。

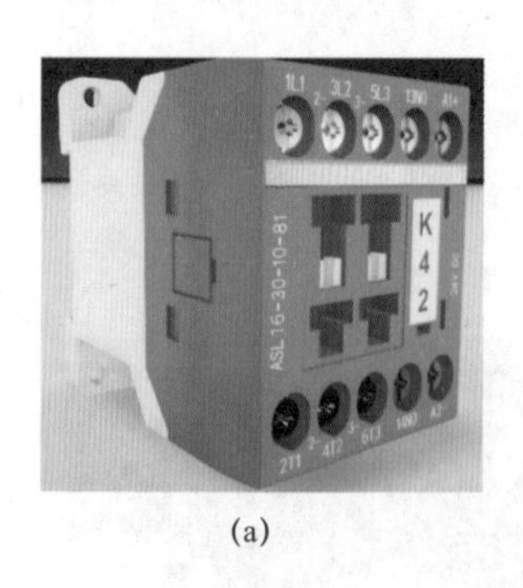

(a)

(b)

图 6-1-5　直流接触器

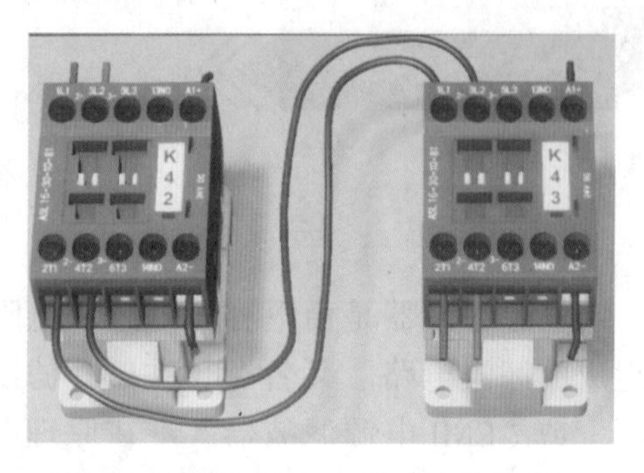

图 6-1-6　K42、K43 的实物接线图

三、DSQC661 系统电源板（Power Supply）

1. 定义

DSQC661 系统电源板（Power Supply），又称 I/O 电源板，主要是给电源分配板（I/O 输入 / 输出板）提供直流 24 V 电源。

2. 接口及指示灯

DSQC661 系统电源板主要用于与 DSQC662 进行电源交直流转换，其接口实物图如图 6-1-7 所示，共 3 个接口，1 个指示灯。接口定义及功能如下：

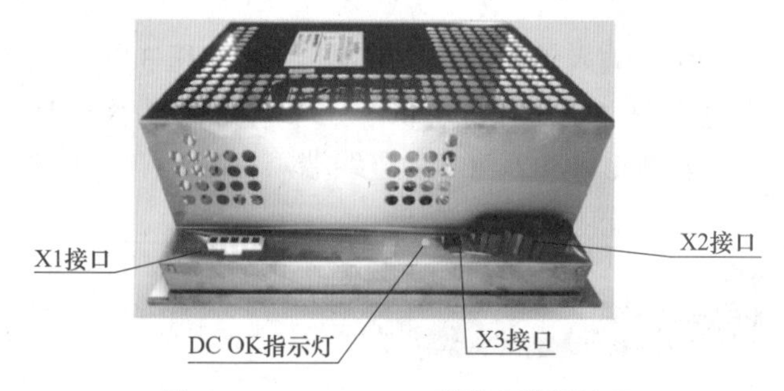

图 6-1-7　DSQC661 系统电源板接口

（1）X1 接口，该接口为 220 V 交流电输入端，来自电源滤波器 L1 和 L2。

（2）X2 接口，该接口为直流 24 V 输出，用于供给电源分配板 DSQC662 接口 X1。

（3）X3 接口，该接口为信号端，与电源分配板 DSQC662 接口 X2 连接。

（4）DC OK 指示灯用于显示直流电源输出正常情况。

3. DSQC661 的故障判断与维修

根据系统电源板 DC OK 指示灯的情况判断其工作状态，可以对该部分进行系统维护与维修。

（1）当指示灯为绿色时，说明设备正常运行。

（2）当指示灯为绿色脉冲闪烁时，说明故障原因可能是直流输出没有正确连接任何单元（负载）或者输出存在短路。针对故障现象，检修步骤如下：

① 检查直流输出和所接的单元之间的连接情况。

② 检查直流输出是否存在短路。

③ 在输出连接到 DSQC662 或其他负载的情况下测量 DC 电压。

④ 测量到 DSQC661 的输入电压。

⑤ 确保到机柜的输入电压是该特定机柜的正确电压。

⑥ 检查电缆。

四、DSQC662 电源分配板（Power Distribution Unit）

1. 定义

DSQC662 电源分配板（Power Distribution Unit）给各主计算机、安全控制板、轴计算机、TPU、标准 I/O 板、驱动单元、风扇等设备提供直流 24 V 电源。

2. 接口及指示灯

DSQC662 电源分配板共有 9 个接口和 1 个状态指示灯，如图 6-1-8 所示。

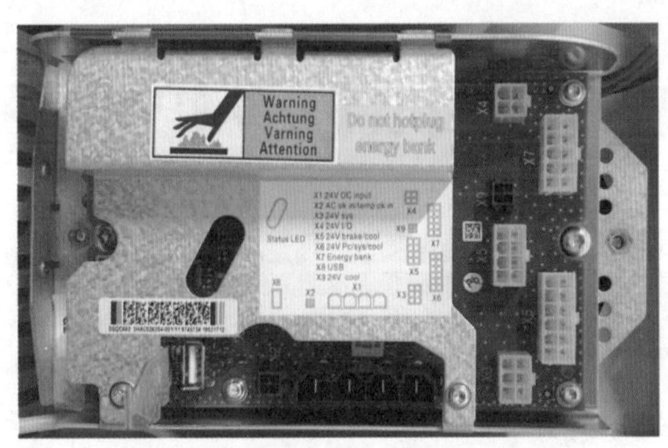

图 6-1-8　DSQC662 电源分配板接口

其接口定义及功能如下：

（1）X1 接口，用于连接 DSQC661 的 X2 接口，供给自身直流 24 V 输入端。

（2）X2 接口，与系统电源 DSQC661 的 X3 信号接口相连，用于显示系统交流电源输入正常状态。

（3）X3 接口，输出直流 24 V，用于供给轴计算机板 CN4 接口，作为轴计算机板的工作电源。

（4）X4 接口，输出直流 24 V，用于标准 I/O 板电源输出端。

（5）X5 接口，输出直流 24 V，用于连接接触器单元制动。

（6）X6 接口，输出直流 24 V，用主计算机板供电，与主计算机板 X1 接口连接。

（7）X7 接口，用于储存电能。

（8）X8 接口，为 USB 接口，输出直流 5 V，供给主计算机模块 X10 接口。

（9）X9 接口，输出直流 24 V，用于风扇电源。

（10）Status LED 为状态显示灯。

3. DSQC662 的故障判断与维修

根据电源分配板 Status LED 指示灯的情况判断其工作状态，可以对该部分进行系统维护与维修。

（1）当指示灯为绿色，说明设备正常运行。

（2）当指示灯绿色闪烁，说明可能是 USB 通信错误。

（3）当指示灯红色长亮，则输入/输出电压过低，并且/或者逻辑信号 ACOK_N 过高。

（4）当指示灯红色和绿色脉冲闪烁，则发生了固件升级错误，这种情况不应该在运行模式期间发生。

（5）当指示灯绿色熄灭，说明可能直流电源输入异常或者输出异常。发生该故障时的处理方法如下：

① 依次断开一个直流输出并测量其电压。

② 测量到 DSQC662 的输入电压和 ACOK_N 信号。

③ DSQC662 可能有故障，更换并检查确认故障已经排除。

任务二　计算机部分维护与故障诊断

※ 任务描述

了解主计算机部分维护与故障诊断；

了解轴计算机部分维护与故障诊断。

※ 知识学习

ABB IRC5C 2nd 控制器内部的核心是 DSQC1000 主计算机板，通过图 6-3 ABB IRC5C 2nd 原理框图可以看出，主计算机板由于其主导作用，通过不同的接口可以实现与不同设备之间进行通信，如通过 X2 服务接口可以进行 RobotStudio 离线联机、通过 X3 接口与示教器进行通信、通过 X7 接口与安全面板 DSQC499 通信、通过 X9 接口与轴计算机 DSQC668 通信、通过 DeviceNet 接口与标准 I/O 板 DSQC652 通信。

DSQC668 轴计算机板主要与主计算机、驱动单元 DSQC431 通信。DSQC1000 主计算机板和 DSQC668 轴计算机板组成了 IRC5C 2nd 的控制核心。通过图 6-2-1 主计算机接线图、图 6-2-2 轴计算机接线图可以清晰地找到二者的通信接口。

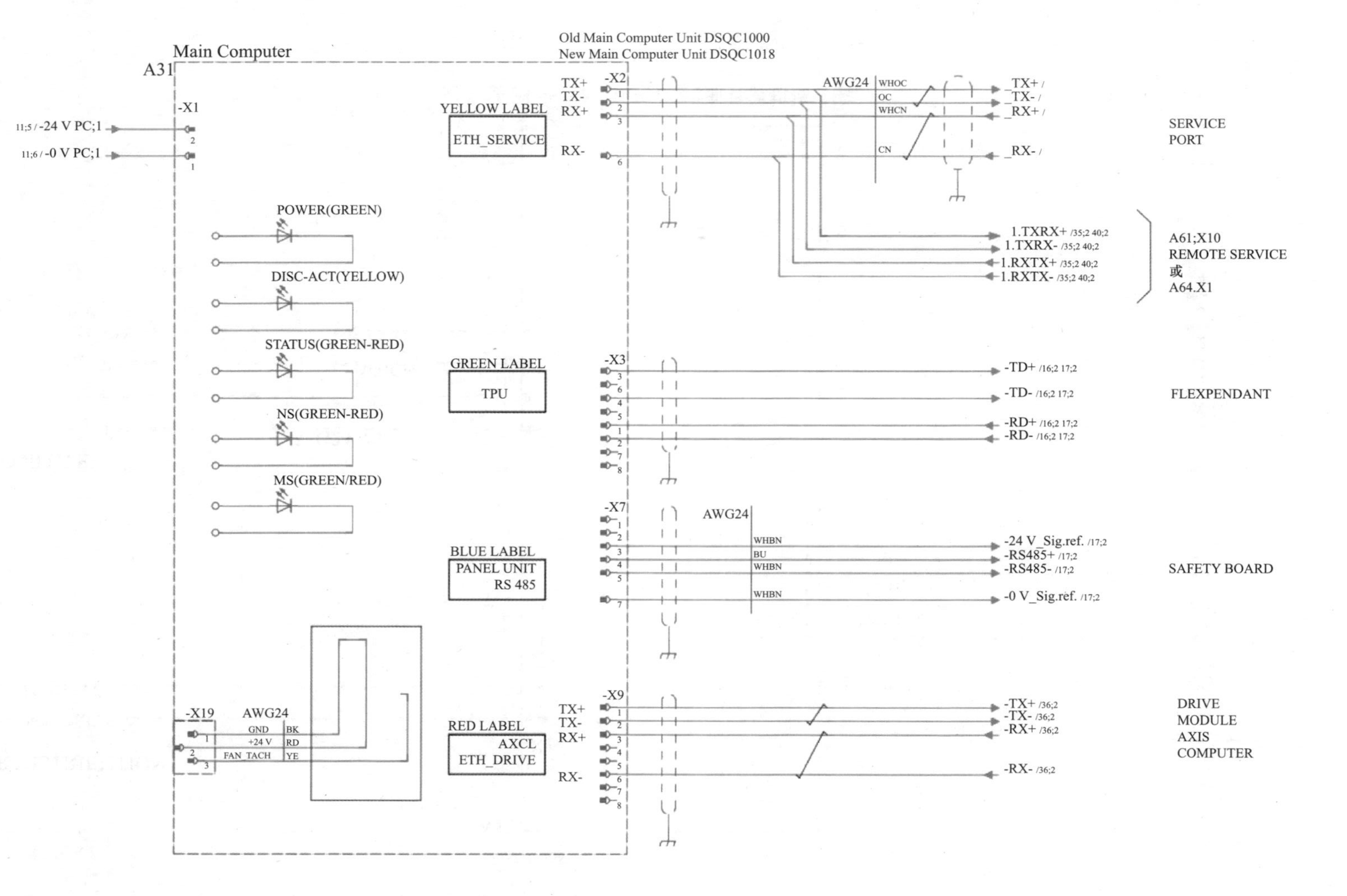

图 6-2-1　DSQC1000 主计算机接线图

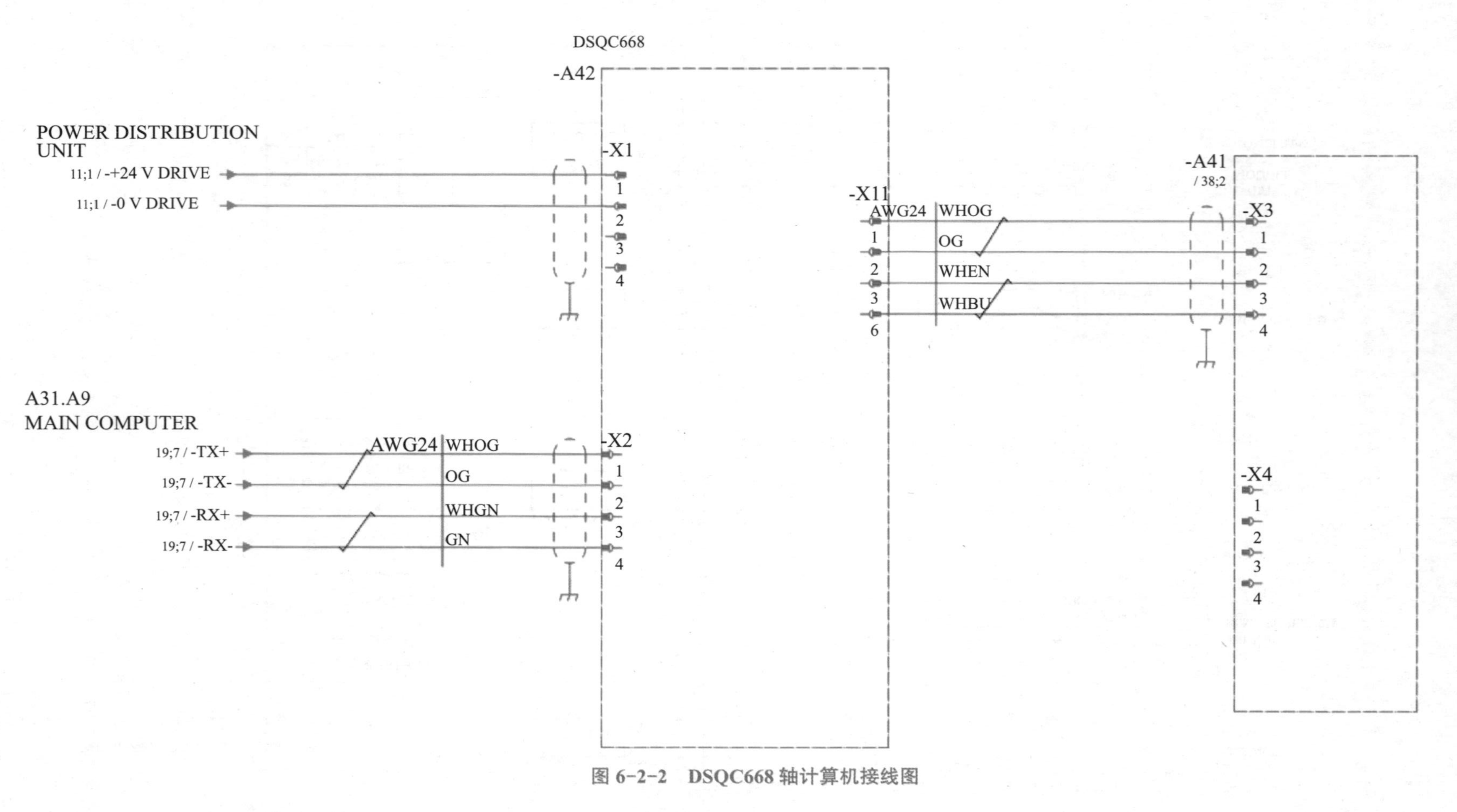

图 6-2-2 DSQC668 轴计算机接线图

主计算机板通过X9接口与DSQC668轴计算机板的X2接口通信，然后轴计算机板X11接口与DSQC431驱动单元通信，通过驱动单元发送信号给各轴伺服驱动器，最后再通过伺服电动机驱动各关节的运动。

一、DSQC1000主计算机板（Main Computer Unit）

1. 定义

DSQC1000主计算机板（Main Computer Unit）相当于电脑的主机，用于存放系统和数据，接收处理机器人运动数据和外围信号，将处理的信号发送到各单元。

2. 接口及指示灯

DSQC1000主计算机板共有11个接口，通过这11个接口与控制器内部、外部通信，如图6-2-3所示。

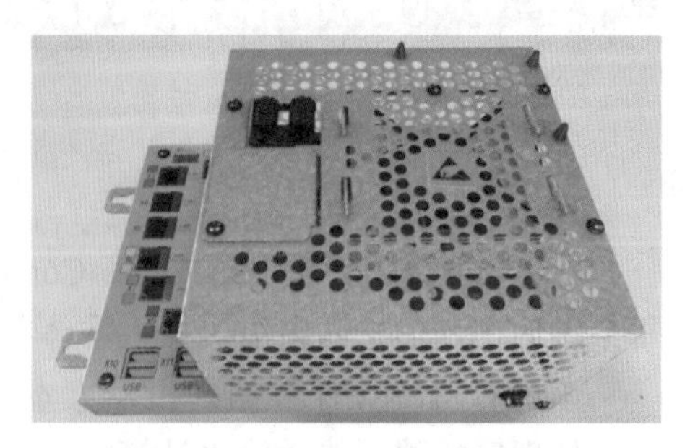

图6-2-3　DSQC1000主计算机板

（1）X1接口，直流24 V电源输入，来自电源分配板DSQC662的X6接口。

（2）X2接口，属于服务接口，主要用于与RobotStudio进行离线联机的网口。

（3）X3接口，用于与示教器通信，与控制器XS4连接。

（4）X4、X5接口，用于与外部设备通信使用，如S7-1200。

（5）X7接口，用于与安全面板DSQC400的X11接口连接。

（6）X9接口，用于与轴计算机板DSQC668的X2接口连接，传输数据。

（7）X10接口，直流输入5 V，来自电源分配板DSQC662的X8接口。

（8）DeviceNet接口，与标准I/O板DSQC652接口X5连接。

（9）Power为电源指示灯。

（10）DISC-Act为磁盘活动指示灯。

（11）STATUS灯为运行指示灯。

3. DSQC1000的故障判断与维修

根据主计算机板的Power指示灯、DISC-Act指示灯、STATUS指示灯的情况判断其工作状态，可以对该部分进行系统维护与维修：

（1）当Power指示灯显示为绿色长亮，说明设备正常运行。

（2）当Power指示灯闪烁间隔熄灭（1～4四短闪，1 s熄灭），说明故障可能发生在电源、FPGA和/或COM快速模块。

（3）当Power指示灯间隔快速闪烁（1～5闪烁，20快速闪烁），暂时性电压降低。

遇到这种情况，首先重启控制器电源，然后检查计算机单元的电源电压，如果电压不正常，可以考虑更换计算机装置。

（4）当 DISC-Act 指示灯显示为黄色，说明正常启动现象，表示计算机正在写入 SD 卡。

（5）当 STATUS 指示灯红灯长亮，有两种可能故障：若在启动过程，则表示正在加载 bootloader；若启动结束，则表示 SD 卡可能故障。

（6）当 STATUS 指示灯红灯闪烁，有两种可能故障：若在启动过程，则表示正在加载镜像；若启动结束，则表示 SD 卡可能故障。

（7）当 STATUS 指示灯绿灯闪烁，有两种可能故障：若在启动过程，则表示正在加载 RobotWare；若启动结束，则表示查看 FlexPendant 或 CONSOLE 的错误消息。

（8）当 STATUS 指示灯绿灯长亮，说明系统就绪。

二、DSQC668 轴计算机板

1. 定义

DSQC668 轴计算机板（Axis Computer Unit）用于接收主计算机信号，将计算机器人每个轴的控制信号输出给机器人本体各轴伺服电动机驱动器。

该计算机不保存数据，机器人本体的零位和机器人当前位置的数据都由轴计算机处理，处理后的数据传送给主计算机。

2. 接口及指示灯

DSQC668 轴计算机板接口实物图如图 6-2-4 所示。

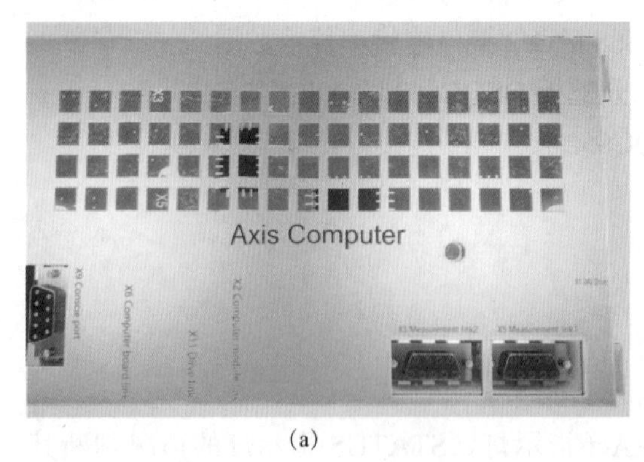

(a)

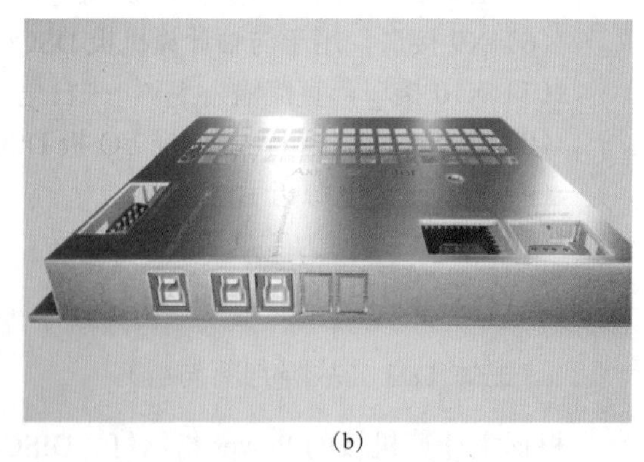

(b)

图 6-2-4　DSQC668 轴计算机板接口实物图

（1）X1 接口，输入直流 24 V，来自电源分配板直流电源驱动。

（2）X2 接口，用于与主计算机 X9 接口连接。

（3）X4 接口，用于计量 EIB 数据，连接控制器 XS2，如图 6-2-5 所示，然后通过 SMB 电缆再与工业机器人 IRB 120（Manipulator120）的 R1.EIB 接口通信，完成编码器数据传输。

（4）X5 接口，用于计量数据，连接控制器 XS41，用来传输外部轴信号（EXT.AXIS SIGNAL），如图 6-2-5（a）所示。

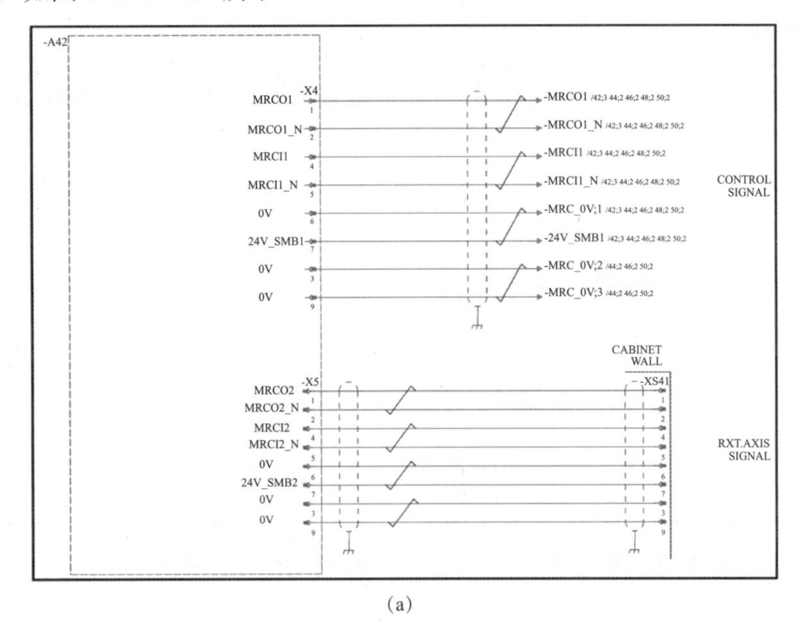

(a)

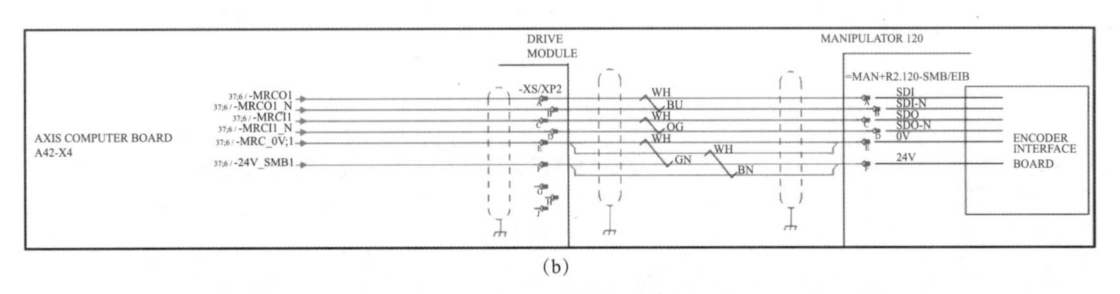

(b)

图 6-2-5 DSQC668 的 X4 接口

（5）X6 接口，用于连接接触器接口，连接安全面板 DSQC400 的 X4 接口。

（6）X9 接口，控制器接口。

（7）X11 接口，用于连接驱动单元 DSQC431 的 X3 接口，如图 6-2-6 所示。

3. DSQC668 的故障判断与维修

根据轴计算机板指示灯的情况判断其工作状态，可以对该部分进行系统维护与维修。

（1）当指示灯显示为红灯长亮，有两种可能故障：若在正常启动过程，则表示加电时默认；若启动结束，则表示轴计算机无法初始化基本的硬件。

（2）当指示灯显示为绿灯闪烁，有两种可能故障：若在正常启动过程，则表示轴计算机程序启动并连接外围单元；若启动结束，则表示与外围单元的连接丢失或者 RobotWare 启动出现问题。

（3）当指示灯显示为绿灯长亮，有两种可能故障：若在正常启动过程，则表示正常启动过程中；若启动结束，则表示正常运行。

（4）当指示灯熄灭，则说明可能是轴计算机没有电或者内部错误（硬件 / 固件）。

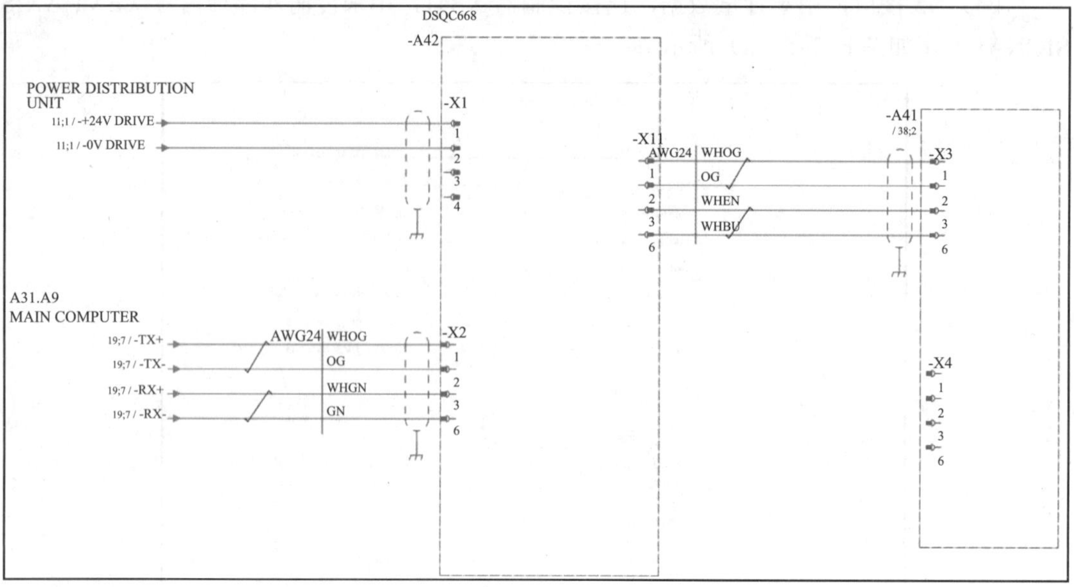

图 6-2-6　DSQC668 的 X11 与 DSQC431 的 X3 接口连接

任务三　驱动部分维护与故障诊断

※ 任务描述

了解驱动部分维护与故障诊断。

※ 知识学习

1．定义

DSQC431 驱动单元（Drive Unit）接收到轴计算机传送的驱动信号后，驱动机器人本体，其接线图如图 6-3-1 所示，ABB 工业机器人 IRB120 驱动单元的 CN100、CN200、CN300、CN400、CN500、CN600 共计 6 个接口通过 CABINET 分别与工业机器人本体部分（Manipulator）的各个伺服电动机通信，从而驱动工业机器人各轴的动作。

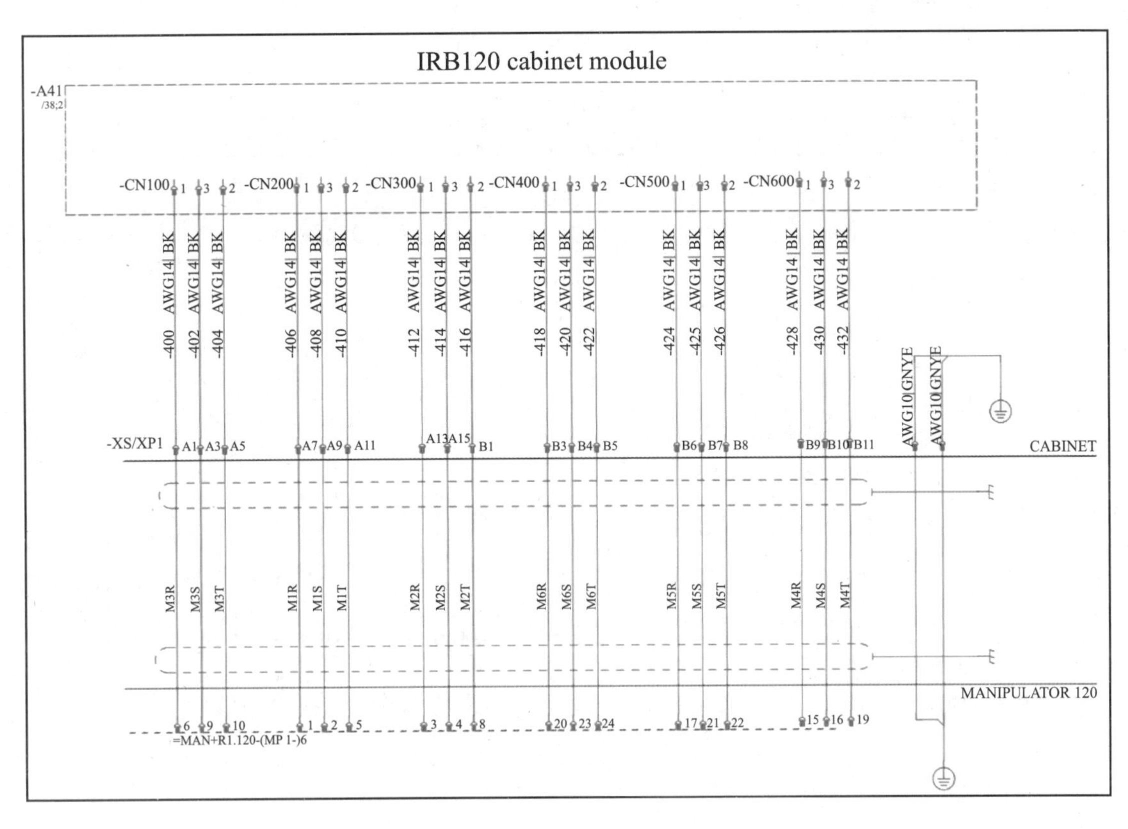

图 6-3-1　DSQC431 驱动单元接线图

2. 接口及指示灯

DSQC431 驱动单元实物图如图 6-3-2 所示。

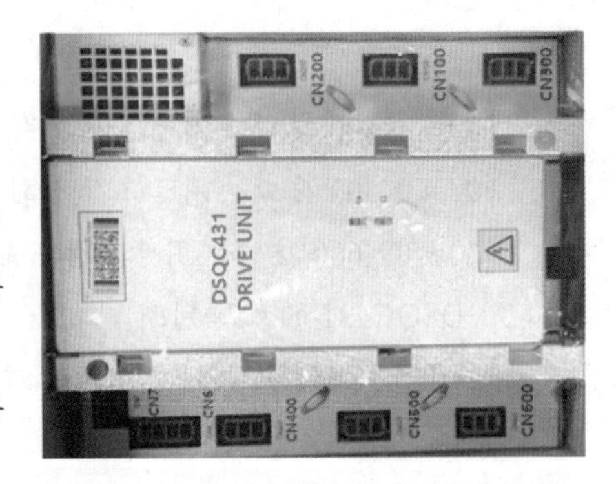

图 6-3-2　DSQC431 驱动单元实物图

DSQC431 接口包括：

（1）X3 接口，用于与轴计算机板 DSQC668 的 X11 接口连接，接收控制信号。DSQC668 的 X11 接口与 DSQC431 的 X3 接口连接如图 6-2-6 所示。

（2）CN4 接口，直流 24 V 输入，用于自身供电，如图 6-3-3 所示。

（3）CN7 接口，用于连接制动电阻连接接口，如图 6-3-3（b）所示，连接了电阻 $R_{1.1}$。

（4）CN6 接口，交流 220 V 输入，来自接触器模块 K42、K43 串联，如图 6-3-3（a）所示。

（5）CN100 接口，用于本体 1 轴驱动连接接口，如图 6-3-1 所示。

（6）CN200 接口，用于本体 2 轴驱动连接接口，如图 6-3-1 所示。

（7）CN300 接口，用于本体 3 轴驱动连接接口，如图 6-3-1 所示。

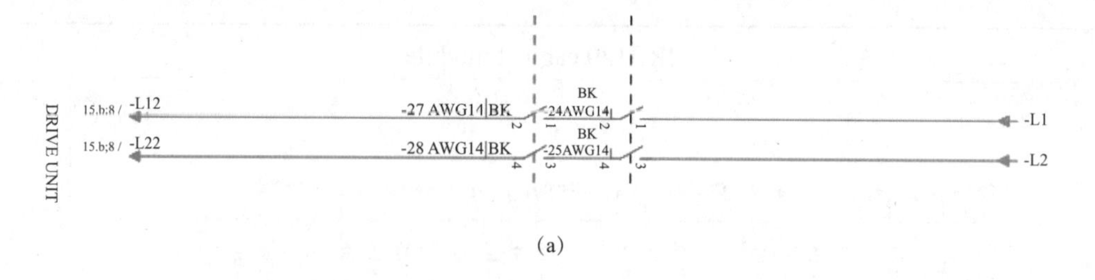

(a)

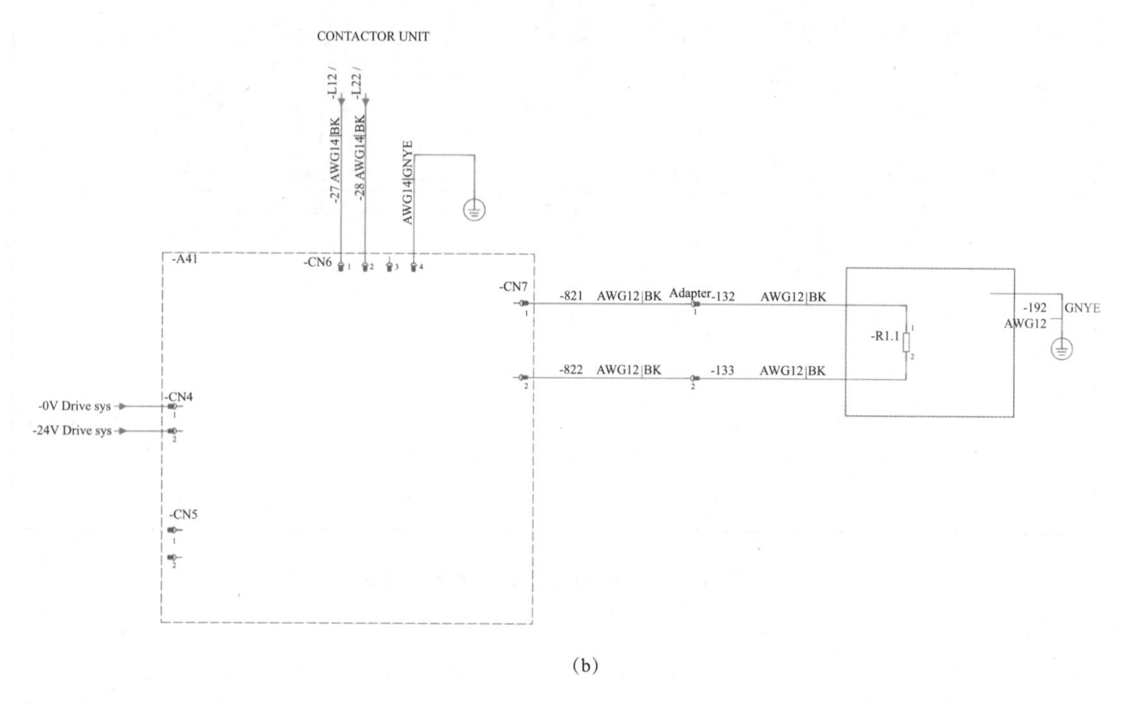

(b)

图 6-3-3 DSQC431 的 CN6 供电接口

（8）CN400 接口，用于本体 4 轴驱动连接接口，如图 6-3-1 所示。

（9）CN500 接口，用于本体 5 轴驱动连接接口，如图 6-3-1 所示。

（10）CN600 接口，用于本体 6 轴驱动连接接口，如图 6-3-1 所示。

3．DSQC431 的故障判断与维修

根据 DSQC431 的 X3、X4 指示灯的情况判断其工作状态，可以对该部分进行系统维护与维修：

（1）当 X4 黄灯闪烁，说明设备与上位机以太网通道上行通信。

（2）当 X4 黄灯长亮，说明设备与以太网通道已经建立。

（3）当 X4 黄灯熄灭，说明设备与上位机以太网通道连接断开。

（4）当 X4 绿灯熄灭，说明以太网通道的数据传输速率为 10 Mb/s。

（5）当 X4 绿灯长亮，说明以太网通道的数据传输速率为 100 Mb/s。

（6）当 X3 黄灯闪烁，说明设备与额外驱动单元在以太网通道上行通信。

（7）当 X3 黄灯长亮，说明以太网通道已经建立。

（8）当 X3 黄灯熄灭，说明与额外驱动单元以太网通道连接断开。

（9）当 X3 绿灯熄灭，说明以太网通道的数据传输速率为 10 Mb/s。

（10）当 X3 绿灯长亮，说明以太网通道的数据传输速率为 100 Mb/s。

任务四 安全面板部分维护与故障诊断

※ 任务描述

了解安全面板部分维护与故障诊断。

※ 知识学习

1. 定义

DSQC400 安全面板在控制器正常工作时，安全面板上所有指示灯点亮，急停按钮可从这里接入。安全面板接线图如图 6-4-1 所示。

2. 接口及指示灯

DSQC400 安全面板实物图如图 6-4-2 所示。

DSQC400 接口包括：

（1）X3 接口，用于与接触器模块连接，进行 K42、K43、K44 辅助触头连接。

（2）X6 接口，用于与控制器（手动自动）模式开关（S21.1）连接；用于与控制器电动机上电按钮（S21.2）连接，如图 6-4-3 所示。

（3）X7 接口，分别与控制器 XS1 接口连接用 PTC 保护端，与接触器模块连接，用于制动闸释放保护。

（4）X8 接口，用于与接触器模块连接，进行 K42、K43、K44 线圈供电连接。

（5）X9 接口，用于与控制器急停按钮 X2（S21.3）连接，如图 6-4-1 所示。

（6）X10 接口，用于连接示教器 FlexPendant 的急停按钮，如图 6-4-1 所示。

（7）X11 接口，用于数据传输，与主计算机板 DSQC1000 的 X7 接口连接，如图 6-4-1 和图 6-4-4 所示。

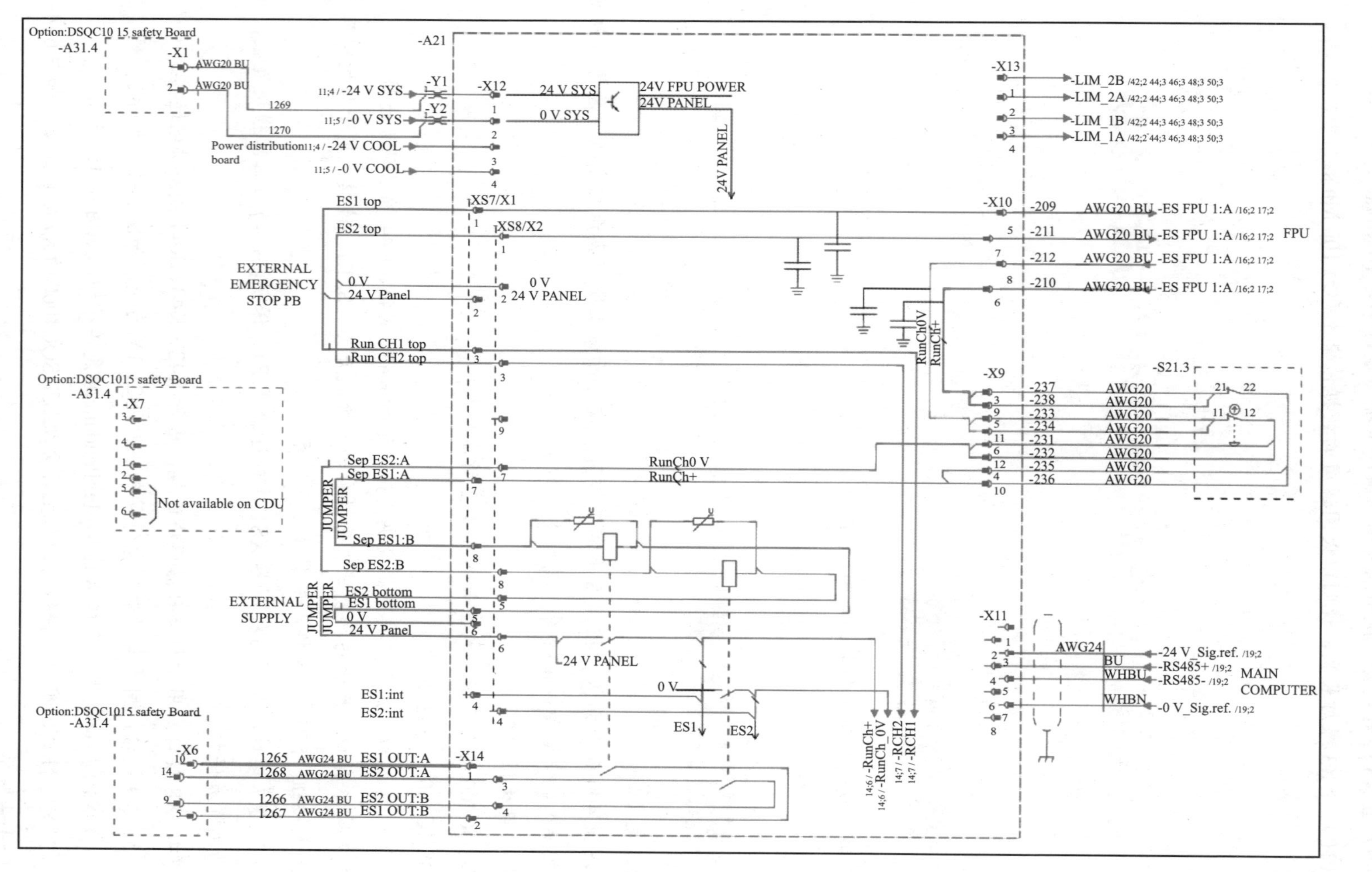

图 6-4-1　DSQC400 安全面板接线图

图 6-4-2　DSQC400 安全面板实物图

(8)X12接口，直流输入24 V用于自身供电，与Power distribution board的X6接口连接。

(9) X13 接口，用于与控制器 XS1 接口连接，进行数据传输。

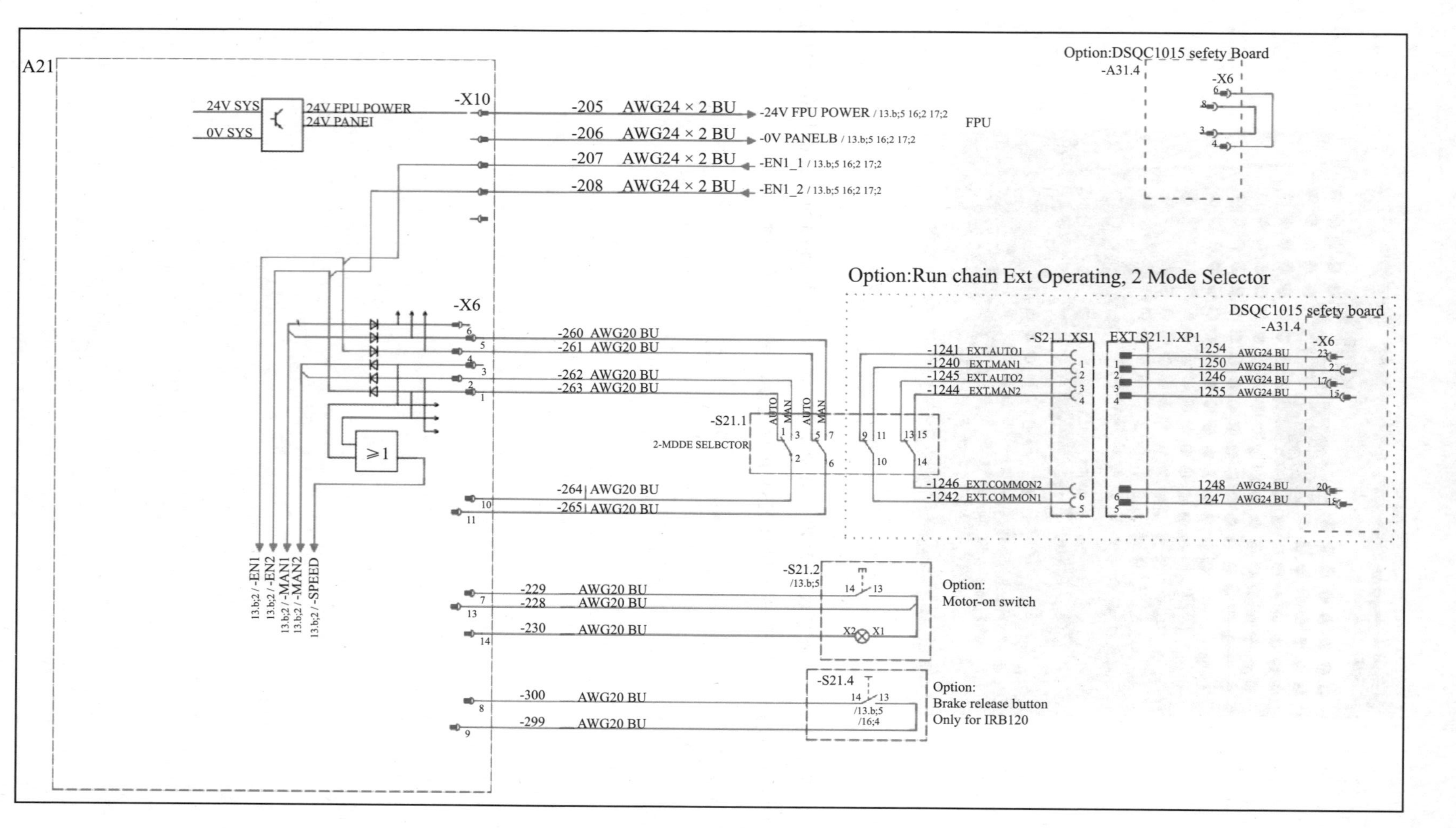

图 6-4-3 DSQC400 的 X10 和 X6 接口

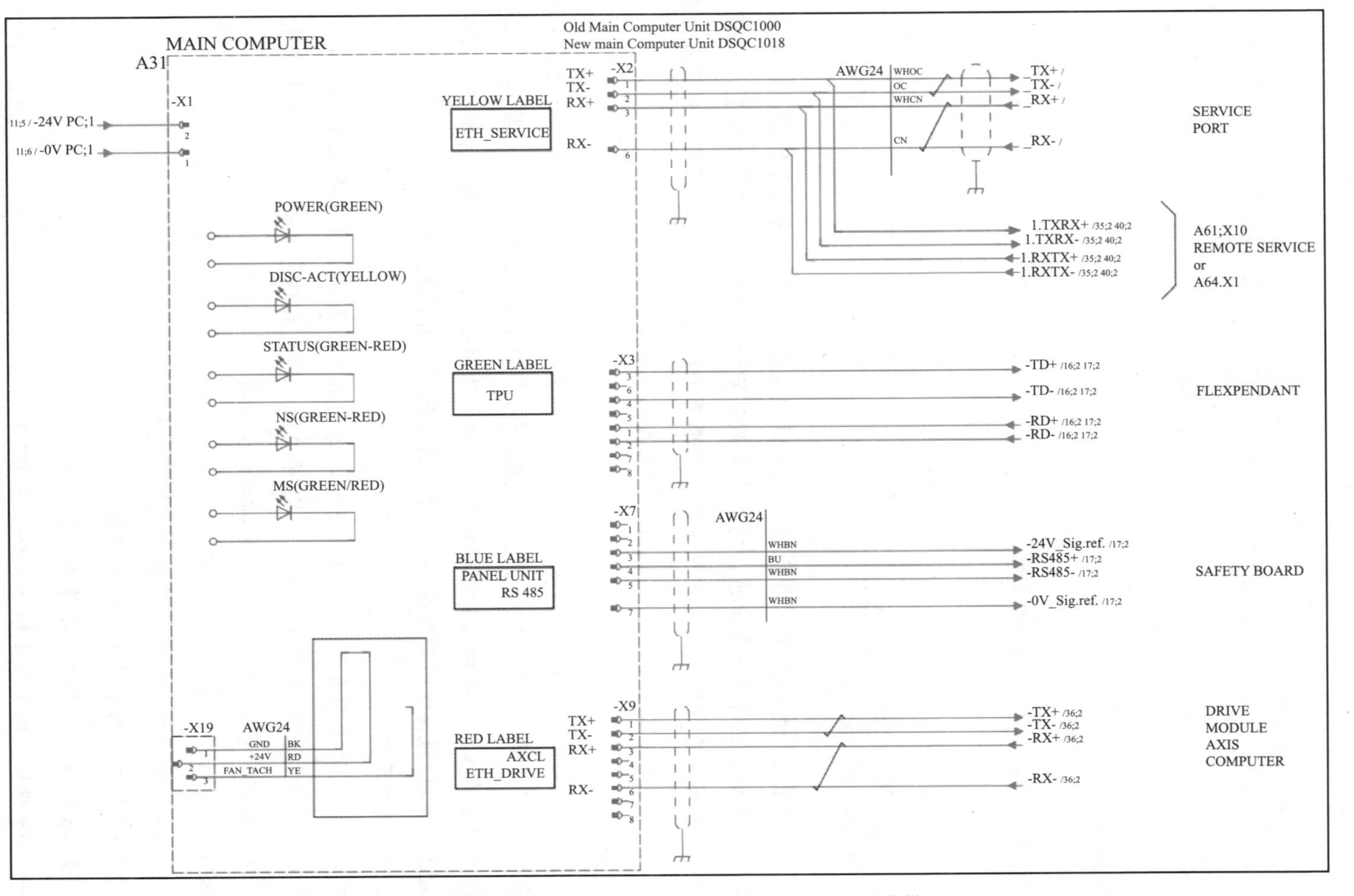

图 6-4-4　DSQC400 的 X11 接口与 DSQC1000 的 X7 接口连接

任务五　I/O板部分维护与故障诊断

※ 任务描述

了解 I/O 板部分维护与故障诊断。

※ 知识学习

机器人通常需要接收其他设备或传感器的信号才能完成指派的生产任务，比如：要将传送带上的货物搬运到另一个地方，首先需要确定货物是否到达了指定的位置，这就需要一个位置传感器。当货物到达指定位置后，传感器给机器人发送一个信号。机器人接到这个信号后，就执行相应的操作，比如按照预定的轨迹开始搬运。

1. 定义

对于机器人而言，位置传感器这种信号属于数字量的输入信号。在 ABB 工业机器人中，这种信号的接收是通过标准 I/O 板完成的。DSQC652 标准 I/O 板也称为信号的输入 / 输出板，提供 16 个数字输入信号和 16 个数字输出信号，用于外部 I/O 信号与机器人系统的通信连接。DSQC652 标准 I/O 板接线图如图 6-5-1 所示，其实物图如图 6-5-2 所示。

2. 接口及指示灯

在 X1 和 X2 的上面有两排 LED 指示灯，每排 8 个，每个代表一个通道，当通道有信号输出时，信号指示灯会点亮。同理，X3 和 X4 上面也有信号指示灯，用来指示相应通道的状态，当通道有信号输入时，信号指示灯会点亮。

DSQC652 接口包括：

（1）X1 接口，用于数字信号输出接口 1～8。

（2）X2 接口，用于数字信号输出接口 1～8。

（3）X3 接口，用于数字信号输入接口 1～8。

（4）X4 接口，用于数字信号输入接口 1～8。

输入及输出接口的供电电压均为直流 24 V，其供电示意图如图 6-5-3 所示。

（5）X5 接口，用于 CAN 总线设置和地址跳线设置，与 DSQC1000 的 DeviceNet 接口和 I/O 板的 XS17 接口连接。

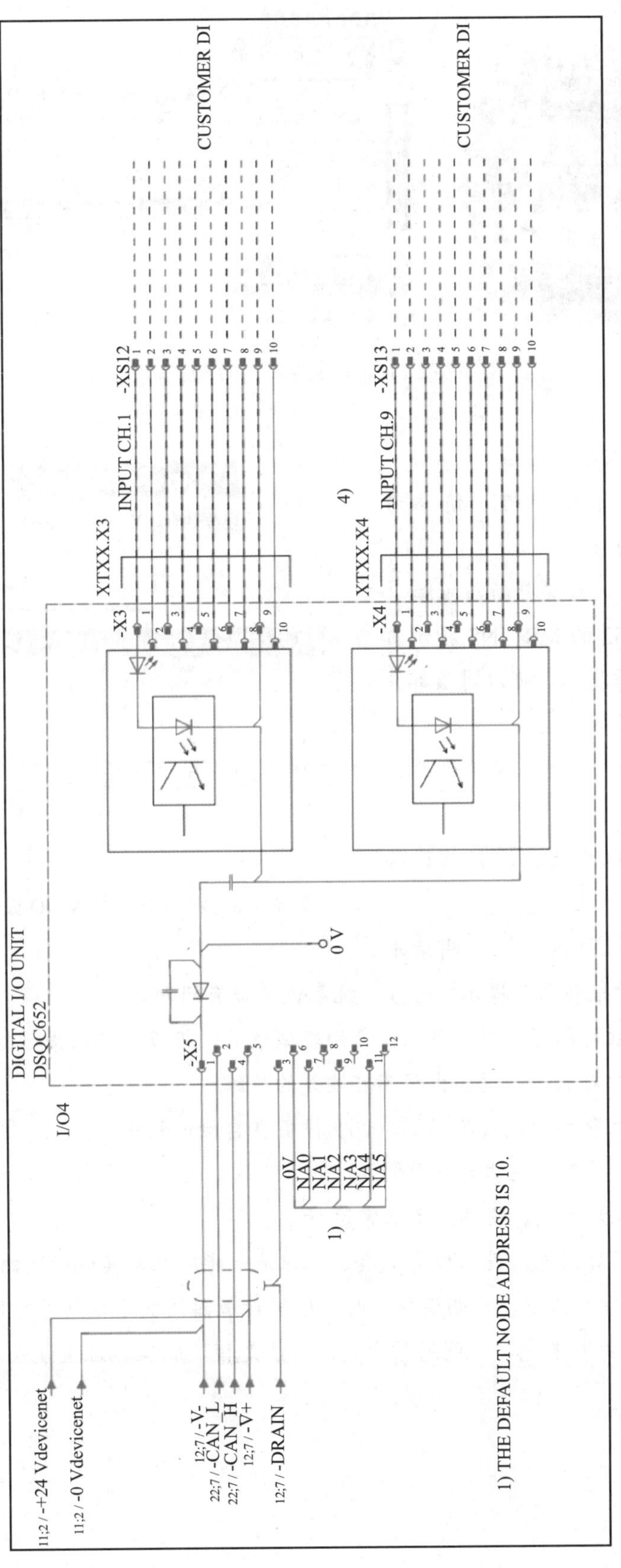

图 6-5-1　DSQC652 标准 I/O 板接线图

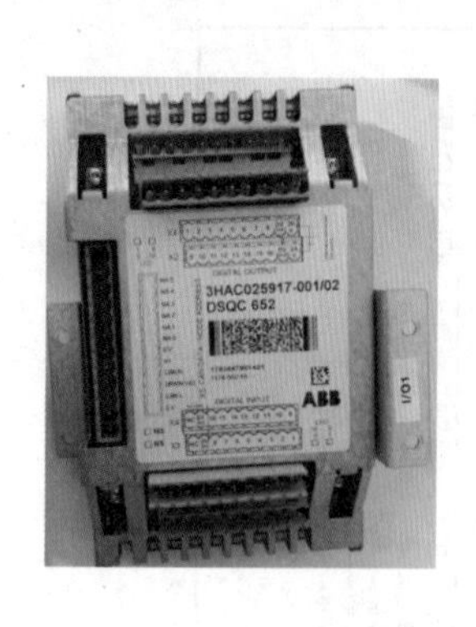

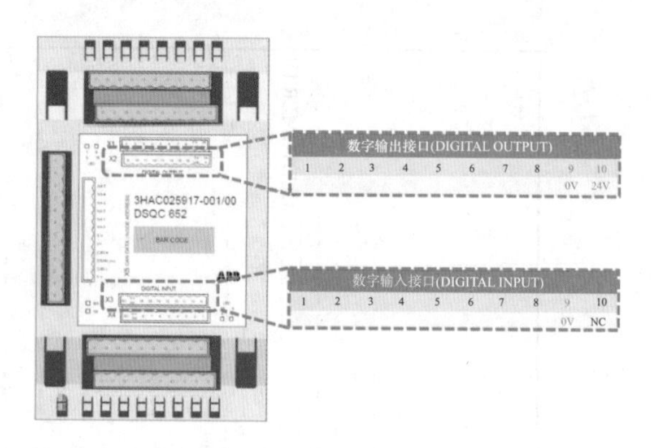

图 6-5-2　DSQC652 标准 I/O 板实物图

3．接口介绍及配置方法

关于各接口详细介绍，请参考表 3-1-1 ～表 3-1-6。

4．DSQC652 的故障判断与维修

根据 DSQC652 的 MS、NS 指示灯的情况判断其工作状态，可以对该部分进行系统维护与维修。

（1）当 MS 灯熄灭，说明设备无电源输入。

（2）当 MS 绿灯长亮，说明设备正常运行。

用户电源供应XT31
电源供应24 V　电源供应0 V
1　2　5　6
数字输出接口(DIGITAL OUTPUT)
1　2　3　4　5　6　7　8　9　10
0 V　24 V
数字输入接口(DIGITAL INPUT)
1　2　3　4　5　6　7　8　9　10
0 V　NC

图 6-5-3　DSQC652 标准 I/O 板供电示意图

（3）当 MS 绿灯闪烁，说明请求根据示教器相关的报警信息提示，检查系统参数是否有问题。

（4）当 MS 红灯闪烁，说明可以恢复的轻微故障，根据示教器提示信息进行处理。

（5）当 MS 红灯长亮，说明出现不可恢复的故障。

（6）当 MS 红色和绿色切换闪烁，说明设备在自检过程中。

（7）当 NS 灯熄灭，说明无电源输入。

（8）当 NS 绿灯长亮，说明设备正常运行。

（9）当 NS 绿灯闪烁，说明模块上线了，但是未能建立与其他模块的连接。

（10）当 NS 红灯闪烁，说明连接超时，根据示教器的提示信息进行处理。

（11）当 MS 红灯长亮，说明通信出错，可能是模块物理地址重复或总线断开连接。

项目七 工业机器人常用基础件的维护

项目目标

掌握清洁工业机器人本体、保护盖及机械限位方法；
掌握检查工业机器人本体布线的方法；
掌握更换工业机器人 SMB 电池的方法；
掌握检查工业机器人同步带的方法。

工作任务

工业机器人设备点检是一种科学的管理与维护方法，它利用人的五官或简单的仪器工具，对设备进行定点、定期的检查，对照标准发现设备的异常现象和隐患，掌握设备故障的初期信息，以便及时采取对策将故障消灭在萌芽阶段。工业使用环境中必须定期对工业机器人进行维护以确保其功能正常。

一、工业机器人维护

科学技术的不断进步和发展，使得工业机器人被广泛应用于汽车、食品、包装等行业中，不仅提高了产品的品质和生产效率，同时还降低了生产成本。对工业机器人的维护保养工作是企业重点工作之一，其能够保障机器人时刻处于最佳状态。工业机器人在制造业使用程度不断增加，主要使用在较为恶劣条件下或工作强度和持续性要求较高的场合，品牌机器人的故障率较低，得到较为广泛的认可。即使工业机器人设计较规范和完善，集成度较高，故障率较低，但仍需定期进行常规检查和预防性维护。常见的机器人有串联关节式机器人、直角坐标式机器人、Delta 并联机器人、Scara 机器人、自动引导小车等，本项目中的维护主要针对关节式机器人。

二、工业机器人的点检

为了提高、维持工业机器人的原有性能，通过人的五感（视、听、嗅、味、触）或者借助工具、仪器，按照预先设定的周期和方法对设备上的规定部位（点）进行有无异常的预防性周密检查的过程，以使设备的隐患和缺陷能够得到早期发现、早期预防、早期处理，这样的设备检查称为点检。

当前大部分企业在做设备点检时，都是直接由指定点检人员到车间对各个定点按照设备的标准进行检查，检查的结果再由点检人员输入到设备点检记录表格里（表 7-1 和表 7-2），最后再把记录统计表交由设备管理部门确认签名留底。这种由手工填报点检结果效率低、容易漏项或出错，管理人员难以及时、准确、全面地了解设备状况，难以制定最佳的保养和维修方案。目前多数企业借助信息化手段，进行记录，共享维护、维修数据，提高了效率。

表 7-1　日检记录表

IRB1200 日检记录表																																			____年____月
类别	编号	检查项目	要求标准	方法	1	2	3	4	5	6	7	8	9	10	11	12	13	14	15	16	17	18	19	20	21	22	23	24	25	26	27	28	29	30	31
日点检	1																																		
	2																																		
	3																																		
	4																																		
	5																																		
	6																																		
	7																																		
确认人签字																																			
备注	日点检要求每日开工前进行。 设备点检、维护正常划“√”；使用异常划“△”；设备未运行划“/”。																																		

表 7-2　定检记录表

IRB1200 定期点检记录表														____年
类别	编号	检查项目	1	2	3	4	5	6	7	8	9	10	11	12
定期点检[1]	1													
	2													
	3													
	4													
	5													
		确认人签字												
每 12 个月	6													
		确认人签字												
每 36 个月	7													
		确认人签字												
	8													
		确认人签字												
备注	“定期”意味着要定期进行相关活动，但实际的间隔可以不遵守机器人制造商的规定。此间隔取决于机器人的操作周期、工作环境和运动模式。通常来说，环境的污染越严重，运动模式越苛刻（电缆线束弯曲越厉害），检查间隔也越短。设备点检、维护正常划“√”；使用异常划“△”；设备未运行划“/”。													

任务一　清洁工业机器人本体、保护盖及机械限位

※ 任务描述

通过练习掌握清洁工业机器人本体和保护盖以及检查机械限位的操作方法。

※ 知识学习

清洁工业机器人的目的是保证工业机器人本体外观整洁、干净，消除本体上可能出现的安全隐患。为保证较长的正常运行时间，请务必定期清洁工业机器人本体。清洁的时间间隔取决于机器人工作的环境。清洁之前务必确认工业机器人的防护类型，因为这会影响到后续清洁过程中的方法和清洁工具，选择不当将会缩短工业机器人的使用寿命。

一、准备工作

1. 安全保护

进行维护前，请确保安全帽、绝缘鞋等安全保护措施已经佩戴。本次所有点检任务均需要断开工业机器人液压供应系统、压缩空气供应系统以及工业机器人电源，如图 7-1-1 所示。机器人控制器电动机上电指示灯熄灭、控制器电源开关断开、控制器供电插头断开，工业机器人与控制器完全断电。

2. 轴温度测量

清洁机器人前，环视工业机器人本体，确保任何保护盖和保护装置齐全。为确保工业机器人易发热部位温度正常，使用红外测温枪测试机器人 2/4 两轴的温度，温度低于等于室温进行下一步，如图 7-1-2 所示。

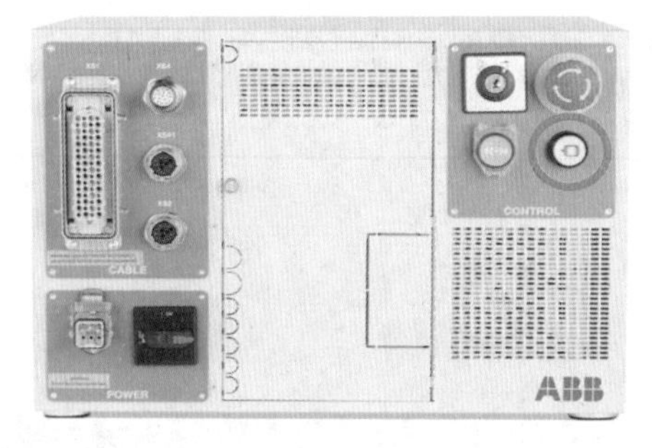

图 7-1-1　关闭相关电源

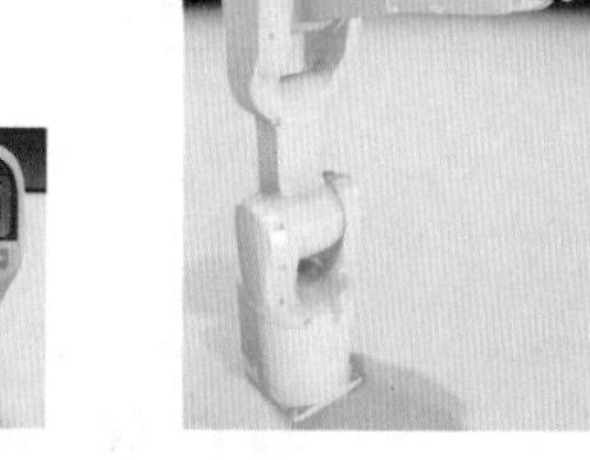

图 7-1-2　测试轴 2 和轴 4 的温度

二、点检实操

1. 清洁工业机器人本体

使用抹布擦拭工业机器人污迹部分，如需使用少量清洁剂请务必使用工业机器人厂家批准的溶剂清洁剂，此处根据 ABB 工业机器人官方使用手册，使用型号为 Loctite SF60 专用清洁剂进行工作。清洁完毕，再次环视工业机器人，确保清洁完毕。机器人外观如图 7-1-3 所示。

2. 检查机器人信息标签

工业机器人和控制器都有数个安全和信息标签，其中包含产品的相关重要信息，如图 7-1-4 所示，包括触电警示、高温警示等，这些信息对所有操作机器人系统的人员都非常有用，特别是在安装、检修或操作期间。

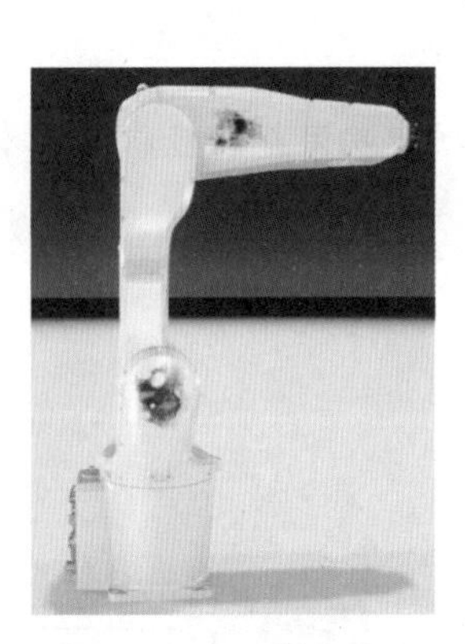

图 7-1-3　机器人外观

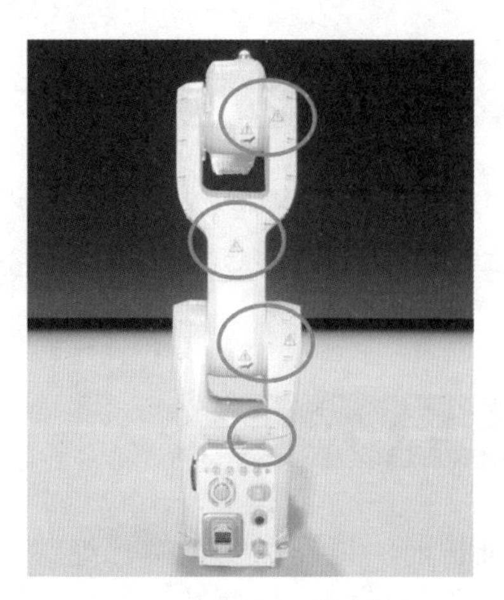

图 7-1-4　工业机器人标签

3. 检查机器人机械限位

ABB1200 型工业机器人均在轴 1、轴 2、轴 3 的运动极限位置有机械限位，主要用于限制轴运动范围以满足应用中的需要。为了工业机器人设备和使用者安全，必须定期点检所有机械限位是否完好，功能是否正常。

一般检查轴 1、轴 2、轴 3 运动极限位置的机械限位，如图 7-1-5 所示。检查完毕，再次环视工业机器人，确保检查完毕。

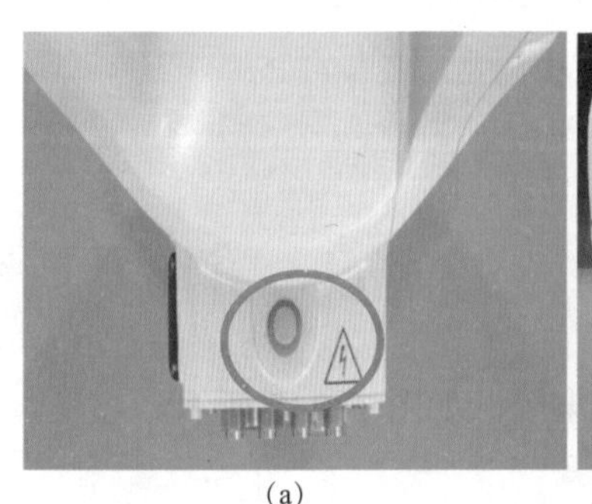

(a)

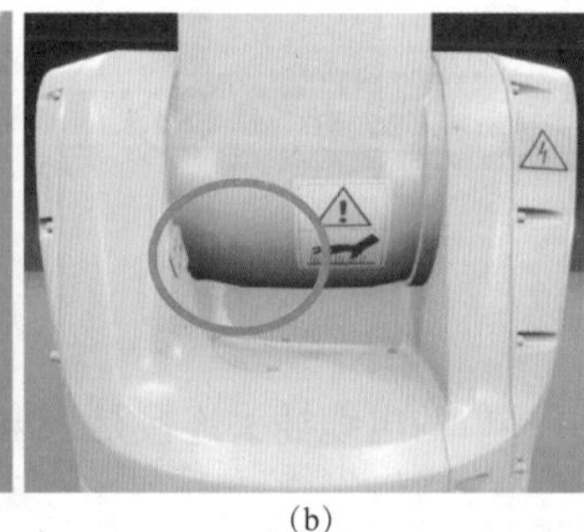

(b)

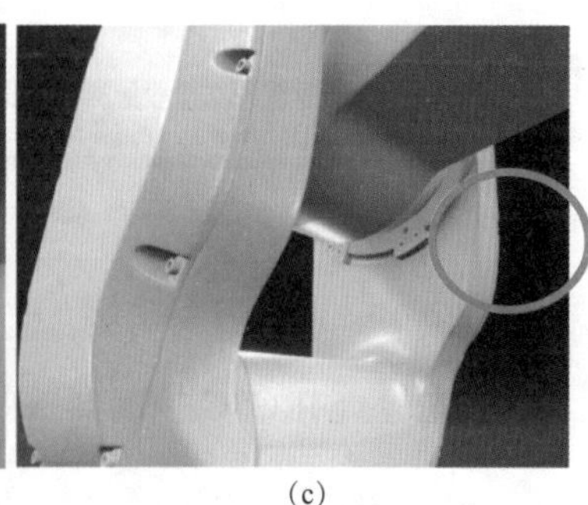

(c)

图 7-1-5　机器人机械限位

（a）轴 1；（b）轴 2；（c）轴 3

任务二　检查工业机器人本体布线

※ 任务描述

通过本项目的学习能够掌握工业机器人本体布线的检查维护方法。

※ 知识学习

由于工业机器人工作环境较复杂，所以在日常的维护中要定期检查机器人本体周边的电缆，保证机器人工作的稳定性与系统安全。

一、准备工作

进行维护前，请确保安全帽、绝缘鞋等安全保护措施已经佩戴。本次所有布线检查的任务均需要断开工业机器人液压供应系统、压缩空气供应系统以及工业机器人电源，如图 7-2-1 所示。机器人控制器电动机上电指示灯熄灭、控制器电源开关断开、控制器供电插头断开，工业机器人与控制器已经完全断电。

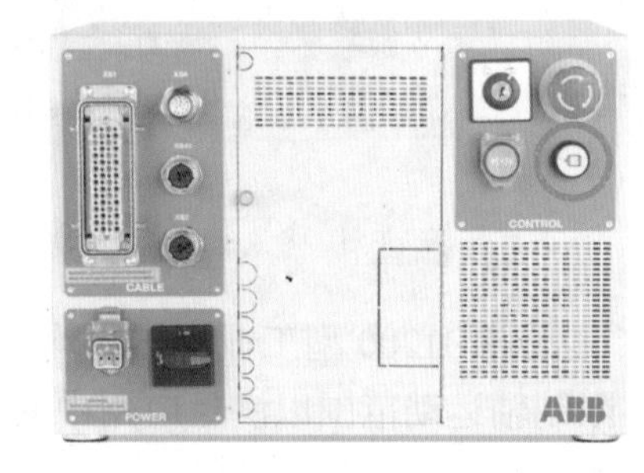

图 7-2-1　关闭相关电源

二、机器人本体布线的检查步骤

1. 检查 XP0 供电接口

应先检查 IRC5C 控制器 XP0 接口的电缆插头连接是否牢固，如图 7-2-2 所示。

2. 检查动力电缆情况

检查动力电缆是否有磨损，如有磨损则更换。检查或更换后将动力电缆与机器人本体 R1.MP 接口及控制器 XS1 接口连接并锁紧，如图 7-2-3 所示。

图 7-2-2　检查 XP0 接口的电缆插头

图 7-2-3　动力电缆插头

3. 检查 XS2 接口和 SMB 电缆插头

检查 IRC5C 控制器的 XS2 接口和机器本体上的 SMB 电缆插头连接是否牢固，并检查 SMB 连接电缆是否有磨损，如有磨损应更换。检查或更换电缆时将 SMB 电缆与机器人本体 R1.SMB 接口及控制器 XS2 接口连接并锁紧，如图 7-2-4 所示。

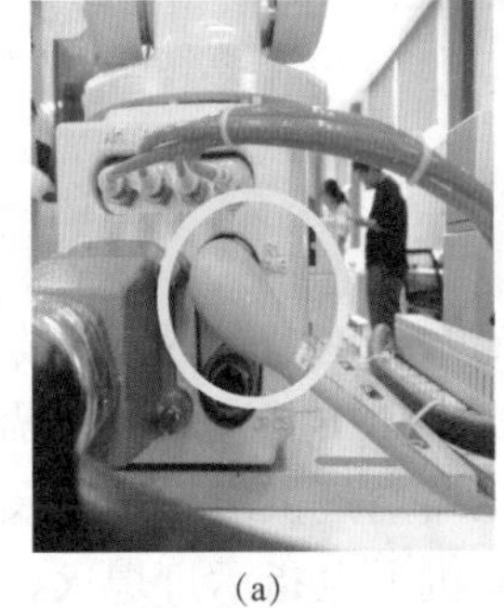
(a)

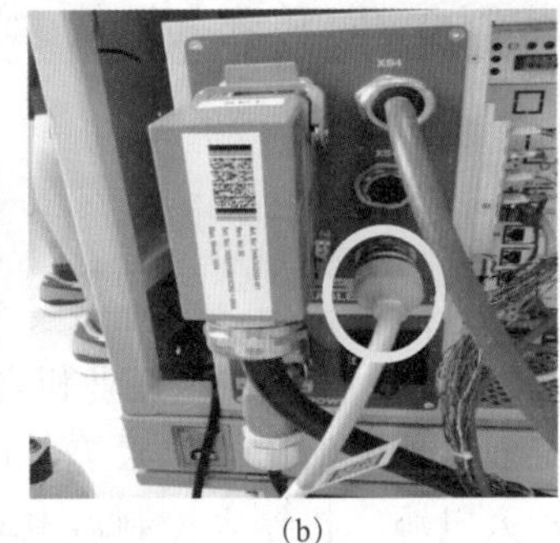
(b)

图 7-2-4　机器人本体与控制器连接

4. 检查示教器电缆情况

检查示教器和控制器接口 XS4 的连接情况并锁紧，如图 7-2-5 所示。

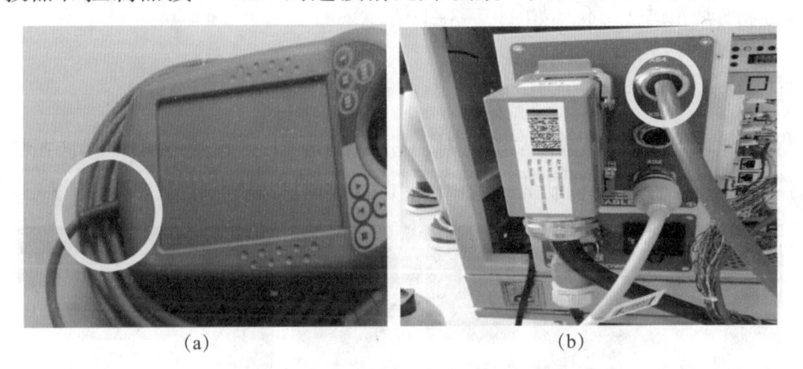
(a)　(b)

图 7-2-5　示教器与控制器连接

任务三　更换工业机器人 SMB 电池

※ 任务描述

通过本项目的学习能够掌握工业机器人更换 SMB 电池的方法。

※ 知识学习

通常，如果机器人的电源每周关闭 2 天，则 SMB 电池的使用寿命为 36 个月；如果机器人的电源每天关闭 16 小时，则 SMB 电池的使用寿命为 18 个月。所以必须对工业机器人的 SMB 电池进行定期维护以确保其功能正常。

一、准备工作

1. 安全防护操作

进行维护前，应确保安全帽、绝缘鞋等安全保护措施已经佩戴。本次更换工业机器人 SMB 电池任务均需要断开工业机器人液压供应系统、压缩空气供应系统以及工业机器人电源。机器人控制器电动机上电指示灯熄灭、控制器电源开关断开、控制器供电插头断开，工业机器人与控制器已经完全断电。由于该装置易受 ESD 影响，所以在操纵该装置之前，应佩戴静电手环，如图 7-3-1 所示。

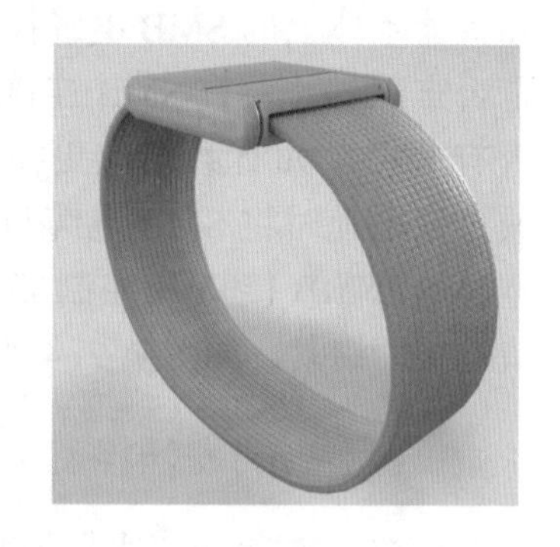

图 7-3-1 静电手环

2. 将机器人各个轴调至其机械原点位置

为了确保工业机器人轴数据正常使用，避免出现由于更换 SMB 电池丢失原点带来的麻烦，在更换 SMB 电池前先将机器人各个轴调至其机械原点位置，如图 7-3-2 所示。

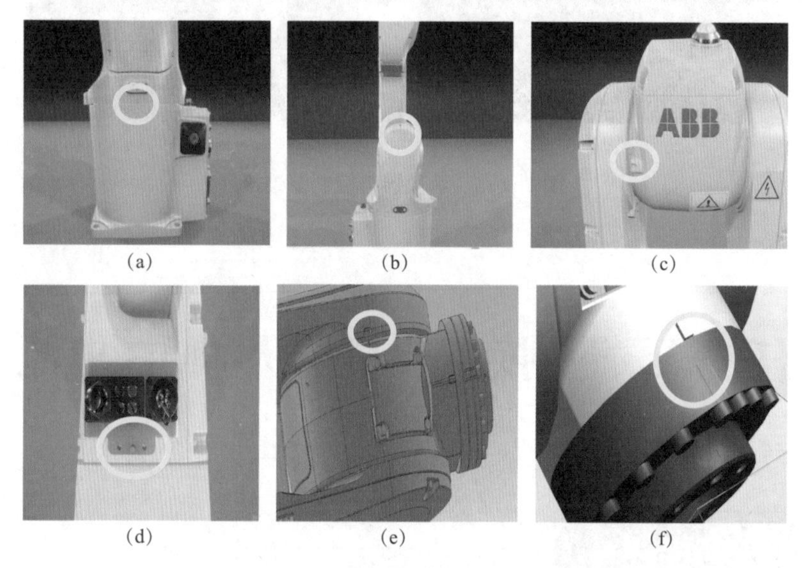

(a) (b) (c) (d) (e) (f)

图 7-3-2 各轴的机械原点位置

（a）轴 1；（b）轴 2；（c）轴 3；（d）轴 4；（e）轴 5；（f）轴 6

二、SMB 电池更换步骤

1. 拆卸保护端盖

找到 SMB 电池的位置，如图 7-3-3 所示，使用六角圆头扳手拆卸保护盖，卸下下臂连接器盖的螺钉并小心地打开盖子，注意盖子上连着线缆。

2. 断开线缆插头

拔下 EIB 单元上的 R1.ME1-3、R1.ME4-6 和 R2.EIB 连接器端子，并断开电池线缆插头，如图 7-3-4 所示。

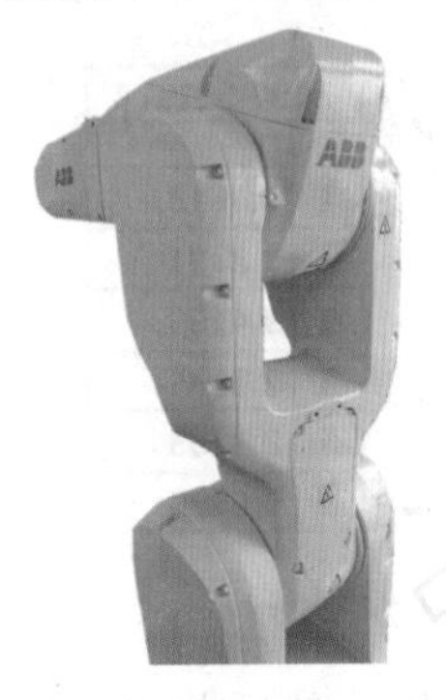
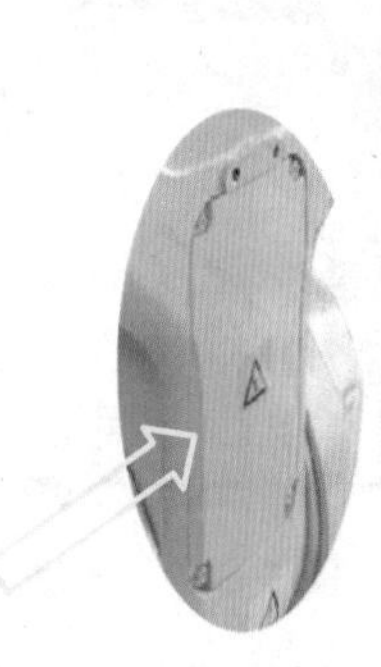

图 7-3-3　SMB 电池位置

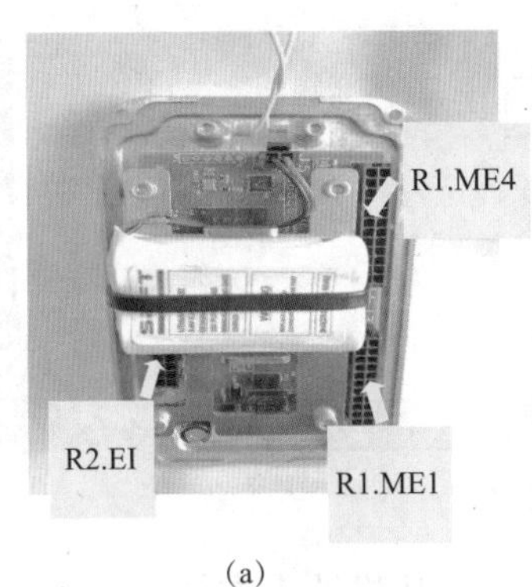

(a)

(b)

图 7-3-4　断开相关连接端子

3. 更换标准电池

使用偏口钳剪断电池的线缆扎带，从 EIB 单元取出电池并更换电池，标准电池为 3.6 V、7.2 A · h 的专用电池组。重新将电池安装在 EIB 板上并用线缆捆扎带固定，连接电池线缆插头，如图 7-3-5 所示。

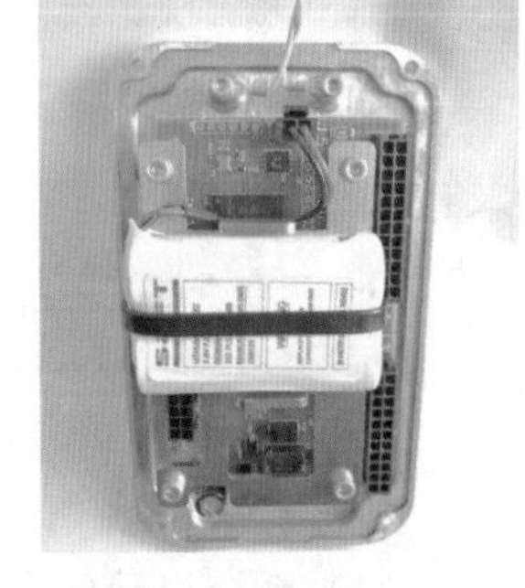

图 7-3-5　更换电池

4. 更新转数计数器

通过示教器进行转数计数器更新时，首先确保 ABB 机器人六个关节轴都已经在机械原点的位置上。在以下的情况，需要对机械原点的位置进行转数计数器更新：

（1）更换伺服电动机转数计数器电池后。

（2）当转数计数器发生故障修复后。

（3）转数计数器与测量板之间断开后。

（4）断电后，机器人关节轴发生了位移。

（5）当系统报警提示“10036 转数计数器未更新”时。

以下是进行 ABB 机器人 IRB1200 转数计数器更新的操作。

（1）单击左上角主菜单，选择“校准”，如图 7-3-6 所示。然后单击“ROB_1”，如图 7-3-7 所示。

图 7-3-6　选择“校准”

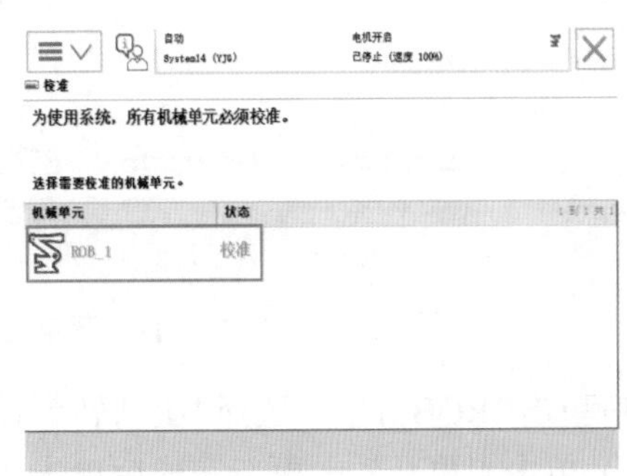

图 7-3-7　单击“ROB_1”

（2）单击“校准参数”→“编辑电机校准偏移...”（图 7-3-8），将机器人本体上电动机校准偏移记录下来，如图 7-3-9 所示。

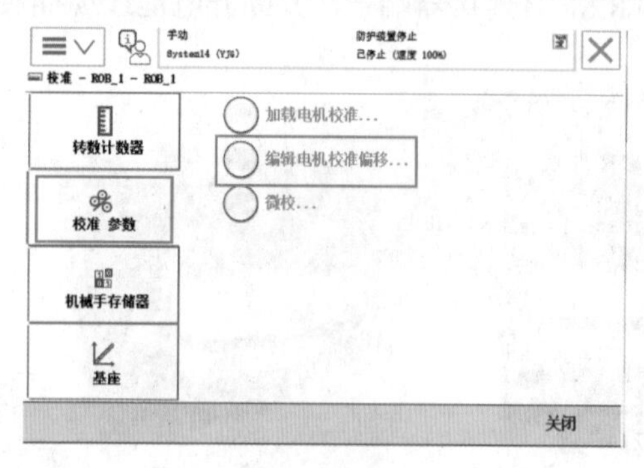

图 7-3-8　校准偏移

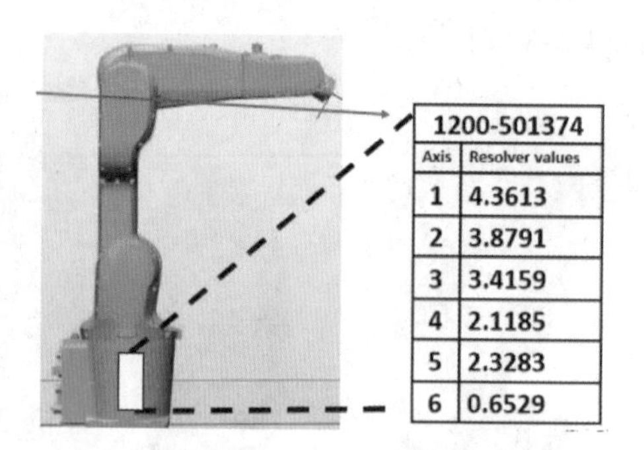

图 7-3-9　电动机偏移值

（3）单击“是”并输入刚才从机器人本体记录的电动机校准偏移数据，然后单击“确定”。如果示教器中显示的数值与机器人本体上的标签数值一致，则无须修改，直接单击“取消”退出，如图 7-3-10 所示。

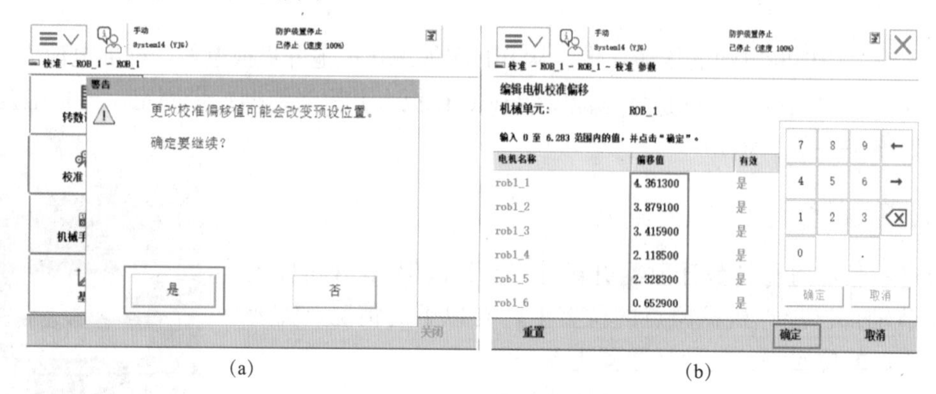

(a)　　(b)

图 7-3-10　输入电动机校准偏移值

（4）系统提示单击“是”，重启控制器后单击“校准”，如图 7-3-11 所示。

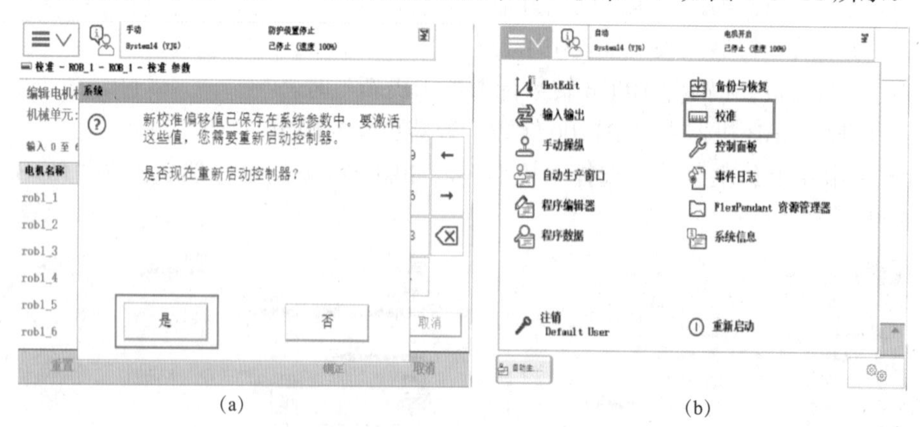

(a)　　(b)

图 7-3-11　重启控制器后单击“校准”

（5）单击“ROB_1”，选择“更新转数计数器...”，单击“全选”，如图 7-3-12 所示。

（6）单击“更新”，更新完成后单击“确定”，如图 7-3-13 所示。

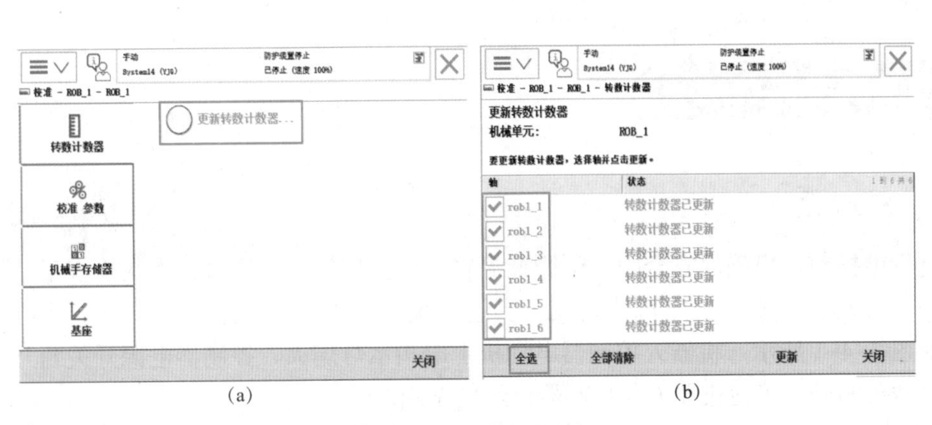

(a)　　(b)

图 7-3-12　6 轴全选更新

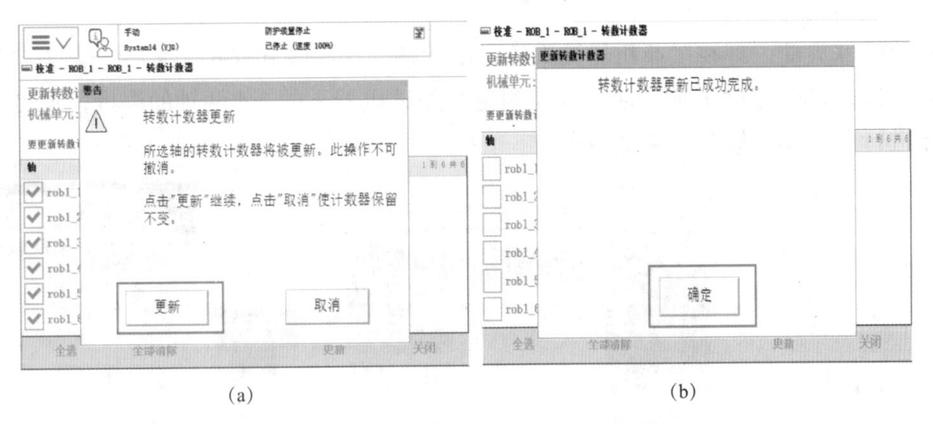

(a)　　(b)

图 7-3-13　更新完成

任务四　检查工业机器人同步带

※ 任务描述

通过本项目的学习能够掌握检查工业机器人同步带的方法。

※ 知识学习

同步带安装时必须进行适当的张紧，张紧力过小会使同步带传递运动的精度降低，同步带的振动噪声变大；张紧力过大则会使同步带的寿命降低，传动噪声增大，导致轴和轴承上的载荷增大，加剧轴承的发热和使轴承寿命降低。定期检查同步带传动适宜的张紧力是保证同步带传动正常工作的重要条件。

一、准备工作

1. 安全防护操作

进行维护前，应确保安全帽、绝缘鞋等安全保护措施已经佩戴。本次检查工业机器人同步带任务均需要断开工业机器人液压供应系统、压缩空气供应系统以及工业机器人电源，如图 7-4-1 所示。机器人控制器电动机上电指示灯熄灭、控制器电源开关断开、控制器供电插头断开，工业机器人与控制器已经完全断电。

2. 轴温度测量

清洁机器人前，环视工业机器人本体，确保任何保护盖和保护装置齐全。为确保工业机器人易发热部位温度正常，使用红外测温枪测试机器人的 2/4 两轴的温度，温度低于等于室温进行下一步，如图 7-4-2 所示。

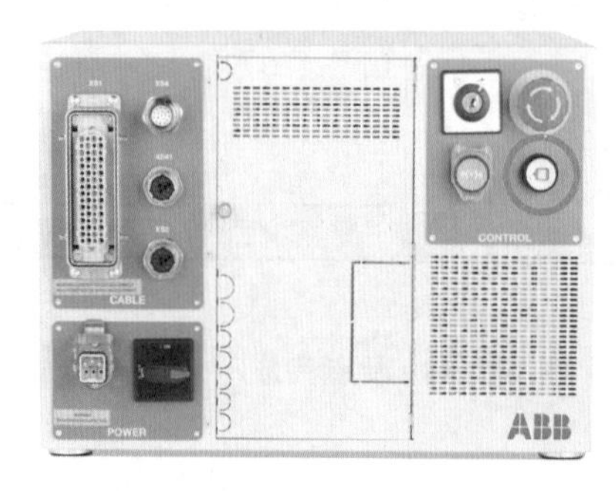

图 7-4-1 切断相关电源

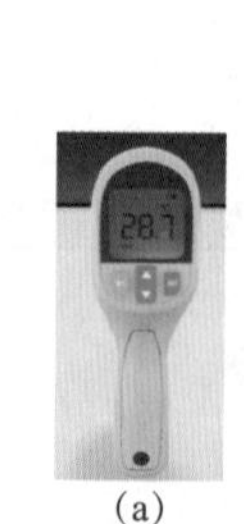

(a)

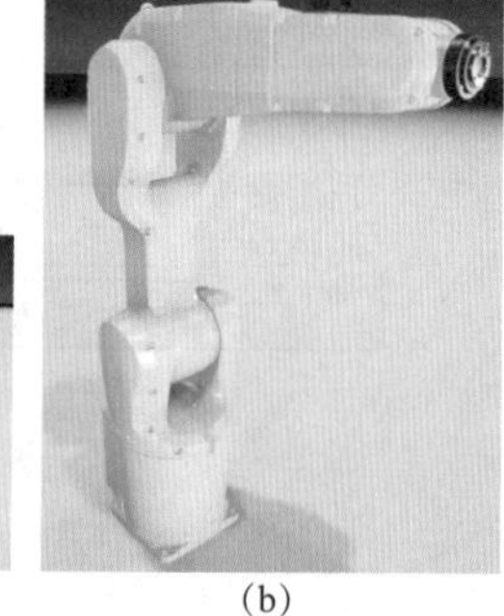

(b)

图 7-4-2 测试轴 2 和轴 4 的温度

3. 将机器人各个轴调至其机械原点位置

为了确保工业机器人轴数据正常使用，确保在检查或更换同步带后工业机器人处于机械原点，必须在检查或更换同步带前先将机器人各个轴调至其机械原点位置，如图 7-4-3 所示。

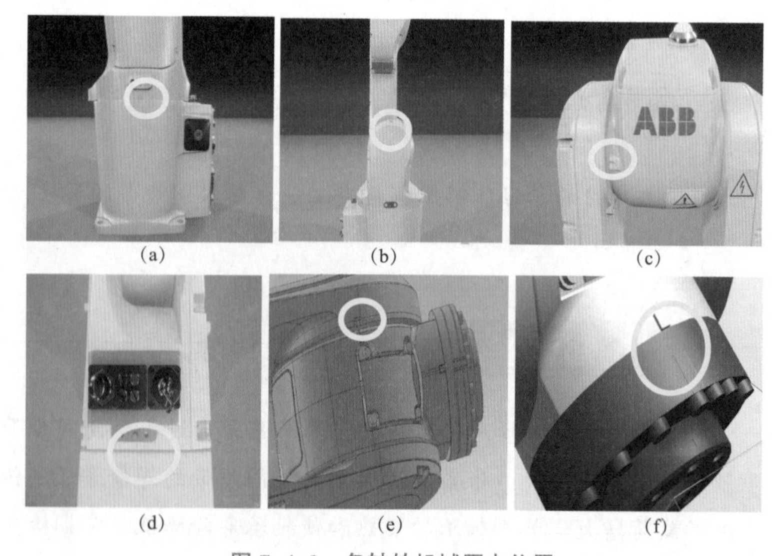

(a) (b) (c) (d) (e) (f)

图 7-4-3 各轴的机械原点位置

（a）轴 1；（b）轴 2；（c）轴 3；（d）轴 4；（e）轴 5；（f）轴 6

二、检查同步带步骤

1. 拆卸轴 4 和轴 5 保护端盖

正确选择使用的工具，拆掉轴 4 和轴 5 保护端盖，检查轴 4 和轴 5 传动皮带是否有损坏或者磨损，如图 7-4-4 所示。

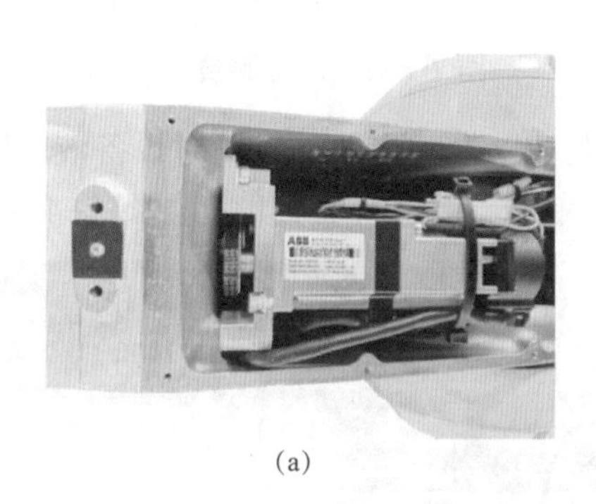
(a)

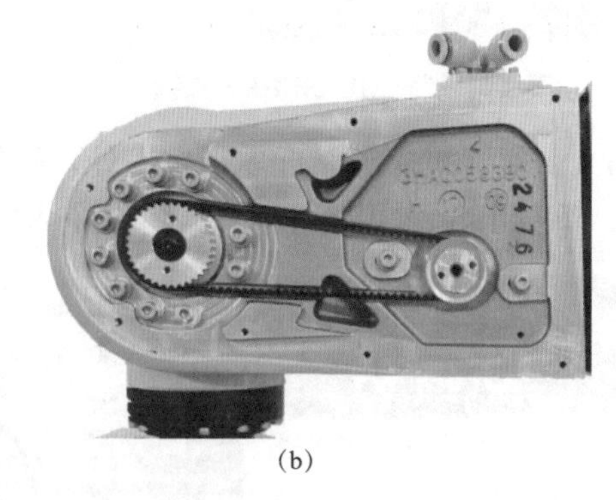
(b)

图 7-4-4 拆掉 4/5 轴的保护盖

2. 正确使用张力计

皮带张力计，顾名思义就是测量皮带张力的仪器。测量方式主要有机械式（或称为接触式）、声波式、光波式。机械式因其使用简单而被广泛使用，它能够满足大部分的测量要求；但由于很多其他因素（比如测量空间受限），有时就需要选择非接触式测量方式，比如声波式或者光波式。这两种测量方式各有优缺点，用户可根据自己的使用环境、方式等选择适合自己使用的皮带张力计。本项目中使用的型号为 UNITTA U-508 张力计产于日本，如图 7-4-5 所示，是一种声波式皮带张力计，其测试原理：通过模拟信号处理，可测出不同条件下的振动波形，并可读出波形的周期，通过周波数频率的处理换算出张力值。

对机器人本体的 3、5 轴进行张紧力测试，轴 4 由于空间狭小所以不进行测量，需工作人员凭经验进行张紧。具体步骤如下：

（1）长按红色“开关”（POWER）键，打开 U-508 设备；出现参数界面松开键，如图 7-4-6 所示 。

图 7-4-5 UNITTA U-508 张力计

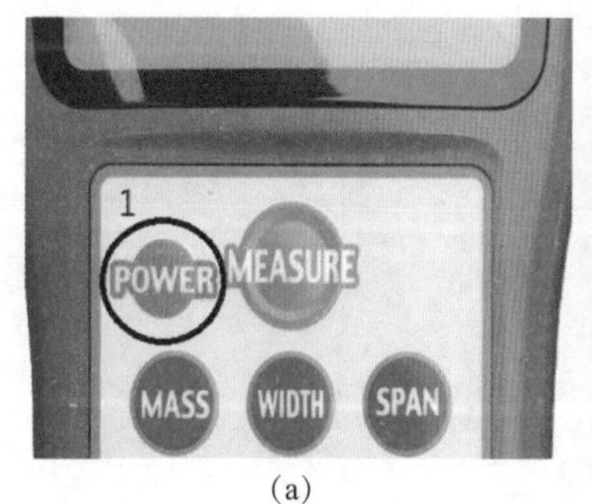

(a)

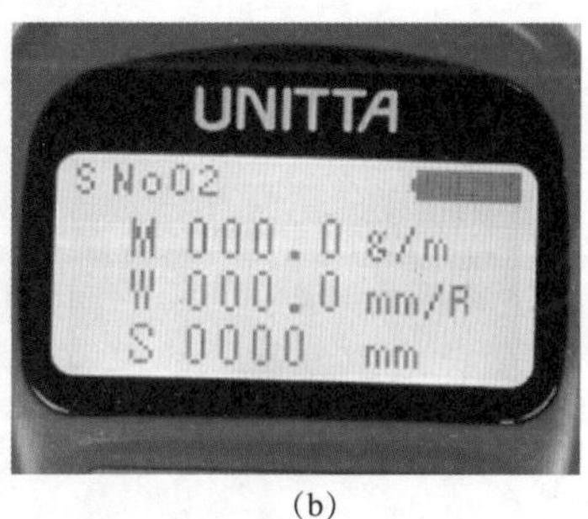

(b)

图 7-4-6 打开张力计

（2）按下红色旁边“测量”（MEASURE）键，准备测量同步带赫兹，如图 7-4-7 所示。

（3）当设备下方绿色灯开始闪烁、液晶屏出现横波线准备测量，如图 7-4-8 所示。

图 7-4-7　按下“测量”（MEASURE）按键

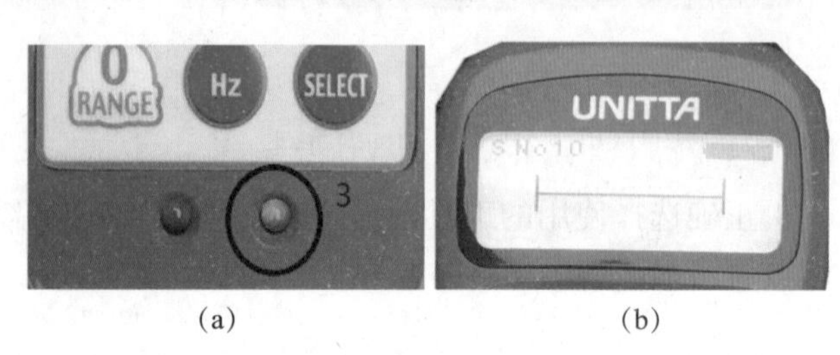

(a)　(b)

图 7-4-8　准备测量

（4）将便携式探头靠近皮带中心处，轻轻拨动皮带使之振动；这时设备液晶屏上出现波纹，等待 1 s，液晶屏上没有数值时，按下“赫兹”键，查看数值，如图 7-4-9 所示。

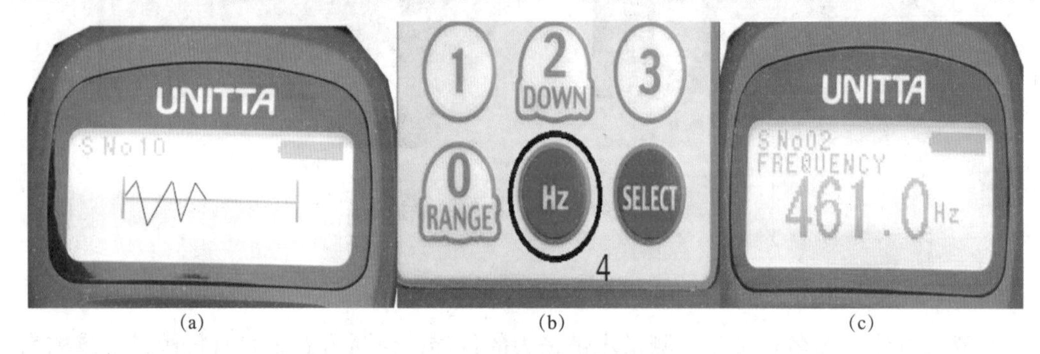

(a)　(b)　(c)

图 7-4-9　测量并查看数值

（5）对照实训台挂壁右下方的 3～5 轴同步带所需要的赫兹范围。当屏幕上的数值小于范围时，同步带的张紧力小，对同步带进行上紧；当屏幕上的数值大于范围时，同步带的张紧力大，对同步带进行放松。

（6）测量结束后，长按“开关”（POWER）键，关闭设备。

注意：

（1）再次测量时，从步骤（3）开始。

（2）当屏幕上出现“错误”（ERROR）、红灯闪烁时，按下“选择”（SELECT）键，再按下“测量”键时就会正常，可以重复测量。

附　　录

Transformer　变压器
Main Computer　主计算机
Drive Unit　驱动单元
Axis Computer　轴计算机
Serial Measurement Unit　串口测量单元
Gear　齿轮箱
Motor　电动机
Resolve　编码器
Ultral Cap　超级电容
FlexPendant　示教器
Power Supply　电源供给
Safety Board　安全面板
Control Board　控制面板
Digital I/O　数字 IO
Customer connection　用户连接
Manipulator　本体
Brake　制动
Yellow Label　黄色标识
Green Label　绿色标识
Blue Label　蓝色标识
Green Label　绿色标识
Red Label　绿色标识
Power Distribution　电源分配
Remote Service　远程服务
Encoder Interface　编码器接口
Cabinet Module　机柜模块
External Supply　外部供电
Jumper　跳线
Mode Selector　模式选择开关
Input　输入

参考文献

［1］林尚扬．焊接机器人及应用［M］．北京：机械工业出版社，2000.

［2］带传动和链传动/《机械设计手册》编委会．机械设计手册［M］．北京：机械工业出版社，2007.

［3］孟庆鑫，王晓东．机器人技术基础［M］．哈尔滨：哈尔滨工业大学出版社，2010.

［4］郭洪红．工业机器人技术［M］．西安：西安电子科技大学出版社，2006.

［5］孙树栋．工业机器人技术基础［M］．西安：西北工业大学出版社，2006.

［6］［日］雨宫好文．机器人控制入门［M］．王益全，译．北京：科学出版社，2000.

［7］兰虎．工业机器人技术及应用［M］．北京：机械工业出版社，2014.

［8］刘伟，周光涛，王玉松．焊接机器人基本操作及应用［M］．北京：电子工业出社，2012.

［9］汪励，陈小艳．工业机器人工作站系统集成［M］．北京：机械工业出版社，2014.

［10］刘伟，周广涛，王玉松．焊接机器人基本操作及应用［M］．北京：电子工业出版社，2011.

［11］孟庆鑫，王晓东．机器人技术基础［M］．哈尔滨：哈尔滨工业大学出版社，2006.

［12］汤晓华，蒋正炎，陈永平．工业机器人应用技术［M］．北京：高等教育出版社，2015.

［13］时晖，管小清．工业机器人实操与应用技巧［M］．北京：机械工业出版社，2010.

［14］叶晖．工业机器人典型应用案例精析［M］．北京：机械工业出版社，2013.

［15］叶晖．工业机器人工程应用虚拟仿真教程［M］．北京：机械工业出版社，2013.

［16］邵欣，马晓明，徐红英．机器视觉与传感器技术［M］．北京：北京航空航天大学出版社，2017.

［17］卢玉锋，胡月霞．工业机器人技术应用［M］．北京：水利水电出版社，2019.

［18］郝丽娜．工业机器人控制技术［M］．武汉：华中科技大学出版社，2018.

［19］邓三鹏．ABB 工业机器人编程与操作［M］．北京：机械工业出版社，2018.

［20］赵建伟．机器人系统设计及其应用技术［M］．北京：清华大学出版社，2017.

［21］郭守盛．机器人智能化研究技术要点与发展［J］．湖北农机化，2018（05）.

［22］田涛，邓双城，杨朝岚，等．工业机器人的研究现状与发展趋势［J］．新技术新工艺，2015（03）.

［23］罗钶．工业机器人的基本应用［J］．现代制造技术与装备，2018（05）.